海のUFOクラゲ

発生・生態・対策

安田　徹 編

恒星社厚生閣

はしがき

　わが国沿岸海域の富栄養化が進み，各種の赤潮が発生してきたが，その原因となる生物や発生機構に関する調査研究は，関係機関や団体等により着実に進められ，多くの貴重な資料が集積されている。また，その対策についても微小生物等を用いた新しい研究が開発されつつある。ところが，赤潮形成の大きなグループであるゼラチン質プランクトン，特にクラゲ類の調査事例は少なく，しかもごく限られた範囲にとどまっているのが現状である。

　最近になって，クラゲ類の異常出現（発生）が各地沿岸，特に瀬戸内海や日本海側で頻繁にみられるようになり，漁業や臨海工業に被害が続出し，時に甚大な影響を与えるようになった。更にクラゲ類による刺傷事故も多くなり，保健衛生や観光産業面でも深刻な問題となりつつある。このように多方面からクラゲ類の出現とその対策が強く望まれており，今後は国内のみならず，人間活動や地球温暖化とも関連した国際的な問題，課題へと発展していく可能性がある。

　一方，近年のペットブームを反映して，年毎に対象種の拡大が見られ，その中でクラゲを家庭で飼育して楽しむ事例が急増してきた。各地の海洋水族館でも，最近では魚類よりもクラゲ類に人気が集中して，クラゲだけを専門に展示する水族館や類似の施設まで現れ始めた。クラゲ類のリズミカルな運動とファンタスティックな遊泳の姿，形または種によっては鮮やかな色彩が見る人々の心に深い安らぎと感動を与えるためであろう。― 特に春から夏にかけてクラゲの飼育に関する問い合わせも後をたたない。

　以上のようにクラゲ類の被害対策をたてたり，飼育や展示する場合にも，代表種の基礎的な生物学的知見が不可欠となる。著者の一人安田は，昭和63年にフィールドのミズクラゲを中心とした生態，生活史に関するモノグラフ『ミヅクラゲの研究（日本水産資源保護協会，p.136）』を出版したが，現在絶版となった。そこで，前記したクラゲ類に関する背景のもとに，各方面および一般の方々にも利用していただけるクラゲの参考書を作りたいと常々考えていたが，今回恒星社厚生閣のご好意により，本書が発行される運びになった。

　本書は，代表種ミズクラゲ以外にも，アカクラゲや今まで全く不明であった巨大エチゼンクラゲに関する知見の他，困難とされてきたアンドンクラゲの生態が，水産大学校の上野俊士郎教授によって初めて明らかにされ，その概要が紹介されている。また長年にわたりクラゲ類の飼育に従事された江ノ島水族館の足立　文研究員による飼育方法や留意点等も加えられた。その他，今までに公表されなかったクラゲ類に関する報告書や未発表の資料をできるだけ収集した，特色あるクラゲ読本で

あると確信している．本書が今後クラゲに関心をもつ方々に広く利用，活用していただけることを期待して発刊の言葉としたい．

本書の作製に当たり，ミズクラゲに関する図表や記載の転載を快く承諾していただいた日本水産資源保護協会に対して，心から感謝の意を表すとともに，多大な協力を惜しまれなかった恒星社厚生閣の佐竹氏，貴重な写真を提供して下さったキール大学の H. Möller 教授と Th. Heeger 助教授，島根県水産試験場，江ノ島水族館の関係スタッフに厚くお礼申しあげる．

また各地のクラゲ類に関する情報を寄せられた元日本海区水産研究所海洋環境部長の黒田一紀博士，日本海と北部太平洋側の各水産試験研究機関の関係各位をはじめ，原稿作成中に多くの有益な助言と激励の言葉をいただいた中央水産研究所技官の豊川雅哉博士と海洋科学技術センター主任研究官の三宅裕志博士に対しても，ここに深甚なる謝意を表す．

終わりに，本書で引用した文献は，参照しやすくするため項目，または種毎にまとめたが，第 1 章のミズクラゲ関係と第 2 章の産業活動の項では主要なものと最近の知見に関連したものに限定してあるので，詳細な出典については，前記『ミズクラゲの研究』(1988) の他，安田による『ミズクラゲの生態と生活史』(1979)，産業技術出版，東京，p.227" および三宅裕志氏の『ミズクラゲの生物学的研究』(1998)，博士論文，東京大学，p.421" 等を参照していただきたい．

2003 年 2 月

安　田　　　徹

海のUFOクラゲ—発生・生態・対策　目次

第1章　クラゲの生物学

(（　）以外　安田　徹)

Ⅰ．クラゲ（水母）の分類 …………………………………………………… 1

Ⅱ．発育段階別の形態 ………………………………………………………… 2
　§1．ポリプ（無性世代） ………………………………………………… 2
　§2．クラゲ（有性世代） ………………………………………………… 3
　　1）幼型クラゲ（3）　2）成体型クラゲ（3）

Ⅲ．主なクラゲ4種の形態と特性 …………………………………………… 5
　§1．ミズクラゲ　*Aurelia aurita*（Linné） …………………………… 5
　§2．アカクラゲ　*Chrysaora melanaoster* Brandt …………………… 7
　§3．エチゼンクラゲ　*Nemopilema nomurai* Kishinouye …………… 7
　§4．アンドンクラゲ　*Carybdea rastonii* Haacke …………………… 8

Ⅳ．繁殖と発生 ………………………………………………………………… 8
　§1．繁　殖 ………………………………………………………………… 8
　　1）生殖腺と成熟（8）　2）受　精（10）　3）繁殖期（11）
　§2．エフィラの直接発生 ……………………………………………… 13
　　1）プラヌラがポリプとエフィラに変態する割合（13）
　　2）プラヌラから直接変態したエフィラが遊離するまでの期間（15）
　§3．ポリプの出芽と横分裂（ストロビレーション） ……………… 16
　　1）出　芽（16）　2）横分体（ストロビラ）の形状（16）
　　3）横分体の出現期と出現率（19）
　§4．エフィラから成体型クラゲへの変態 …………………………… 21
　　1）飼育の方法（21）　2）形態の変化（22）　3）変態に要する
　　期間と生残率（25）

Ⅴ．栄養と成長 ……………………………………………………………… 27
　§1．餌生物 ……………………………………………………………… 27
　§2．摂　餌 ……………………………………………………………… 28

— iii —

§3．傘径組成の月別変化 ……………………………………… *30*
　　§4．成　　長 ……………………………………………………… *31*
　　§5．生物学的最小形 ……………………………………………… *35*
　　§6．年齢と寿命 …………………………………………………… *35*

Ⅵ．フィールドにおける生活史 ………………………………………… *37*
　　§1．若狭湾の一肢湾である浦底湾水域 ………………………… *37*
　　§2．東京湾水域 …………………………………………………… *39*
　　§3．その他の水域（鹿児島湾） ………………………………… *40*

Ⅶ．出現と分布 ……………………………………………………………… *41*
　　§1．地理的分布 …………………………………………………… *41*
　　§2．出現期 ………………………………………………………… *42*
　　　1）エフィラ（*42*）　2）成体型クラゲ（*42*）
　　§3．水平分布 ……………………………………………………… *44*
　　　1）プラヌラとポリプ（*44*）　2）幼型クラゲ（エフィラとメテフィラ）（*48*）　3）成体型クラゲ（*51*）　4）群れ（パッチ）と現存量（ビオマス）（*57*）
　　§4．鉛直分布 ……………………………………………………… *60*
　　　1）プラヌラとポリプ（*60*）　2）幼型クラゲ（*61*）　3）成体型クラゲ（*63*）

Ⅷ．環境適応 ………………………………………………………………… *78*
　　§1．プラヌラとポリプ …………………………………………… *78*
　　　1）水　温（*78*）　2）塩　分（*79*）　3）付着基盤（*79*）　4）共食い（*81*）
　　§2．横分体 ………………………………………………………… *81*
　　　1）水　温（*81*）　2）塩　分（*82*）　3）水中照度（*82*）　4）餌料環境（*83*）　5）その他の環境要因（*83*）
　　§3．幼型クラゲ …………………………………………………… *84*
　　　1）水　温（*84*）　2）塩　分（*85*）　3）透明度とプランクトン量（*86*）　4）水中照度（*87*）　5）その他の環境要因（*87*）
　　§4．成体型クラゲ ………………………………………………… *87*
　　　1）水　温（*87*）　2）塩　分（*89*）　3）水　流（*91*）

4）水中照度（*92*）　5）水中音響（*95*）　6）電気刺激（*96*）
　　7）その他の環境要因（*97*）

IX．他の動物との関係 ……………………………………………*98*
　§1．ポリプ ………………………………………………………*98*
　§2．幼型クラゲ …………………………………………………*99*
　§3．成体型クラゲ ………………………………………………*100*

X．その他のクラゲの発生と生態 ………………………………*106*
　§1．アカクラゲ　*Chrysaora melanaster* Brandt ……………*106*
　　1）地理分布（*106*）　2）出現期（*106*）　3）繁殖と発生（*107*）
　　4）水平分布（*107*）　5）鉛直分布と時刻変化（*109*）　6）海
　　中における遊泳行動（*111*）　7）餌生物（*112*）　8）傘径と
　　成熟および寿命（*112*）　9）他動物との関係（*113*）　10）利
　　用（*114*）
　§2．エチゼンクラゲ　*Nemopilema nomurai* Kishinouye ……*116*
　　1）形　　態（*116*）　2）地理分布（*117*）　3）繁殖と発生（*117*）
　　4）出現期と水平分布（*118*）　5）鉛直分布と遊泳行動（*120*）
　　6）餌生物（*120*）　7）成長と寿命（*120*）　8）他動物との関係
　　（*122*）　9）利　　用（*122*）
　§3．アンドンクラゲ　*Carybdea rastoni* Haacke ………（上野俊士郎）…*123*
　　1）地理分布（*123*）　2）アンドンクラゲの近縁種（*124*）
　　3）刺胞毒とクラゲ刺傷事故対策（*124*）　4）出現期（*125*）
　　5）性　　比（*126*）　6）繁　　殖（*126*）　7）成　　長（*126*）
　　8）平衡石の微細輪紋からの日齢の推定（*128*）　9）生活史（*131*）
　　10）遊泳行動（*133*）　11）生態的希少例（*135*）

第2章　クラゲ類と産業活動

I．クラゲ類による被害 ……………………………………………*139*
　§1．漁業被害 ……………………………………………………*139*
　§2．臨海工業の被害 ……………………………………………*148*
　§3．保健，衛生上の被害 ………………………………………*151*

II．対　策 ……………………………………………………………………… *154*
　§1．出現予測 ………………………………………………………………… *154*
　　1）水温と気温（*154*）　2）雨　　量（*156*）
　　3）風速，波浪，潮汐および台風（*157*）　4）生物との関係（*157*）
　　5）その他（*158*）　6）主なクラゲの出現期と分布の特性（*159*）
　§2．具体的な対策 …………………………………………………………… *160*
　　1）漁業と保健および衛生上の被害対策（*160*）　2）臨海工業上の
　　被害対策（*162*）　3）防除ネットと気泡および水流発生装置（*164*）
　　4）ポンプによる移動（*165*）　5）水揚げされたクラゲの処理（*165*）
　§3．有効利用 ………………………………………………………………… *169*
　　1）植物プランクトンの培養（*169*）　2）食品としての利用（*171*）
　　3）その他の利用（*172*）

III．クラゲ類の飼育と展示 ………………………………………（足立　文）… *177*
　§1．水族館でのクラゲ展示の歴史 ………………………………………… *177*
　§2．クラゲファンタジーホール …………………………………………… *178*
　§3．展示しているクラゲの種類 …………………………………………… *179*
　　1）鉢クラゲ虫綱（*179*）　2）ヒドロ虫綱（*181*）
　　3）立方クラゲ（箱虫）綱（*183*）　4）有櫛動物門のクラゲ（*183*）
　§4．ポリプ・クラゲの入手 ………………………………………………… *183*
　§5．飼育水，餌，光 ………………………………………………………… *184*
　§6．飼育装置 ………………………………………………………………… *185*
　　1）ポリプ（*185*）　2）クラゲ（*187*）
　§7．代表種の飼育 …………………………………………………………… *189*
　　1）ミズクラゲ（*189*）　2）アカクラゲ（*190*）　3）アマクサクラゲ
　　（*191*）　4）タコクラゲ（*192*）　5）ブルージェリーフィッシュ
　　（カラークラゲ）（*193*）　6）サカサクラゲ（*194*）　7）スナイロクラ
　　ゲ（*195*）　8）ギヤマンクラゲ（*196*）　9）エボシクラゲ（*196*）
　　10）コモチカギノテクラゲ（*197*）　11）カギノテクラゲ（*197*）
　§8．飼育状態の判別 ………………………………………………………… *197*
　§9．結び ……………………………………………………………………… *198*

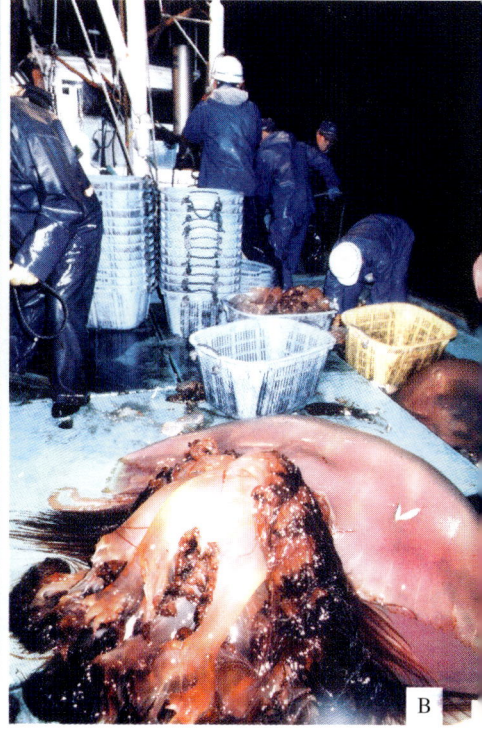

図120　富山湾沿岸の大型定置網に入網した巨大エチゼンクラゲ（A）と船上で処理に追われる漁業者（B）（1995年10月富山新聞提供）

PLATE 1

図121　福井県美浜町丹生沿岸の大型定置網に入網した巨大エチゼンクラゲの群れ（2002年9月28〜10月6日）（谷口芳哉氏提供）
A：入網したエチゼンクラゲの数量（700〜800個以上）に茫然と立ち竦む漁業者達．B：体験学習のため乗船した子ども達の驚きと喚声が聞こえる．C：網中を群泳する巨大クラゲ群．D：漁業者と子供達による巨大クラゲの排除作業．

PLATE 2

B

D

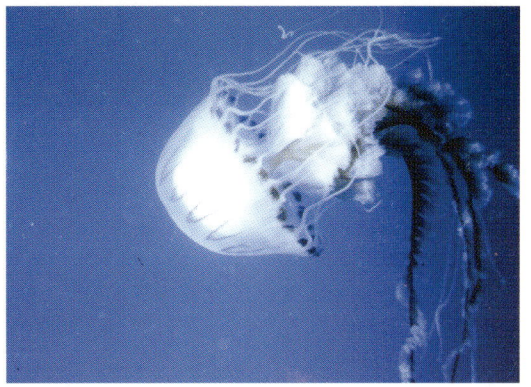

図96　海面で反転するヤナギクラゲの一種 *Ch. hysoscella*（Th. Heeger 助教授提供）

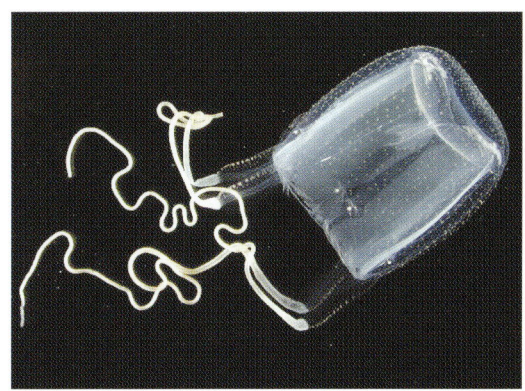

図108　アンドンクラゲ（通常，触手を引きずるように泳ぐので，触手は伸張している）

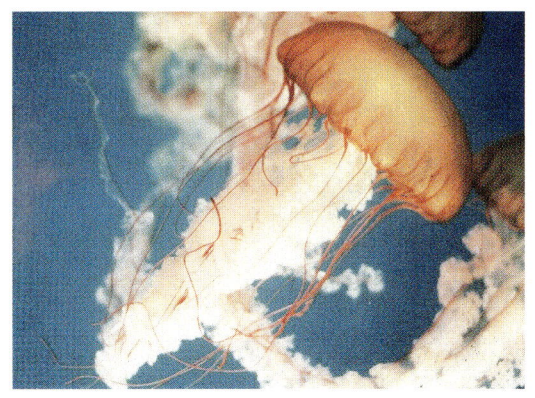

図149　シーネットル

図155　ウラシマクラゲ

図156　カミクラゲ

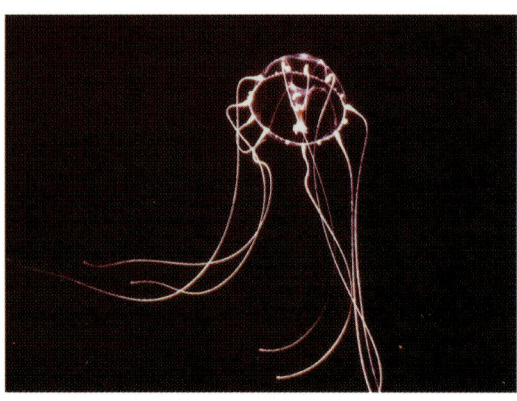

図158　ギヤマンクラゲ

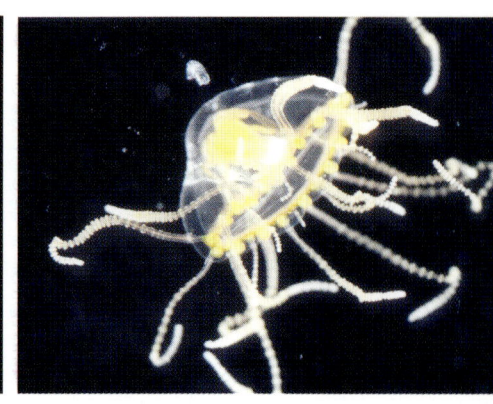

図159　カギノテクラゲ

図160　ハナガサクラゲ

図162　カブトクラゲ

PLATE 4

第1章　クラゲの生物学

1．クラゲ（水母）の分類

　腔腸（刺胞）動物の中で浮遊生活をしているものをクラゲ（Medusa）[49,116]と総称し，水中，特に海洋のゼラチン質プランクトン群集を構成している大きなグループの一つである。ただ，広い意味では，他に刺胞をもたない有櫛動物に属するクシクラゲ類も含めて，一般的に"クラゲ"と呼ばれることが多い。クラゲ類は体の構造や生殖腺の位置等から，ヒドロクラゲ（虫）類，鉢クラゲ（虫）類，立方クラゲ（箱虫）類の3グループ[54,97,116]に分けられているが，現在まで全世界で3,000種以上[54,58,]

表1　近年異常出現（発生）したクラゲ類4種の分類上の位置

腔腸動物門 Coelenterata（刺胞動物門 Cnidaria）
　鉢水母（虫）綱 Scyphomedusae（Scyphozoa）
　　旗口水母（ミズクラゲ）目 Saemaeostomae
　　　ウルマリス科 Ulmaridae　　　　オキクラゲ科 Pelagidae
　　　　ミズクラゲ属 Aurelia　　　　　ヤナギクラゲ属 Chrysoara *
　　　　　ミズクラゲ Aurelia aurita（Linné）* アカクラゲ Chrysaora melanostera Brandt **
　　根口水母（ビゼンクラゲ）目 Rhizosomae
　　　ビゼンクラゲ科 Rhizosotomidae
　　　　エチゼンクラゲ属 Nemopilema
　　　　　エチゼンクラゲ Nemopilema nomurai Kishinouye
　立方水母（箱虫）綱 Cubomedusae（Cubozoa）***
　　立方水母（アンドンクラゲ）目 Cubomedusae
　　　アンドンクラゲ科 Carybdeidae
　　　　アンドンクラゲ属 Carybdea
　　　　　アンドンクラゲ Carybdea rastoni Haacke

*　　動物命名法国際会議の Opinion 515（1958年5月2日）によって，Aurelia Lamarck, 1816 の模式種，つまり，ミズクラゲの種小名として aurita Linnaeus, 1758 を使うべきことが決められているので，本書ではミズクラゲの学名として Aurelia aurita（Linnaeus, 1758）を用いることにした。
**　 現在迄アカクラゲの学名は，内田（1936）[116]によって Dactylometra pacifica Goette 1886 が用いられてきたが，Kramp（1961）[53]によると Chrysaora melanastera Brandt, 1838 のシノニムであることが判ったので[55]，本書では Ch. melanaster を用いることにした。
*** 従来は鉢水母綱の一目[116]に含まれていたが，形態が著しく異なっているため，最近では，独立した立方水母（箱虫）綱として分類されている。

— 1 —

[97]，わが国周辺海域でも 200 種以上[54, 58]が知られている。これらのうち，最近各地の沿岸に異常出現（発生）して，深い関心が払われるようになったクラゲの代表種は，ミズクラゲの他，アカクラゲ，巨大エチゼンクラゲの 3 種[47, 116, 117]であり，その他，刺傷事故の原因となっているアンドンクラゲ[116]があげられる。これらの分類上の位置は，表 1 のとおりである。

II．発育段階別の形態

クラゲ類の初期発生や形態に関する解説書は数多く発表されているが[48, 57, 118, 134]，本書では古くから，詳しく調べられてきたミズクラゲを例にとり，発育段階の基本的な形態について簡単に触れる。

§1．ポリプ（無性世代）

受精卵は，発生が進むとかん入により内胚葉が形成され，球形から卵または楕円形となる。次いで，外胚葉に多数の繊毛をもつプラヌラ幼生（図 1A）となり，母体から離れてらせん運動をしながら海中へ泳ぎ出す。幼生は数時間から数日間遊泳した後に，海底の海藻や砂礫，貝殻などに付着して繊毛を失うが，この時期には既に付着面と反対側に内腔から外部へ通じる口ができている（図 1B）。やがて，口の四隅から小さな中空の突起を生じ，多くの刺胞をもった 1～2 本の触手となる。この位

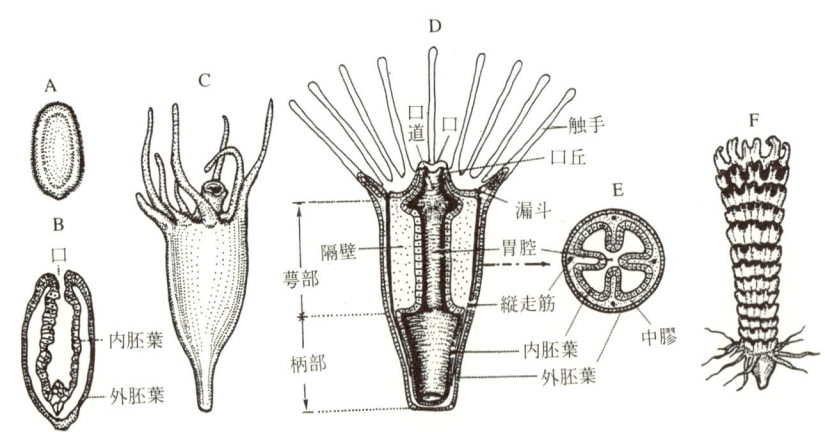

図1　ミズクラゲの発育段階と体各部の名称（無性世代）[130]。A：プラヌラ（安田原図），B：繊毛を失って付着した縦断面図，C：ポリプ，D：ポリプの縦断図，
　　　E：ポリプの横断面（横の矢印は横断の位置を示す），F：横分体（ストロビラ）

置と90度方向に更に2本，それらの間に4本計8本（図1C）と触手は数を増し，16本，時には20〜24本にもなる。口と触手の間には4個の凹みが見られ，これは漏斗と呼ばれる。また付着した側の体基部は，次第に細くなって柄のような状態になる。4本の触手が形成される頃には胃腔内には4個の隔壁（膜）が突出し，その隔壁の上から下へ外胚葉性の縦走筋が発達する（図1D）。このような形態に達した段階を鉢ポリプ，スキフラ，またはスキフィストーマと呼び，様々なタイプの出芽により無性生殖を行う。鉢ポリプは，その後，体にくびれを生じた横分体（ストロビラ）となり（図1F），環溝法または横分裂（ストロビレーション）により，後述する幼型クラゲのエフィラを生ずる。

§2．クラゲ（有性世代）
1）幼型クラゲ：浮遊生活に入ったエフィラは，花弁状で8対の縁弁をもち，先端の凹みに感覚器を備えている。口は四唇の口柄に変化する（図2A）。エフィラが変態したものをメテフィラと呼び，これが成長して若いクラゲとなる（後述）。
2）成体型クラゲ：図2B，Cに示したように，成体型となったミズクラゲは，周縁が円形の放射相称型で，横から見ると浅い鉢または傘状の形をしている。上を上傘，下を下傘と呼ぶ。下傘には，環状と放射状の筋肉があって遊泳運動に用いられる。この傘は，組織学上中膠と呼ばれる軟らかい寒天質に富み，その95.5〜99.8％が水分である[45, 87]。

傘の縁には多数の短い触手が並び，この触手には図2Dに示したような大きさ8〜14μmの多くの刺胞があって，餌動物を捕らえたり，外敵からの攻撃を防御したりする。体の正軸には，腕溝と呼ばれる溝をもった4本の長い口腕があり，その周縁にも多数の触手が見られる。口はこの口腕の基部で十文字形に開き，広い空所となった胃に続いている。胃は壁で仕切られた4個の胃腔からなる。間軸の位置にみえる馬蹄形の器官が生殖腺で，横断面から判るように明らかに内胚葉起源である。雄雌異体で，成熟が進むと雄は紫，雌はオレンジ，またはピンクになるので容易に識別できる。

生殖腺の内側に平行して一列の白い糸状物があるが，これは胃糸で，これにも多くの刺胞があり，取り入れた餌動物を麻痺させたり，殺したりする他，消化液を分泌して消化を行う。生殖腺のすぐ下方に見られるハマグリ形の4個の孔が生殖腺下腔で，ポリプ時代の漏斗が変化したものである。

この器官の機能は未だ明らかではないが，おそらく体の平衡を保つことに関与していると思われる。

一方，細い多数の淡いブルーの管状物は，放射管で，副軸の管を除いて分枝しながら傘の周縁に達した後，さらに周縁の円い管と連絡している。これを特に環状管

と呼ばれている。これらの管はすべて，胃腔で消化され栄養物や海水中の酸素を体の各所へ運ぶ循環，呼吸，排泄を兼ねた働きをしている。その他，主，間軸の8箇所が小さな凹みとなっていて，ここには一対の縁弁がある。この弁の間にある器官は感覚器で，触手の変形した触手胞と呼ばれる平衡器と眼点がある。平衡感覚と光感覚を司る他，化学感覚器と思われる臭覚窩の存在も知られている。

神経は網目状の拡散神経系であるが，触手胞を中心とする外皮の直下には，特に神経細胞多く集まっていて，傘の拍動の歩調をとっている。つまり，感覚器から受けた刺激は，前記の神経網に伝えられ，神経に接続している下傘の筋肉が収縮する。ミズクラゲの成体型とエフィラを含めた神経系とその生理については，詳細な研究[30~32]があるので，それらを参照していただきたい。

以上述べたように，ミズクラゲをはじめとする他のクラゲ類の多くは，定着に適した体形に適応して無性生殖するポリプ型と浮遊（プランクトン）生活に適応して有性生殖するクラゲ型とが交互に現れる。これを世代交代（Alternation of generation）[49, 97, 116]と呼ばれている。1829年にノルウェーのベルゲン沿岸で，Sars[88]によりミズクラゲのポリプと横分体が最初に発見され，それらを飼育したところ，エフィラが産出され，やがて若いクラゲに成長することが初めて実証され，別種ユウレイクラゲ Cyanea capillata でも同じようなサイクルを経ることが確認された[88]。

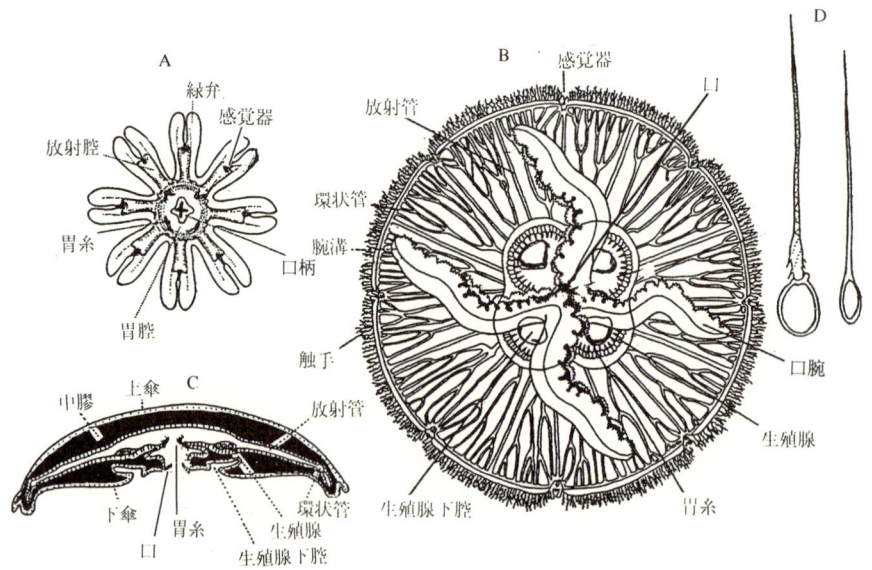

図2　ミズクラゲの発育段階と体各部の名称（有性世代），A：エフィラの下傘側[118]，B：成体の下傘側[87]，C：成体の横断面[134]，D：ミズクラゲの刺胞2型[134]

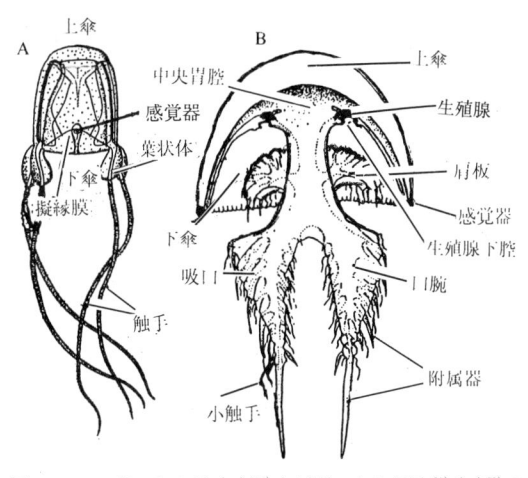

図3 アンドンクラゲ（A）[116]とビゼンクラゲ属[51]（B）[50]の体各部の名称

[89]。以後，クラゲ類は多くの研究者によって，分類，組織，発生および生理学の研究対象とされて現在に至っている。

なお，ミズクラゲ以外に本書でとり扱ったエチゼンクラゲの近縁種ビゼンクラゲ[51]とアンドンクラゲ[116]の外形および体各部の名称も合わせて図3A，Bに示した。これから判るように，ビゼンクラゲ属では傘が厚く肩板をもち，口腕に吸口がある他，付属器を備えている。またアンドンクラゲは，鉢クラゲ類にはない擬縁膜があり，傘が立方形で感覚器は4個，触手も4本であり，前項で述べたように鉢クラゲ綱とは別の独立した立方クラゲ綱に属している。

その他，種類が最も多いヒドロクラゲ綱は，傘の縁部の続きが薄い縁膜となっていることと生殖腺が外胚葉から生ずること等の2点が鉢クラゲ綱との大きな相異点であるが，詳細については久保田[54]を参照されたい。

III．主なクラゲ4種の形態と特性

本書で取り上げた代表的なクラゲ4種の外形と主な特性の概要は，次の通りである（図4A，B，C，D，E，F）。

§1．ミズクラゲ *Aurelia aurita*（Linné）

本種はわが国沿岸海域に最も普通に見られる代表的な鉢クラゲ類の一種で，古くは古事記やおとぎ話にも登場したり，教科書や啓蒙書にも広く紹介されているなじみ深い海洋動物である。

傘は円盤状で収縮すると半球状になる。通常，傘径は10〜20 cm前後のものが多いが，大型のものは30 cm（1 kg）以上となり，稀に60 cmから1 mに達するものもある[130]。

体色は透明または乳白色で，白い餅に似ているため，地方によってはシロクラゲ，

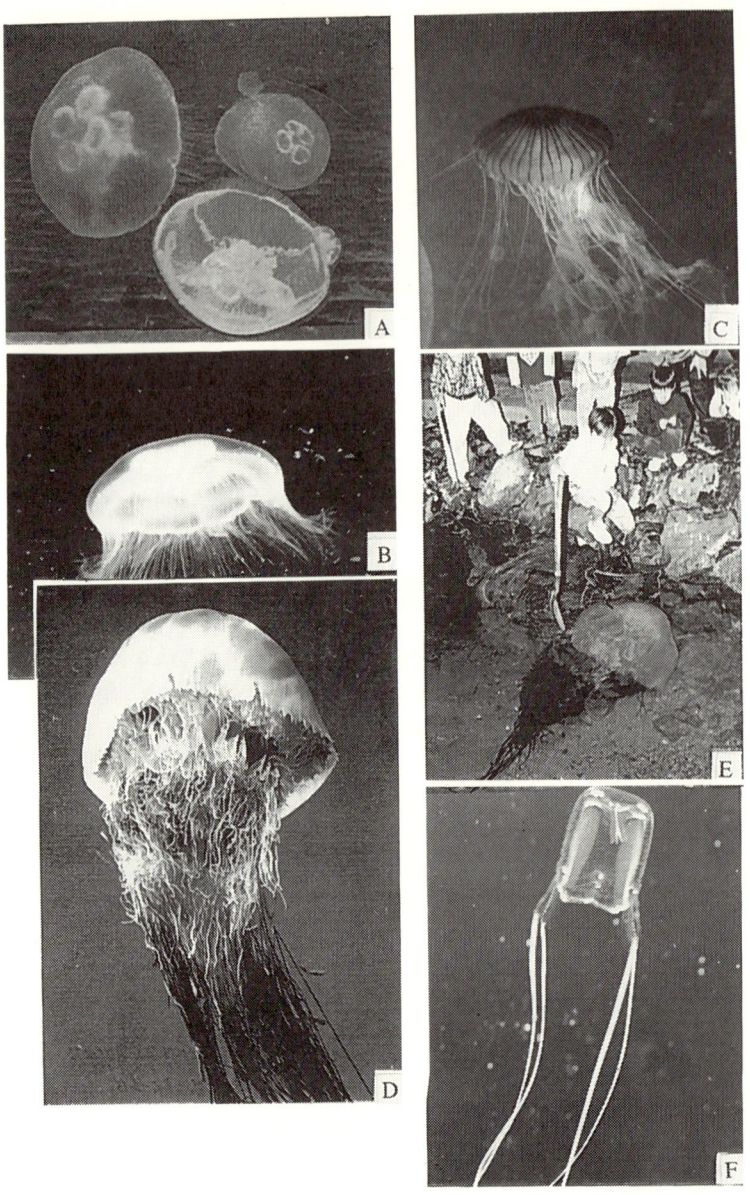

図4　近年異常出現（発生）した鉢クラゲ類（3種）と立方クラゲ（アンドンクラゲ）．A：ミズクラゲ（東京電力提供），B：同（キール大 H. Möller 教授提供），C：アカクラゲ（東京シネマ新社提供），D：エチゼンクラゲ（敦賀市大洋潜水株式会社提供）E：同（京都新聞舞鶴支社提供），F：アンドンクラゲ（東京シネマ新社提供）

モチクラゲの名で呼ばれている。生殖腺は馬蹄形で，成熟してくると雌はピンク，オレンジ，雄は紫色となり，あたかも 4 個の大きな目玉のようにみえることから，ヨツメクラゲ等とも呼ばれる。近年わが国の沿岸海域に時々異常に出現して，定置網や底曳網等の漁業および原子力，火力発電所等の臨海工業施設にも大きな損害を与えており[130]，その対策が強く望まれている（図4A，B）。

なお，近縁種に放射管が網目状に連絡するキタミズクラゲ *Aureria limbata* Brant の一種[116]が知られる。

§2. アカクラゲ　*Chrysaora melanaoster* Brandt

傘は半球状で，傘径は 8〜20 cm 前後。口腕や触手が長く細いひも状で，触手は時に 2 m を超えることもある。そのため，地方によってはアシナガクラゲ，イトクラゲ等の異名がある。またベージュ色の傘には，16 本の鮮やかな濃いオレンジ，または茶褐色の放射状をなす条紋がある。この体色から，別名レンタイキクラゲ，アカンコ等とも呼ばれる。触手の刺胞毒は強烈で，小型個体ほど強い。触手を乾燥した粉がクシャミを促すので，ハクションクラゲといわれる[116]。

多くは外洋に面した沿岸や湾口付近の外洋水が影響する水域に出現する。各種の漁業被害の他，刺傷事故となるクラゲで知られ，1976 年と 1983 年の夏に，京都府の舞鶴湾で水泳訓練中の海上保安学校生が，本種の触手に触れ 10〜20 名が重症を負った事故[130]が知られる（図4C）。

§3. エチゼンクラゲ　*Nemopilema nomurai* Kishinouye

わが国近海に出現するクラゲ類のなかでは，桁外れに大型となる最大の鉢クラゲ類の一種。傘は半球状で，傘径は 60 cm から 1 m に及ぶが，時に 2 m （150〜200 kg）を超えることがある。傘の下方には，それを支える 16 枚の肩板があり，その下方に口腕が続く。口腕の末端は左右上方に向かって 4〜5 区分されたシャープな三角形状をなす。また肩板と口腕の下方にある触手の他に長大な糸状の付属器が多数あって，遊泳中の個体では，傘径の 3〜5 倍（5 m 以上）に達することが最近明らかにされた[131]。これは切れやすく，衰弱した個体では傘径以下の長さにとどまる場合が多い。下傘にある鉢水母類特有の生殖腺下腔（後述）は長楕円形で，突起をもたないこと[116, 131]も他の種と区別する場合の重要なポイントとなる。

傘の色はベージュ，グレイ，時にピンク色。肩板や口腕は茶褐色で，長い糸状の付属器はチョコレート色。その先端は紫色を帯びている（図4D，E）。

本種は主に東シナ海，朝鮮半島南西沿岸に分布し，稀に日本海にも出現する。特に 1958 年と 1995 年に日本海側で異常出現（発生）して，定置網や底曳網等の漁業に大損害を与えた（後述）。しかし，寒天質に富んだ厚い傘は，塩とミョウバンで漬

け込むと食用となり[51, 130]，石川，山口両県で食品化に成功している。

なお，この巨大クラゲは1920年，福井県の高浜町音海沿岸に設置した大型定置網に入った個体を，当時東京帝国大学の岸上鎌吉博士によって初めて詳しく調べられ，食用種として知られるビゼンクラゲ Ropilema esuculenta Kishinouye とは明らかに別種であることが確認された[47]。同博士は越前地方（福井県）の名をとり，和名をエチゼンクラゲとし，学名の種小名 nomurai は，このクラゲの採集や標本の送付に協力した水産関係者や県立小浜水産高校生の総指揮をとった野村貫一氏（福井県水産試験場初代場長）に捧げられたもので[47]このことを知る人は少ない。

§4. アンドンクラゲ　Carybdea rastoni Haacke

鉢クラゲやヒドロクラゲ類とは著しく異なった体形をしており，傘は箱形または行燈形，傘幅2〜3 cm，傘高3〜4 cm であるが，時には4.5 cm に達することもある[116]。傘の下方には4個の葉状体と呼ばれる膨みがあり，その中に伸縮に富む細長い触手が通り，下方へ垂れ下がる。感覚器も4個で，傘の下縁より少し上方にあるハート形の凹みの中に位置している。これは平衡感覚を司る他，大小6個の眼点があり，1.5 m 離れたマッチの光や障害物でも認知するほどの優れた明度識別能力をもつという（後述）。傘は透明で，触手は淡いピンク色のため海中では発見しずらい（図4F）。

北海道から本州の沿岸海域に夏から秋にかけて出現し，時に波打ち際で群れをつくることがある。触手の刺胞毒は強烈[116, 130, 132]で，海岸の刺傷事故の殆どは本種によるものであり，今後更に増加するであろう。北海道では本種をタコテレレン，その他の地方ではイラと呼ばれているが，これは触れると痛むイラクサに由来するとみられる。近縁種に，瀬戸内海ではヒクラゲ Tamoya haplonema Müller[116]，沖縄県沿岸ではハブクラゲ Chiropsalmus quadrigatus Haeckel[130] が知られ，最近この他に2種が確認されている（詳細にはアンドンクラゲの項参照）。いずれも強い毒性をもつので，今後，本種の出現に関する情報には十分注意したい。

IV．繁殖と発生

§1．繁　殖

1）**生殖腺と成熟**：ミズクラゲの生殖腺は既に述べた通り各間軸にあって，多くの襞が集まり馬蹄形をなし，明らかに内胚葉起源で，ヒドロクラゲ類の外胚葉起源であるのと異なっている。卵巣の横断面は図5A に示した通りである。卵は成熟が進むと色がクリーム，ピンク，ベージュとなり，卵巣壁を離れて生殖洞に入る。

成熟卵は真球状で，直径は北アメリカ産[3]のミズクラゲでは0.15〜0.23 mm，北

ヨーロッパ産[125]では0.12～0.16 mmであるが，わが国の福井県の浦底湾産[50]では0.26～0.33 mmもあり，約2倍も大型であり，地域の差が大きいことが伺える。また図5Aに示すように，卵巣内には大小の各発育段階の卵が見られることから，数回にわたって放卵するものと思われる[49, 130]。

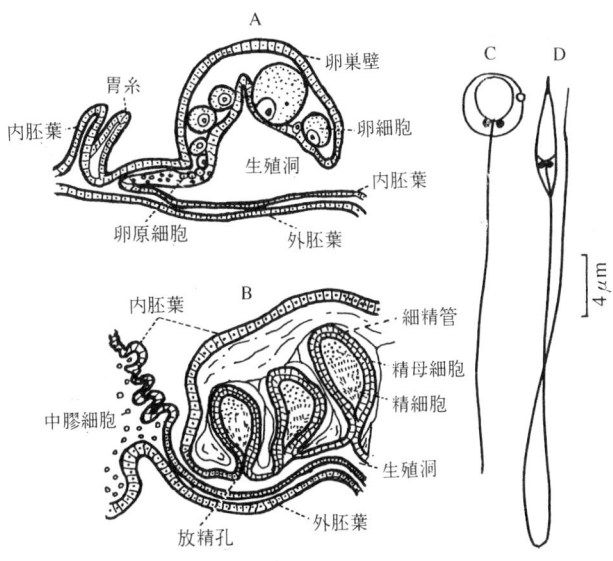

図5　ミズクラゲ生殖腺の横断面
　　　A：卵巣[49]，B：精巣[125]，C：精細胞[17]，D：精子[17]

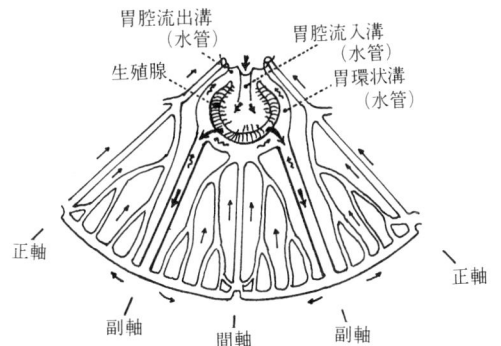

図6　放射管中の水流方向（波形の矢印は各水管の底部
　　　方向を示す）[99, 100]

一方，精巣の横断面は，図5Bに示した通りで，成熟してくると淡い紫またはブルーとなる。若い未熟な精細胞は，図5Cに示したように，長さ25μmで，径が0.1～0.2 mmの細い精管中に形成される。成熟した精子は図5Dで長さが約65μm，放精孔から放出されて生殖洞に入る[50, 125]。
　その後は，図6に示したように成熟クラゲの繊毛運動による水流によって，胃環状溝（水管）および胃腔流出溝（水管）を通って中央にある胃腔に達し，腕溝の基部を経て海水中に放出される[99, 100]。
　2）受　精：受精は雌の体内で行われる。つまり，卵巣壁から離れて生殖洞に入った成熟卵と胃腔から胃腔流入溝（水管）を経て生殖洞へ侵入してきた精子よって受精が行われる。受精卵は雄の場合と同じ経路で体外に出ると思われるが，時に受精後管内の水流が逆転して，卵が胃腔流入溝を通過する場合も知られている[130]。
　なお，生殖腺の下方にある生殖腺下腔は寒天質が薄いので，繁殖期になると破壊されて外界と通じるようになり，雄では精子がそこから放出され，雌では精子が侵入して受精が行われるとされてきた[116]。しかし，わが国沿岸で採集された成熟個体ではそのような事例の報告がないので，このような事例は例外的なものではないかと筆者は考えている。ただ，最近，鹿児島湾[68]で老化して衰弱し，死亡していく個体だけに前記の事例が見られたという。
　受精卵の分割は，動物極から始まり，全割でかつ等割である[57, 118]。胞胚期はほぼ球形をなし（図7A），胚葉形成は植物極の陥入によって行われる。陥入部は原口となり，外胚葉と内胚葉の2層の壁からなる中空の嚢胚となる（図7B，C）。その後，細胞内の卵黄粒が吸収されて球形から次第に卵形または楕円形状に変化し，外胚葉に繊毛を生じてプラヌラ幼生となる（図7D）[10]。

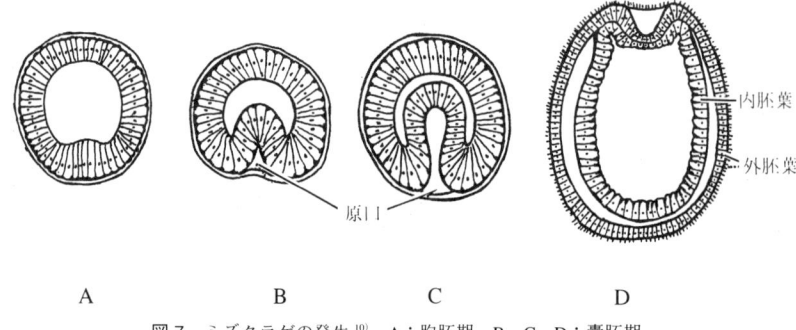

図7　ミズクラゲの発生[10]。A：胞胚期，B，C，D：嚢胚期

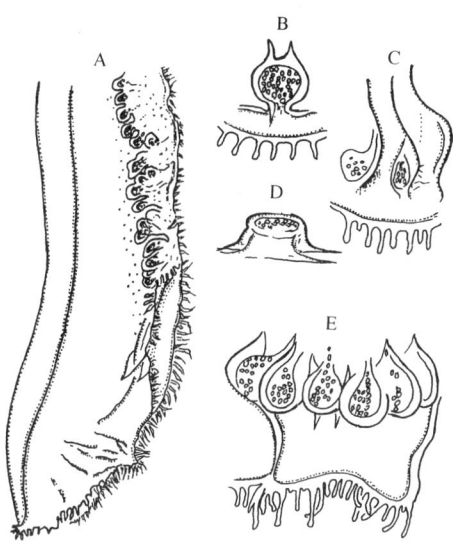

図8 成熟雌クラゲの口腕上にみられる哺育嚢[87]。
A：口腕上にみられる哺育嚢の配列状態，
B, C, D, E：哺育嚢の形状4型

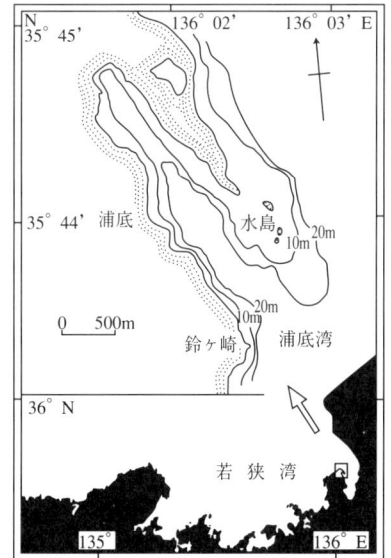

図9 研究水域の地形と等深線[129]

3）**繁殖期**：繁殖期に入ったミズクラゲを裏返すと，ベージュまたはクリーム色の受精卵やプラヌラが口腕の哺育嚢の中に多数付着している（図8A）。それらが下傘の表面に流れ出すのが肉眼でも容易に確認できる[39, 129]。繁殖生態が最も詳しく調べられた福井県浦底湾と周辺水域（図9）における観察結果は，次の通りである。

毎月140～500個体の成体型クラゲをタモ網やプランクトンネットで採集して，そのうち産卵可能な傘径10～14cm以上の個体について，受精卵やプラヌラの付着個体の出現率を調べた結果を図10に示した。これによれば，産卵中の雌は1～6月の間に出現し，1～5月その出現率が40～50％に達することが明らかである。また，生殖腺を組織的に観察した結果[50]によれば，12月中旬に一部の雄では放精孔が形成されており，雌では成熟卵が確認されている。

したがって，この水域の繁殖期は12月中旬～6月中旬（水温8～19℃），その盛期は冬から春にかけての1～5月（8～18℃）とみてよいであろう。ところが，青森県の浅虫沿岸[39]では夏にプラヌラが得られており，東京湾[90, 112]ではほぼ周年見られるが，特に5月と7～8月に多いとされている。また，鹿児島湾[68]では，3～10月に及び，盛期は5～6月と推定される。

一方，国外では北アメリカのマサチューセッツ州沿岸[1]では7月下旬～10月，北

ヨーロッパ（イギリス）のプリマス沿岸[6]では5月下旬～6月上旬，デンマーク沿岸[119]では8～11月にそれぞれプラヌラが母体に付着しているという報告があるから，

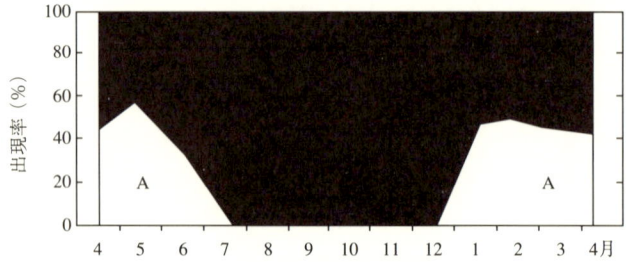

図10 受精卵，プラヌラを付着させた成熟クラゲ（A）の月別出現率[130]（1969年4月～1970年4月）

表2 成熟した雌クラゲから採集したプラヌラからポリプとエフィラへの変態[129, 130]

(1974年1月17日に採集して11日後に観察した結果)

傘径 (cm)	実験に用いたプラヌラ数	ポリプの数と率 (%)	エフィラの数と率 (%)
15	166	31 (18.7)	135 (81.3)
16	309	16 (5.2)	293 (94.8)
16	348	31 (8.9)	317 (91.1)
17	124	22 (17.7)	102 (82.3)
18	284	33 (11.6)	251 (88.4)

(1974年4月19日に採集して4日後に観察した結果)

傘径 (cm)	実験に用いたプラヌラ数	ポリプの数と率 (%)	エフィラの数と率 (%)
22	547	44 (8.0)	503 (92.0)
23	415	59 (14.2)	356 (85.8)

(1974年5月9日に採集して4日後に観察した結果)

傘径 (cm)	実験に用いたプラヌラ数	ポリプの数と率 (%)	エフィラの数と率 (%)
22	1040	70 (6.7)	970 (93.3)
24	628	32 (5.7)	596 (94.9)
25	314	11 (3.5)	303 (96.5)

(1974年6月8日に採集して2日後に観察した結果)

傘径 (cm)	実験に用いたプラヌラ数	ポリプの数と率 (%)	エフィラの数と率 (%)
25	715	32 (4.5)	683 (95.5)
26	159	12 (7.5)	147 (92.5)
29	1137*	1137 (100.0)	0 (0)

＊これらのプラヌラは，直径0.20～0.30 mm，短径0.12～0.13 mmで普通に採集されるものの1/2の大きさであったが，その全部が例外なくポリプに変態した。

ミズクラゲの繁殖は地域によっては晩春から初夏，または夏から秋にかけての4ヶ月以内に行われると考えられる。これに対して，わが国では前記の通り少なくとも6ヶ月から8ヶ月に及び，更に地域によっては周年の繁殖が予察される。このことは，わが国沿岸海域がこのクラゲの繁殖に最も適した環境条件を備えているとみてよいであろう。なお，本邦各地のミズクラゲ多産海域においては，その繁殖期の組織的な実態調査が望ましい。

§2. エフィラの直接発生

ミズクラゲのプラヌラがポリプとなり，横分裂（ストロビレーション）によってエフィラを形成する過程については前項で述べた。しかし，この過程を省略してプラヌラが直接1個のエフィラを形成する場合も知られている[29]。浦底湾産のミズクラゲについて観察された結果によれば，受精卵やプラヌラは，次のような過程を経てエフィラになることが判った。

1) **プラヌラがポリプとエフィラに変態する割合**：繁殖期の1～6月の間，浦底

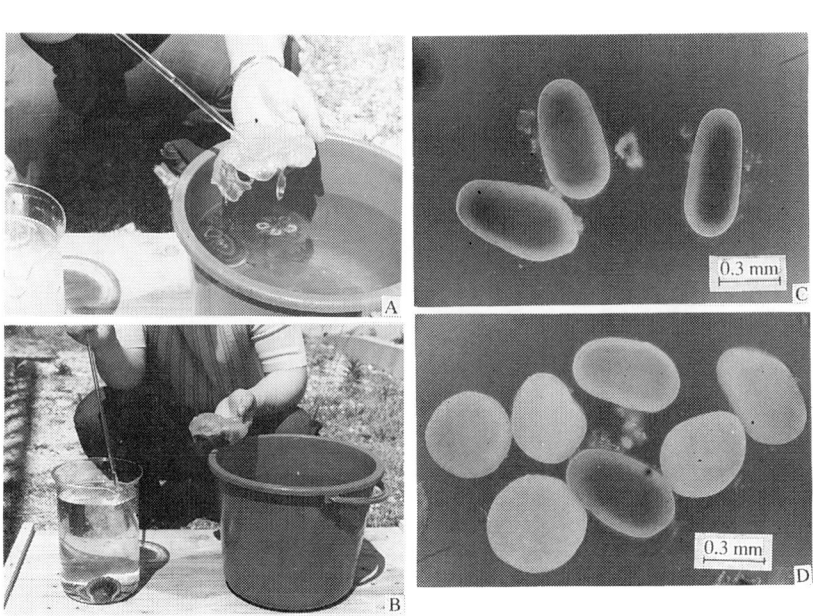

図11　成熟した雌のミズクラゲから受精卵，プラヌラの採集とその拡大写真[129, 130]
　　　A：口腕や下傘からスポイトによる受精卵，プラヌラの採集，B：それらをイタヤガイ上殻を入れた3 l ビーカーへ移す，C：典型的なプラヌラ，D：受精卵とプラヌラへ変態しつつある受精卵

湾とその周辺水域から，傘径 15〜30 cm の成熟した雌クラゲをタモ網やプランクトンネットで採集して，口腕や下傘に付着している受精卵やプラヌラを，スポイトでできるだけ多数採集した。それらを直ちに殻長 5〜6 cm のイタヤガイ上殻を数十枚底に並べた 2〜3 l ビーカー，または小型水槽（50×30×30 cm）に母体ごとに移して（図 11A，B），ポリプとエフィラの出現数を調べた。飼育に際しては，ごく弱い通気を行い，餌にはシオミズツボワムシを 1 日に 1〜2 回与え，定時刻に水温を測定した。

プラヌラは一般に長径 0.50〜0.70 mm，短径 0.24〜0.36 mm の洋ナシ型で（図 11C，D），北ヨーロッパ[33]，北アメリカ産[1] の他，東京湾[24,90]や鹿児島湾産[68]のもの（0.2〜0.3 mm）よりも 2 倍も大型であるのが特徴である。これらのプラヌラは繊毛によるらせん運動をしながら，数分以内に沈降して，早い個体では 2〜3 時間，多くは 24 時間以内にイタヤガイ殻の上，下面に付着を終了した。一部はやがて従来からよく知られたイソギンチャク状のポリプ（後述）に変態したが，他の大部分は

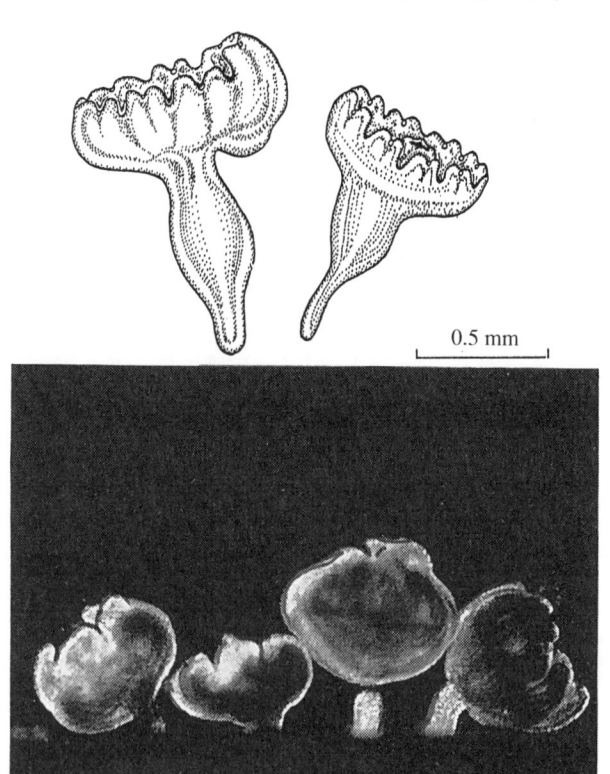

図12 プラヌラから直接変態したエフィラ（上）と遊離直前の群（下）[129,130]
（東京シネマ新社提供）

キノコ状のエフィラに直接変態することが確認された（図12 上，下）。50 個体以上に及ぶ母体についてプラヌラ群の変態を観察したところ，2，3 の例外はあったが，多くの幼生は表2 に示したように直接エフィラに変態した。ただし，1974 年6 月上旬に傘径 29 cm の母体から得た 1,137 個のプラヌラは，他の雌個体から得たプラヌラの1/2 以下の大きさであったが，その全部がポリプに生育した。この事実から，プラヌラが直接エフィラに変態する現象は，卵やプラヌラの大きさに関連しているものと思われる。大型のプラヌラと小型のプラヌラがどのような条件で形成されるかは，今後究明するべき興味ある課題であるが，繁殖の末期になった母体に小型プラヌラが多かったので，一つには成熟クラゲの活力や健康状態に関連したものと筆者は考えている。

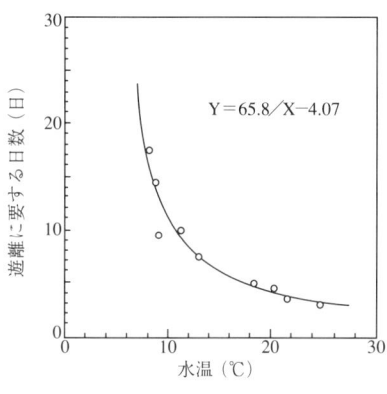

図13　エフィラの遊離に要する日数と水温との関係[129, 130]

2）プラヌラから直接変態したエフィラが遊離するまでの期間：プラヌラから直ちに 1 個のエフィラを形成して，それが浮遊生活に入るまでに要する日数と水温との関係を見ると，およそ 6〜10℃で 8〜18 日，11〜15℃で 7〜8 日，15〜21℃で 4〜5 日となり，20〜28℃ではわずか 3〜4 日で終了した。つまり，水温が高くなるほどエフィラの浮遊生活に入るまでの期間は短くなる傾向が明らかである（図13）。遊離に要する日数（Y）と平均飼育水温（X）との関係は Y＝65.8/X－

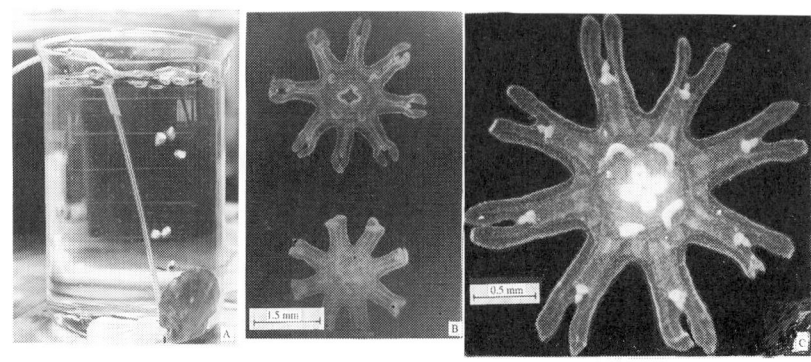

図14　浮遊生活に入ったエフィラ。A：エフィラが一斉に遊離した状態，B，C：エフィラを拡大したもの[129, 130]

4.07（相関係数 0.98）で表すことができた。こうしてエフィラの遊離は短期間のうちに，しかも一斉に行われることが観察された（図14）。

§3. ポリプの出芽と横分裂
（ストロビレーション）

ポリプの出芽状態や横分裂の開始期ならびに継続期間を推定するために，前項の実験で得た

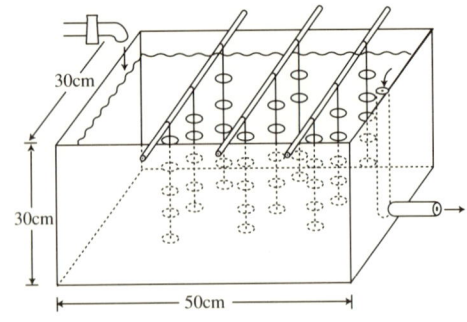

図15　ポリプの飼育装置（矢印は自然海水が流れる方向を示す）[129, 130]

ポリプ群の一部を小型水槽に収容して，ろ過しない自然海水中で飼育した（図15）。環境要因は，毎日定刻に水温と塩分を記録した。

1) 出　芽：既に述べたように，プラヌラは付着して繊毛を失うとミルク色のポリプとなり，完全に生育すると多くは16本の触手をもち，全長5mm前後に達する（図16A，B）[1, 11, 78]。この過程は，温度，餌の生物量等によって変化することが多く，プラヌラが直接1個のエフィラとなって遊離するまでの期間（3～18日）には，大部分のポリプは既に4～8本以上の触手が形成されており，プラヌラ付着後およそ1～2週間以後には16本に達する。出芽については2つの方法が観察された。一つは生育したポリプの走根（ストロン）上に小型のポリプが現われ，それが新しいポリプに成長する方法である（図16C）。

この他は，ポリプが横に長く伸びて両端から引き合いながら2分して，新しいポリプを生ずる方法である（図16D，D'）[20, 39, 78]。このような出芽は，1974年6月下旬に水温が24～25℃の頃，水槽の底近くに垂下されて多くの餌生物を捕食したと思われる個体に多数見られた。イギリスのプリマス[87]や浅虫実験所[39]で確認されたようなポリプの柱体部から直接小型のポリプが出芽するというケース（図17）[6, 78]は見られなかった。おそらく，限られた港内水域等の富栄養化した場所に付着して，十分な餌料を捕食する機会がない限り，自然条件下でこのような出芽が頻繁に行われることはないと思われる。

2) 横分体（ストロビラ）の形状：生育したポリプは，やがて体にくびれを生じて横分体（ストロビラ）となる。この現象は，古くから生物研究者達の関心を集め，形態や生理等に関する数多くの報告が残されている[1, 12, 29, 39, 83, 88]。しかし，自然条件下に適合する観察事例は少ないので，前記した小型水槽内（図15）で，ポリプを飼育して横分体の形状とその出現期間や出現率について観察した結果を述べる。

プラヌラが付着した後24～47日後に，5.5mm（多くは3mm）の横分体が出現し

た（図18）。一例として，1974年1月18日に得たプラヌラに1日1回ワムシを給餌し，53日後に横分体となった個体群の盤数を表3aに示す。従来報告された中で，

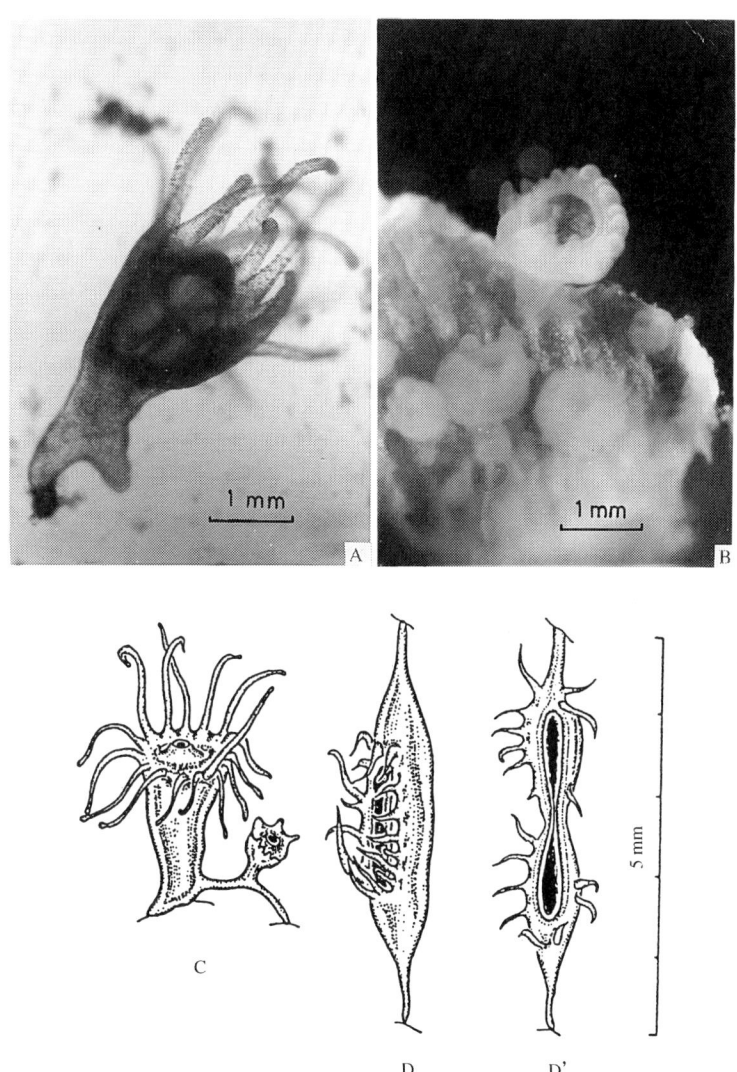

図16　ポリプとその出芽 [129, 130]。A：16本の触手をもつ成育したポリプ，B：触手をちぢめた同ポリプ，C：走根上に小型ポリプを生ずる出芽，D, D'：体が直接2分する出芽

図17 十分な給餌を行った場合のポリプの出芽[87]。A, B, C：成育した親ポリプ，a_1, b_1, c_1：出芽と小型ポリプ

表3 横分体（ストロビラ）に見られた盤の数[129, 130]

a) 1974年1月18日に採集したプラヌラを53日後に観察した結果

盤の数	横分体
1	2
2	8
3	37
4	17
5	6
6	2
7	1
計	73

b) 1975年2月19日に採集したプラヌラを44〜66日後に観察した結果

盤の数	横分体
1	6
2	28
3	1
計	35

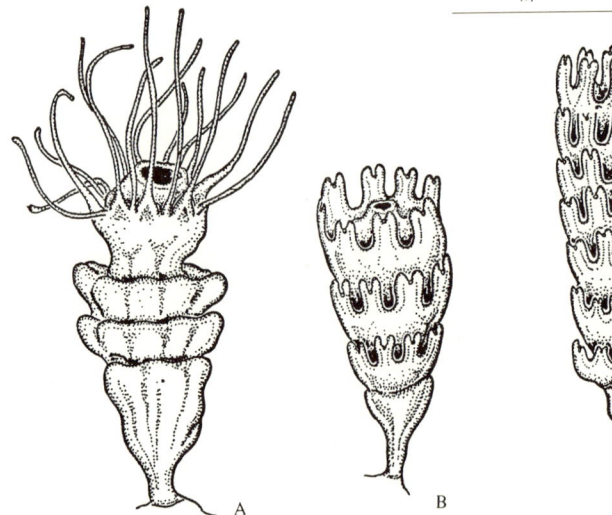

図18 自然海水を導入した水槽内にみられた横分体（ストロビラ）[129, 130]
A, B：典型的なストロビラ，C：まれにみられたストロビラ

最も多い盤数を検討したところ，7～18枚[29, 39, 78]であった。著者がろ過しない自然海水中で調べた結果では，表3a，bの通り，最大で7枚，殆どが2～3枚であり，最近の東京湾沿岸[37, 122]における横分体の観察結果でも，1～6枚で，大部分は1枚であったという。したがって，わが国の自然条件下では，鹿児島湾[68]の限られた地点で見られたような7～9枚が多いという特殊な事例を除き，1個体のポリプから7～18枚もの多数のエフィラが形成されて遊離するケースは，よほどの好条件が伴わない限り，頻繁に現れることはないと考えられる。

3）**横分体の出現期と出現率**：イタヤガイの上殻に付着したプラヌラ群は，貝殻（殻径5～6 cm）1枚当たり30～80個がポリプとなった。これを4～5枚1組として，アミラン製の糸で3組ずつ垂下し（図15），1974年1～4月に3回，1975年2月から1回計4回にわたり横分体の出現状況を観察した。その結果は，表4に示す通りである。また，横分体の出現率と水温，塩分との関係を図19と20に示した。これらの資料によれば，横分裂の開始に要する期間は24～47日（水温6～20.7℃）で，その継続期間は17～86日（10～21.5℃）であった。また横分体の出現月は3月下旬～5月，盛期は3～4月（11～18℃）であり，その出現率は，全ポリプ群の40％以下であった。環境要因との関係では，横分裂は10℃から始まり，約20℃前後で終了することも明らかとなった。

ミズクラゲのプラヌラが，ポリプとなって横分裂を開始するまでの期間については，デンマークのマリアガーフィヨルド沿岸[119]で5ヶ月，西ドイツのキール湾[109]で4ヶ月以上，浅虫地方[29]では3ヶ月以上をそれぞれ要すると報告されている。浦底湾では最長でも1.5ヶ月であったから，記録された中では最も短いことになる。

また，横分体の形成期間は，デンマークで2～4月の90日[119]，ドイツでは12月下旬～3月下旬と4月下旬～5月下旬の2期があり，35～112日[109]に及ぶと報告されている。これに対して鹿児島湾では，12月下旬～2月下旬の60日[68]，浦底湾では表示のとおり，3月下旬～5月下旬の17～86日[129, 130]で，北ヨーロッパよりその下限ははるかに短い。ところが，最近，東京湾での横分裂は12～4月の5ヶ月（150日）以上[122]にも及ぶことが明らかにされた。

このように，ミズクラゲの横分体の形成期間は，地域性が著しく，水域によって一様でないが，冬～春の低温期間に行われるという点ではいずれの水域でも共通している。

次に，横分体の出現率について，西ドイツで付着したポリプの80％以上[109]，東京湾では，実に100％近くが横分体を形成したという[37]。これに対して，浦底湾の場合は40％以下（図19，20），鹿児島湾では最盛期の1月でも10％以下の低率であった[68]。

以上述べたように，横分体の開始期間や横分体の形成期間の長短およびその出現

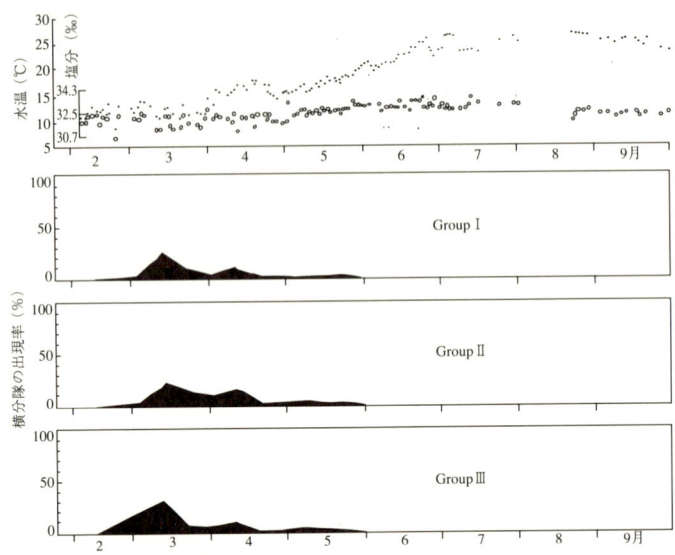

図19 水槽内における水温（黒丸），塩分（白丸）およびポリプ群（Ⅰ〜Ⅲ）中にみられた横分体（ストロビラ）出現率の月変化[129, 130]（これらのポリプ群は1974年1月18日にプラヌラを採集して得た）

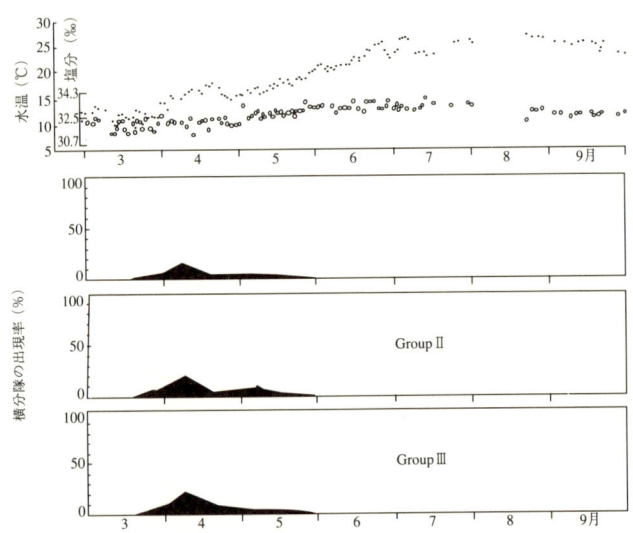

図20 水槽内における水温（黒丸），塩分（白丸）およびポリプ群（Ⅰ〜Ⅲ）中にみられた横分体（ストロビラ）出現率の月変化[129, 130]（これらのポリプ群は1974年2月14日にプラヌラを採集して得た）

率などの相違は，主に水温や餌料生物量等の環境条件やポリプの付着条件，個体群の密度等の相違によるものと考えられる。

ところで，浅虫地方では春（3〜4月）の他，晩秋（10〜11月）にも横分体が観察されている[39, 40]。著者は9月以降のポリプの飼育を継続できなかったため，秋期の横分裂の有無についての知見を得ることができなかった。しかし，1966年から10年の間，浦底湾と近接水域で7月〜12月に実施したマクロプランクトンネットの採集では，ミズクラゲのエフィラを全く確認することはできなかった。したがって，浅海の砂礫や海藻類に付着したポリプは，横分裂を行わないままの状態で秋を過ごすか，7月以後に優占する付着性汚損生物の管棲多毛虫類やフジツボ類によって，生息場所を占拠されたり，ミノウミウシ類によって食害されたものと推察される。なお，東京湾沿岸でも，夏期にイガイ類による空間的競争が高まり，さらにそれらの捕食圧が，ポリプの生残率を著しく低下させる主な原因であろうと考えられている[37]。

表4 プラヌラが付着後横分裂の開始に要する期間と横分体形成期間および水温・塩分との関係[129, 130]

プラヌラの採集年月日	横分裂の開始に要する期間（日）	水温（℃）範囲（平均）	塩分（‰）範囲（平均）	横分裂の開始に要する期間（日）	水温（℃）範囲（平均）	塩分（‰）範囲（平均）
1974年1月18日	44	6.2〜13.4 (10.2)	31.6〜32.7 (32.2)	86	10.2〜20.0 (15.1)	31.3〜33.2 (32.5)
同年2月14日	40	6.2〜14.7 (11.5)	31.3〜32.5 (32.2)	59	13.0〜20.0 (16.5)	31.3〜33.4 (32.5)
同年4月19日	24	14.6〜20.7 (16.4)	32.0〜33.2 (32.5)	17	16.3〜20.7 (18.1)	32.5〜33.4 (32.9)
1975年2月19日	47	8.0〜16.0 (12.5)	31.1〜33.2 (32.0)	45	13.9〜21.5 (16.7)	30.7〜32.9 (32.2)

§4. エフィラから成体型クラゲへの変態

ミズクラゲのエフィラから若いクラゲに至る形態変化については，主にネット採集[78, 87]と室内での飼育試験による観察例[101]があるが，わが国での詳しい記録や記載は見当たらない。著者は1973〜75年の間に浦底湾産ミズクラゲから得たプラヌラが直接エフィラに変態した個体群を，なるべく自然に近い条件で飼育するとともに，浦底湾と近接の敦賀湾でネット採集を実施して得られた多数の試料とをあわせて検討し，変態に要する期間や減耗の状態および環境要因等について，次のような新しい知見を得ることができた。

1) 飼育の方法：エフィラを図21に示した装置に収容して，流水で飼育した。自然海水をオーバーフローさせた5 lビーカーから径8 mmのガラス管のサイフォンで飼育容器（5 lビーカー）に注入し，飼育容器の中央底部からエアリフトで排水した。

海水交換量は，1.2 l/h に調整した。エフィラが底部の砂礫にひきつけられて弱るのを防ぐため，別の径 5 mm のガラス管で弱い通気を行った。遊離して間もないエフィラ約 500 個体を収容し，シオミズツボワムシを 1 日 1 回飽食するまで与え，定刻に水温と塩分を測定した[129, 130]。

2) 形態の変化：エフィラから若いクラゲに至る形態変化を図 22 に示した。遊離した直後のエフィラは径 1.5～3.6 mm。花弁状の 8 枚の縁弁は半透明淡褐色で，先端の凹の底には黒褐色の感覚器がある。各間軸にある胃糸は 1～2 本，体の中央部には突出した口柄があり，その先端は十文字形に開いている（図22A）。

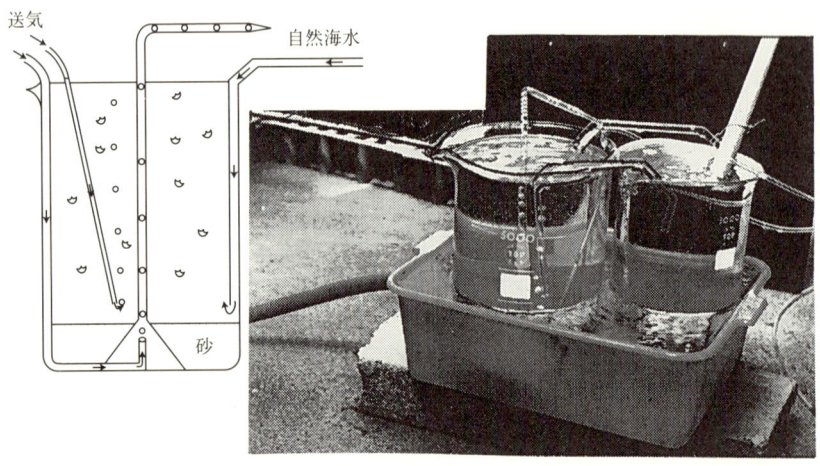

図 21　エフィラの飼育装置（右）とその構造（左）[129, 130]

遊離してから 14 日を過ぎると径 3.5～5.2 mm となり，8 枚の縁弁の間（副軸）にある放射腔が肥厚，発達して環状筋帯を超え，その先端に薄膜状の中間感覚縁弁が出現する。胃糸は 3～4 本に増加し，口柄は厚みを増して長くなる（図22B）。

遊離後 24 日を過ぎると径 6.2～7.5 mm となり，中間感覚縁弁は幅と高さを増して，感覚縁弁の約 1/2 の高さになる。感覚放射管は中央部から，中間感覚放射管は先端からそれぞれ左右に分枝し，分枝は互いに融合して環状管の基礎となる水管が形成される。この時期に触手の原基が出現する。胃糸は 5～8 本に増加し，口縁には 8 個の小さな壁が形成される（図22C）。

30 日を過ぎると，径 7.2～9.6 mm となり，環状管の基礎となる水管からは新しい管が感覚放射管にむかって成長し，放射管と融合して環状管が形成される。その外縁には，4～5 個の触手原基が出現する。胃糸は 7～9 本に増加し，口柄はさらに長くなる（図22D）。

38日を経過すると，径9.5〜12.0 mm となり，各感覚器の間に 0.1〜1 mm の触手が 7〜10 本出現する。感覚縁弁は前記よりもやや低くなるが，まだ明瞭で，触手の

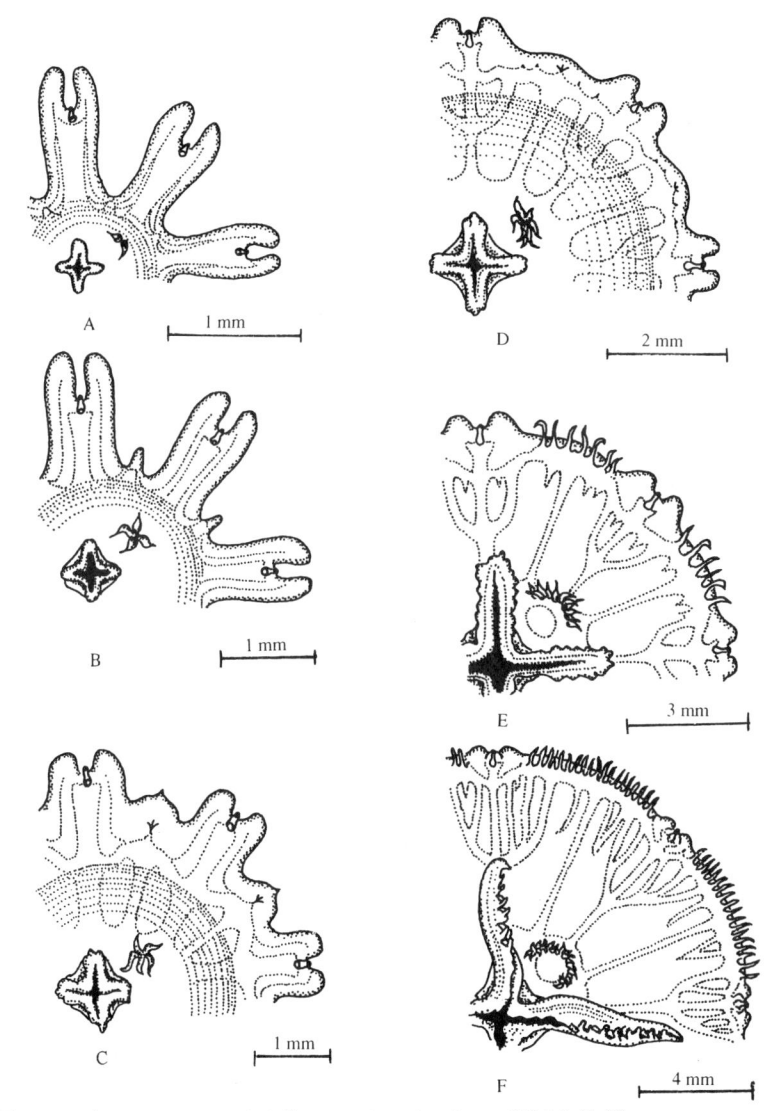

図22 ミズクラゲのエフィラから若いクラゲにいたるまでの形態変化 [129, 130]
A：エフィラⅠ期，B：エフィラⅡ期，C：メテフィラⅠ期，D：メテフィラⅡ期，
E：メテフィラⅢ期，F：若いクラゲ

出現部位から約 1 mm ほど突出している。放射管の分枝が著しくなり，正，間軸放射管の分枝ならびに環状管から求心的に不完全な分枝管が伸び始める。生殖腺下腔は，この時期に形成されている。10〜12 本に増加した胃糸は，同一の円弧上に並んでいる。各口腕の外縁には，14〜20 個の口腕触手が形成される。環状筋帯は不明瞭となる（図22E）。

56 日を過ぎると，径 12〜22 mm に達する。この時期になると感覚縁弁は低くなり，全体がほぼ円形になって，伸びた触手は完全に感覚縁弁の高さを超える。触手の数も 17〜28 本に増加する。未分化の放射管の間に連絡と融合がおこり，胃糸は数を増して生殖腺下腔の内側に半円状に並ぶ。口腕触手は長くなり，各口腕の外縁に 20 本以上が交互に重なり合うようになる。この段階でほぼ完全な若いクラゲとなる。なお，この時期に感覚器の基部に小さな突起が現れるのが特徴である（図 22F）。この突起の出現は，13〜32 mm および 15 mm の若いクラゲでも観察されているが，その機能は未だ明らかにされていない[87, 101]。

以上の結果をまとめると，エフィラは，中間感覚縁弁の形成から中間感覚縁弁の拡大，感覚および中間感覚放射管の分枝による環状管原基の形成，触手および生殖腺下腔の形成，環状管から求心的にのびた分枝管と放射管分枝との融合，感覚縁弁の縮小，感覚器の基部に小突起の出現，胃糸の半円状配列という順序の発育過程を経て，ほぼ完全なクラゲ型に至るということになる。

従来の報告と比較すると，生殖腺下腔が，メキシコ湾産[101]よりも小さい 9.5〜12 mm の段階ですでに形成されていた点と生殖腺がアドリア海産[9]の径 10〜12 mm で確認されたのに対し，著者の飼育観察では，56 日を経過した 12〜22 mm においても認められなかった点を除いて，形態上の大きな相違はみられなかった。

さて，前記した形態変化に基づいて，エフィラから若いクラゲにいたるまでの期間を，次の 5 期に区分できる。つまり，エフィラⅠ期，エフィラⅡ期，メテフィラⅠ期，メテフィラⅡ期およびメテフィラⅢ期である（図 22A〜E）。図 22 の E 示した段階は，わが国における従来の報告では，ほとんどの場合にクラゲとして取り扱われていたようである[39, 43, 48]。しかし，この発育段階では，まだ感覚縁弁が比較的大きく，放射管および環状管の分枝は，融合することなくなお不完全な状態にある。したがって，この段階をメテフィラⅢ期とみなし，図 22F に示したように，成体型クラゲと同じ形態に達した段階を，"若いクラゲ"と呼ぶように提唱したい[129, 130]。自然海域から採集されたミズクラゲの発育段階区分も，これらの基準によると最も容易であることが確かめられた。

なお，エフィラⅠ期とⅡ期の間に[52, 78, 87]，副軸の放射腔が肥大して主，間軸のそれと連絡をはじめた 1 段階を設けた例もあるが，この状態には変異が多く，特に，自然海域から採集されたホルマリン固定の試料では，判別が非常に困難であること

が判ったので付記しておきたい。

3) **変態に要する期間と生残率**：各発育段階に達する日数と環境要因との関係を詳しく記録した報告はないが，著者が得た観察結果によると（表5，6），各発育段階の所要日数は，温度条件によって若干異なっている。実験例は少ないが，2回の観察結果を通じて所要時間は，エフィラⅠ期からメテフィラⅠ期まで漸次短くなり，メテフィラⅡ，Ⅲ期で再び長くなった後に小型のクラゲに変態している。1974年5月14日～7月19日の飼育例（表5）では，水温16～26℃，塩分32.3～33.4‰（塩素量17.90～18.50‰）のもとで，遊離したエフィラは38日でメテフィラⅢ期に，56日で若いクラゲになったが，1975年6月20日～7月17日の飼育例（表6）では，水温21～27℃，塩分31.8～33.8‰（塩素量17.50～18.70‰）のもとで，33日で小型のクラゲに成長した。従来の飼育実験によれば，エフィラは約1ヶ月後に小型の若いクラゲになったことが報じられている[39, 48]。また，より詳細にはメテフィラ

表5　エフィラから若いクラゲに至る変態期間（日数）と水温および塩分との関係（飼育は1974年5月中旬から行われた）[129, 130]

発育段階の区分	エフィラⅠ期	エフィラⅡ期	メテフィラⅠ期	メテフィラⅡ期	メテフィラⅢ期	若いクラゲ
変態に要する日数	14	10	6	8	18	—
水温（℃）						
範囲	16.3～18.4	19.6～21.5	20.0～20.9	20.8～23.6	22.0～26.0	23.0—
平均	17.7	20.2	20.6	22.6	24.3	—
塩分（‰）						
範囲	32.5～33.4	32.3～33.2	32.7～33.1	32.7～33.4	32.7～32.4	32.5
平均	32.9	33.1	32.9	33.1	33.1	
傘の直径(mm)	1.5～3.6	3.5～5.2	6.2～7.5	7.2～9.6	9.5～12.0	12.0～22.0

表6　エフィラから若いクラゲに至る変態期間（日数）および生残率（％）と水温および塩分との関係（飼育は1975年6月中旬から行われた[129, 130]）

発育段階の区分	エフィラⅠ期	エフィラⅡ期	メテフィラⅠ期	メテフィラⅡ～Ⅲ期	若いクラゲ
変態に要する日数	9	5	4	15	—
水温（℃）					
範囲	21.0～27.3	22.1～22.5	22.5～23.9	22.8～22.8	24.0—
平均	23.5	22.3	23.2	23.7	—
塩分（‰）					
範囲	32.2～32.9	31.8～33.2	31.8～32.3	31.8～33.8	33.4
平均	32.5	32.3	32.0	32.3	
5 l 中の飼育					
個体数	500	312	169	—	30
生残率(%)	100	62.4	33.8	—	6.0

Ⅲ期まで1ヶ月, 小型のクラゲまで2ヵ月を要した記録[43]や21～24℃のもとでメテフィラⅢ期に達するまで20～30日, 若いクラゲまでに28～61日を要したという報告[101]もある。これらの資料を綜合すると, 環境条件によって異なるが, ミズクラゲのエフィラは, 遊離してから1～2ヶ月で若いクラゲまたはそれに近い状態に成育するとみてよい[129, 130]。ただ, この変態に要する時期や期間は水温や餌料環境等によって大きく変わってくるので, 今後, エフィラの飼育密度および餌料生物の密度等の条件も合せて検討した実験結果が期待されよう。

一方, エフィラから若いクラゲに至る間における生残率について調べた例を表6に示したが, エフィラⅡ期では62.4％の生残率となり, 次でメテフィラⅠ期で33.8％, メテフィラⅡ, Ⅲ期（この両期については計測し得なかった）を経て若いクラゲとなり, この時には6％となった。

次に, 別の目的で1973年5月下旬に敦賀湾の6定点（図23）において, 4個の中型プランクトンネット（口径51 cm, 網目0.33 mm, 長さ145 cm）を海面から20～30 mまで垂下したロープの間に取り付けて, 風力により15分間10 m毎の層別採集をしたところ, 従来記録された例のない多数のエフィラから傘径2 cm以下の若いクラゲに至るまでの試料, 8, 909

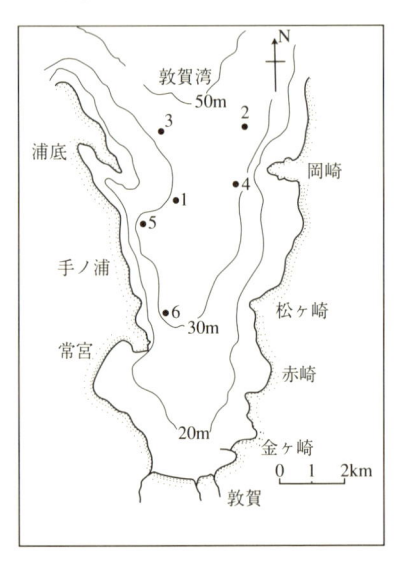

図23 中型プランクトンネットによる層別採集地点[129]

表7 1973年5月21日敦賀湾で採集されたエフィラから若いクラゲに至る間の発育段階別個体数とその減耗状況[129, 130]

St.No.	1	2	3	4	5	6
採集時刻	9:29～9:44	10:00～10:15	11:12～11:27	10:38～10:53	11:47～12:02	14:15～14:30
エフィラⅠ期	188(100)	245(100)	167(100)	1,826(100)	388(100)	258(100)
エフィラⅡ期	759(63.9)	195(79.6)	76(45.5)	829(45.4)	262(67.5)	200(77.5)
メテフィラⅠ期	577(48.6)	173(70.1)	45(26.9)	382(50.9)	199(51.3)	137(53.1)
メテフィラⅡ期	126(10.6)	45(18.4)	17(10.1)	134(7.3)	88(22.6)	85(32.9)
メテフィラⅢ期	29(2.4)	23(9.3)	4(2.3)	90(4.9)	103(26.59)	74(28.7)
若いクラゲ	24(2.0)	13(5.3)	7(4.1)	81(4.4)	31(7.9)	29(11.2)
合計	2,703	694	316	3,342	1,071	783

（ ）内の数値は, エフィラⅠ期の数に対する百分率（％）を示す

個体を得ることができた（表 7）。各発育段階別の個体数およびエフィラ I 期の個体数を 100 とした場合における各段階の比率を表 7 にまとめた。

　この資料によると，エフィラ II 期の数は，I 期の 45～79 %（平均 63.2 %），メタフィラ I 期の数は，エフィラ I 期の 26.9～70（平均 43 %），メタフィラ III 期は 2.4～28.7 %（平均 12.3 %），若いクラゲでは 2～11 %（平均 5.8 %）となっている。これらの平均値は前記した飼育実験における生残率にきわめて近い値を示している。このような数値は，採集がミズクラゲの発生期間中のどこで行われたかによって大きな変化を示すであろう。5 月下旬に行われた観察結果を発生期間のどこに位置づけるかという疑問を別にして，この数値は興味深い。

　つまり，飼育とフィールドの結果とをあわせると，エフィラ I 期から II 期の間に主な減耗期があって，その後も減耗を続けながら若いクラゲまでに成育する生残率は，10 % 以下（約 6 %）にとどまるものと推察される[129,130]。その後，これらの小型クラゲが成長して成熟し，中，大型クラゲになるまでの生残率は，現在不明であり，食害動物と考えられる魚類，ウミガメ類，海鳥類等との関係[68,132]も含めて，今後に残された本種生態の究明するべき重要課題の一つになるであろう。

V. 栄養と成長

§1. 餌生物

　ミズクラゲの餌は，古くから知られており，珪藻類およびそれを含むデトライタスの他，夜光虫，有鐘繊毛虫類，櫛クラゲ類，ワムシ類，カイアシ類，枝角類，尾虫類およびフジツボ類，二枚貝類，巻貝類，多毛類，エビ，カニ類の各幼生類等を含む動物プランクトンであり[63,96,130]，異体類，タラやニシンの仔魚等[73]も食害することが知られている。また，時には陸上のクモ類や昆虫類も餌の対象となったことが記録されている[87]。一例としてイギリスのプリマス沿岸[63]で採集された傘径 20～25 mm のミズクラゲ 250 個体中 44 個体と浦底湾と近接水域[130]で得た傘径 1～24 cm の成体型クラゲ 300 個体中 7 個体の胃腔内で確認されたプランクトン動物をそれぞれ表 8a，b に示した[130]。これらの結果や前記の記録等から，本種は明らかにプランクトン食性で，主な餌生物は動物プランクトンとみてよく，その生息水域に優占する浮遊動物や時に珪藻類，デトライタス等も無選択に捕食すると考えられる。ただ，大きさが 5 mm 以上の餌は口腕で排除されることがあるが，これは胃腔流入溝に入らないためと推察され，1 cm 位のヨコエビ類が捕食された場合には，口の基部でささえられたまま，そこで消化されるという[18]。なお，エフィラも成体型クラゲも餌となる動物は，ほぼ同様とみなされているが[130]，餌のサイズについては選択性があり，傘径 4～11 cm のクラゲでは 300 μm 以上の中型動物プランクトンが好まれ

表8 ミズクラゲの胃腔内容物

a. プリマス沿岸の事例 [63]

13	Contained	1	crab zoea
8	〃	2	〃
4	〃	3	〃
2	〃	4	〃
1	〃	1	crab zoea1, harpacticoid
1	〃	1	egg capsule of *Littorina littorina*
1	〃	1	*Galathea* larva
1	〃	1	cirripede nauplius
3	〃	1	*Acartia clausi*
1	〃	1	*Centropages typicus*
1	〃	1	*Rathkea octopunctata*
3	〃	1	*Phialidium* sp.
3	〃	1	terebellid larva
2	〃	1	young flat fish

b. 浦底湾の事例 [129, 130]

調査年月日	出現種
1966年11月10日	*Paracalanus parvus*：r, Cypris form larva：rr
1967年5月20日	*Paracalanus parvus*：+, *Calanus* sp.：rr, *Acartia clausi*：+, *Evadne* sp.：+
1967年5月20日	*Paracalanus parvus*：+, *Acartia clausi*：+, *Evadne* sp.：+, *Microsetella* sp.：rr
1967年6月3日	*Evadne* sp.：+
1967年8月9日	*Paracalanus parvus*：+, *Acartia erythraea*：+, *Evadne* sp.：rr,
1967年10月30日	*Paracalanus parvus*：rr, *Oncaea* sp.：rr
1969年10月30日	*Paracalanus parvus*：rr

+：普通，r：少ない，rr：非常に少ない

[112]，エフィラや小型クラゲでは，4〜28μm の微小および小型プランクトンを利用するという報告 [2] もある。

§2. 摂　餌

餌が胃腔内にとりこまれる速度については，15℃で *Tigriopus* を材料とした場合，触手で捉えた餌は口腕内に 12 分，胃腔内の胃糸付近に 50 分で達し，口腕触手で直接捕らえられたものは，10 分以内に胃腔に達するという [100]。

摂餌量に関連した報告は少ないが，傘径 10 cm のクラゲが，1 時間以内に海水 700 m*l* 中のプランクトンを捕食するという [100]。傘径 5 cm のクラゲでも 1 分間に 60 回の開閉運動で 132 m*l* の海水をろ過するという報告もある [18]。その他，更に詳しい観察例として，傘径 5 cm (115 g)〜32 cm (1,260 g) クラゲ胃腔内容物を調べたところ，

捕食された動物プランクトンは14～8,289個体の範囲にあり，それらのうち30%以上を占めるプランクトンは *Oithona* sp.とフジツボ類の幼生であったという[96]。飼育試験では，傘径2 cm（0.5 g）のミズクラゲが1ヶ月で5 cm（6.64 g）に達するのに4.5 gの餌を捕食し，この割合から傘径25 cm（830 g）のクラゲは610 gの餌が必要で，これは *Calanus* 属 6万個体に匹敵すると推察されている[18]。最近，東京湾[112]で調べられた傘径4～11 cmのミズクラゲの1日当りの平均摂餌量は，2,700 μgCで，この湾の動物プランクトン現存量30～200 mgC/m^3 に対して，夏期のミズクラゲの捕食圧は10%程度と見積もられている。

一方，魚類の稚仔魚に対して，キール湾[73]の傘径0.6～5 cmのエフィラから若いクラゲ5,800個体を調べたところ，ニシン仔魚は傘径6 mmから確実に捕食され，12 mmの個体で最高10尾（図24左，右），42 mmの個体で68尾にも達したという。全標本の平均では，クラゲ1個体1日当たり0.2～4.4尾のニシン仔魚が捕食される計算となり，クラゲの食害によるニシン仔魚の生残率低下と親魚の漁獲量に及ぼす影響[73]が明らかにされている（詳細については後述する）。

本種の胃腔内からは，トリプシンとアミラーゼが確認されており[68]，その消化速度については，次のような報告がある。

殻長3 cmのムラサキイガイ *Mytilus edulis* の幼貝の肉質部は消化に1昼夜を要し

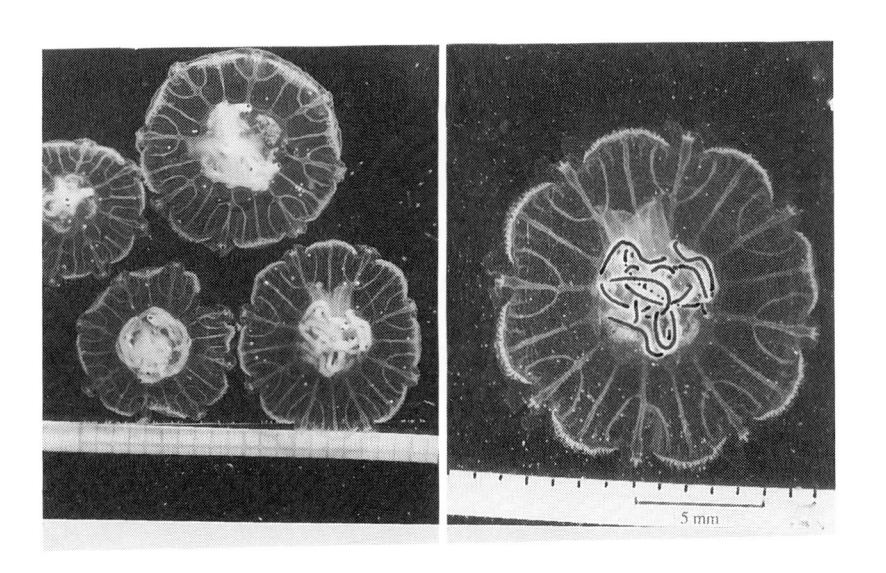

図24 若いミズクラゲに捕食されたニシンの一種 *Clupea harengus* 仔魚（左）と拡大写真記録[73]

たが，異体類とタラの一種 *Gadus saida* の仔魚は，眼以外が 30 分，眼は 2 時間後に完全に消化されたという[18]。ニシンの仔魚は，3.8 時間で消化された[73]。著者は初夏に傘径 8～12 cm のミズクラゲが，シオミズツボワムシとアルテミアの幼生を捕食した後，およそ 2～3 時間で消化されて，その残渣が口から体外へ放出されるのを観察した。最近になって，本種（傘径 4～11 cm）が動物プランクトン（*Oithona* および他のカイアシ類，フジツボ類のノウプリウス，枝角類等）を消化する時間は，餌の種類に関係なく，20℃のもとでは，一様に 2.5～4 時間以内であったことが明らかにされている[112]。これに対して 20℃以上では，傘径（体重）に関係なく，大型カイアシ類の *Calanus* 属で 2 時間 15 分，小型カイアシ類の *Acartia*，*Oithona* 属では 1 時間で消化され，餌動物のサイズによる消化速度の相違も報告されている[96]。

以上のように，捕食された餌生物は，比較的に短時間で胃腔内へ取り入れられ，消化速度もかなり速いので，フィールドで採集されたクラゲの胃腔内容物が詳しく確認された事例は少ないのであろう。なお，摂餌活動の時刻的なリズムや環境要因等については，今後に残された興味ある課題であろう。

§3. 傘径組成の月別変化

ミズクラゲの傘径の変化や成長状態については，数多くの記録が残されているが，一部を除いていずれもある限られた期間の断片的なものが殆どであり，周年にわたる観察や年変動を取扱った事例は少ない。著者が浦底湾とその周辺水域で調べた結果[129]は，次の通りである。

図 25 は 1969 年 4 月から翌年の 4 月までの間，浦底湾口の沿岸水域で，プランクトンネットとタモ網によって採集したミズクラゲを目盛り付きのガラス板上で測定し，その傘径組成の月変化と受精卵，プラヌラを付着させた個体の出現状況とを合わせて示したものである。

この資料によると，1969 年 4 月には，傘径が 7～30 cm の範囲にあって，20 cm に単一のモードをもつ大型クラゲ群の存在が認められた。ところが，5 月の組成で注目されたことは，22 cm 前後にモードをもつ大型群の他に，1 cm 前後にモードをもつ小型群が新しく出現し，6 月には全採集個体の 20 %以上を占めるに至ったことである。この小型群は，7 月に 3 cm，8 月に 7 cm，9 月に 9 cm とモードが大きい方へ移る傾向を明瞭に示した。その後，10 月から翌年 2 月までの間にも月を追って約 1 cm ずつモードが移行し，更に 3 月には 17 cm，4 月には 20 cm 前後に達した。なお，前年の 4，5 月に 20～22 cm にモードを有する大型群は，6 月以後に出現率が 5 %以下になるとともに，モードも不明瞭となって，8 月に入ると全く採集されなくなった。

一方，受精卵，プラヌラを付着した個体は，1969 年 4 月には 7～27 cm，5，6 月には 11～29 cm，1970 年 1～4 月には 8～31 cm の範囲にわたっていた。

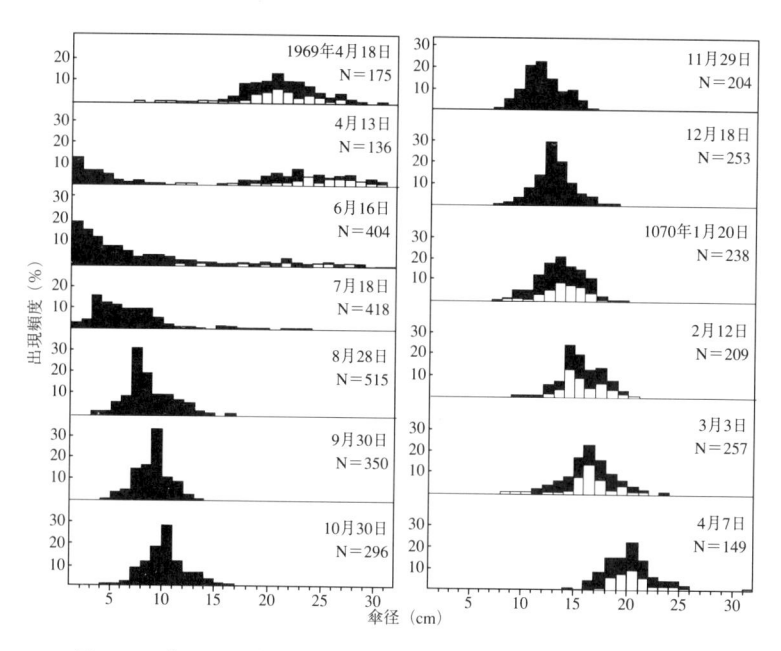

図25 ミズクラゲの傘径組成の月変化（1969年4月〜1970年4月）[129, 130]
（白地部分は，受精卵・プラヌラ付着個体の割合を示す）

§4. 成　長

若いクラゲから成熟した大型クラゲに至るまでの，傘径（cm）と体重（湿重量）（g）との関係を取り扱った報告は限られているので，先ず，浦底湾と周辺水域[129]から得た事例を図26に示した。これから，傘径（D）と体重（湿重量）（W）との間には，$W = 0.167D^{2.489}$の関係が得られた。その他の海域では，東京湾の奥部から木更津沖の間で得た試料[24]で，$W = 0.553D^{2.153}$，主に奥部のお台場水域[112]で採集されたクラゲでは，$W = 0.120D^{2.63}$ [112]，ほぼ全域[82]では，$W = 0.29D^{2.32}$等の関係が記録されている。また瀬戸内海の呉と音戸沿岸[96]では，$W = 0.0748D^{2.86}$，鹿児島湾[68]では，傘径10〜324 mmのクラゲを測定した際に，乗数は2.617〜2.945，係数も0.06〜0.15の年変動が確認されている。今後これらの数値を数多く集積すれば，系統群の分離に役立つであろう。

さて図25から得たモードの推移と前期した浦底湾産ミズクラゲの傘径と体重との関係式から算出した体重の増大曲線ならびに同時に観測した水温と丸特ネットで採集したプランクトン沈殿量の変化とを合わせて図27に示した。これによると，ミズクラゲの多くは，6月に傘径1 cm（体重0.2〜0.9 g）であったものが，7，8月に急

激な成長を行い，9月末には9cm（40g）前後に成長する。その後10月から翌年の2月までには，傘径が毎月約1cmずつ増加していくが，2月から3，4月にかけて再び急激な傘径と体重の増大がみられ，4月上旬には傘径20cm（300g）前後にも達することが判る。その後の状態については，前年の1969年4，5月に出現した大型群のモードをこれに連続させると，4月中旬に20cmの群が5月中旬に22cm（400g）に達している。更にこの大型群は，1ヶ月後の6月にモードが20～21cmへと小さな値へ移行したことは注目されよう。

　以上の資料に基づいて，エフィラから変態した傘径1cm（0.2～0.9g）の若いクラゲの多くは，11ヶ月後に傘径22cm（400g）に成長するものと推察され，その後は傘径の縮小を生じつつ，生息水域から次第に消滅していくとみられる[129, 130]。

　次に，1981年5月～83年11月までの間，本種の傘径の年変化を初めて追跡した神奈川県水産試験場の記録[90]を基にして得た，東京湾のミズクラゲ成長曲線と表面水温の変化とをあわせて図28に示した[24, 90]。傘径組成のモードの推移から推定した成長をみると，傘径10cm（50g）以下のクラゲは，5，6月にかけて急激な成長を示し，7，8月に20cmを超えるが，その後9～11月にかけて1～2cm程縮小傾向を示している。ところが，その後，最低温期の1～2月でも成長は停止せず，3，4月にかけて再び成長を続け，多くは22cm（400g）まで達した後，5，6月にかけて再び縮小しつつ消滅するというパターン[112]を1980～1992年位まで繰り返してきたものと思われる。

　そうして，水温の上昇と下降の変化とクラゲの成長の促進，停滞の様子が，浦底湾以上に密接に対応，関連していることが明らかとなった（図28）。

　本種の成長と水温変化および浦底湾ではマクロプランクトン沈殿量の月変化も加えて，それらの推移と照らし合わせてみると（図27，28）両水域ともに水温の上昇期に急速な成長がみられた。こ

$W = 0.167 D^{2.489}$

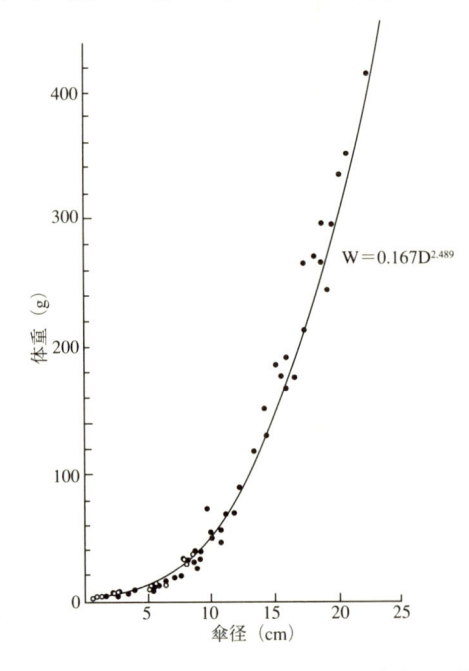

図26　ミズクラゲの傘径と体重（湿重量）との関係
[129, 130]

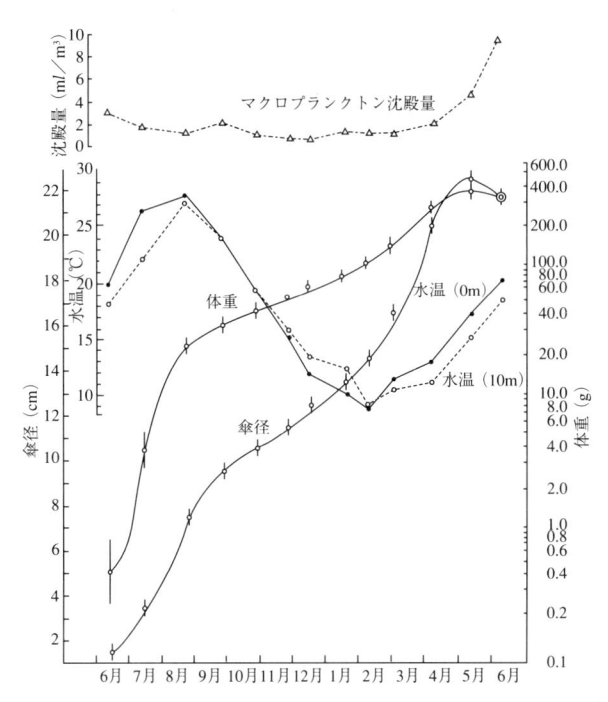

図 27　浦底湾におけるミズクラゲの成長と水温，プランクトン沈殿との関係 [130]

れは温度の上昇に伴い，傘の開閉運動（拍動）が増加して摂餌量が増大するとともに代謝も活発化するためと考えられ [130]，他の中，大型鉢クラゲ類でも知られている [8, 80, 131]。

　プランクトン量との関係では，必ずしも両者の関係は判然としないが，6～8月には，カイアシ類の *Paracalanus paruvus* や *Acartia* 属，枝角類の *Penilia schmackeri*, *Evadne* sp. 等が高率に出現するので，本種の昇温に伴う摂餌量が増大し，その捕食圧によって生息水域の動物プランクトン量は減少傾向を示したのかもしれない。また，両水域ともに最低温期の2月から3～4月にかけてみられる二次的な成長は，水温の上昇に伴い餌となる夜光虫 *Noctiluca* の春期増殖期と一致し，十分な餌の摂食が可能となったことによるものであろう。

　以上日本海側の浦底湾と太平洋側の東京湾におけるミズクラゲの成長例について述べたが，その結果，浦底湾のミズクラゲは傘径20 cm（300 g）に達するのに9ヶ月以上を要しているのに対し，東京湾では5ヶ月以内，早ければ1～2ヶ月で同サイズに達しており，水域により本種の成長は著しく異なることが判る。既往の報告によれば，フィンランド南西沿岸 [121] では，7月に傘径2～3 cm であったものが，8月

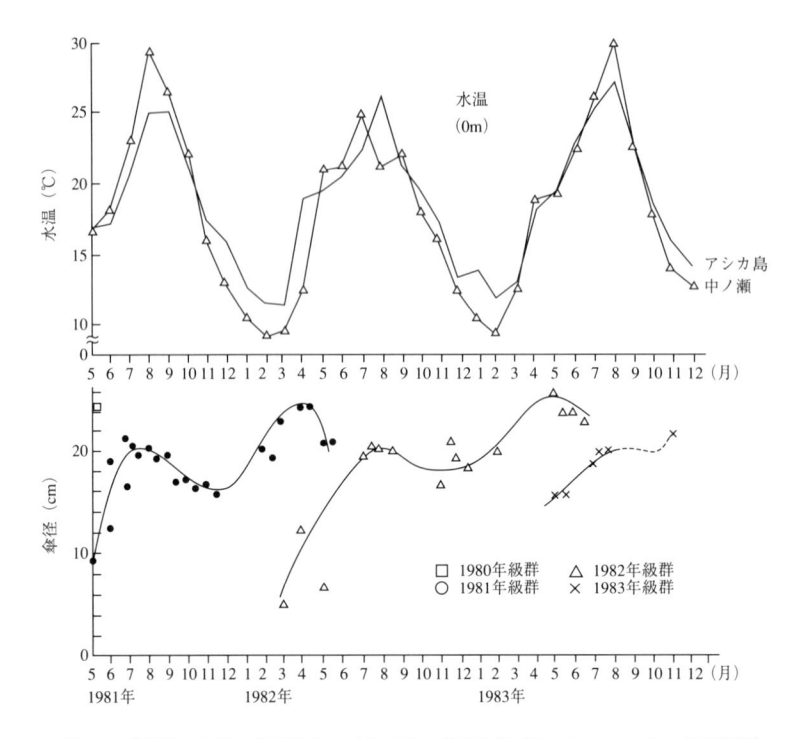

図28 東京湾の水温の年変化とミズクラゲの成長曲線（佐々木,1990を一部改変）[90]

には6cmに成長したとされているので，浦底湾の成長例とよく類似している。これに対して，西ドイツのキール湾[73]では，6月に1cmであったものが，7月に5cm，8月では20cmに成長しており，東京湾の成長例と似ている。ところが和歌山県の浦神湾[46]では，2月に平均3cmであったクラゲが4月に20cm，5月には25cmにも達したと推定されているし，瀬戸内海[96]の呉沿岸では4月に平均2cmのものが，5月に10cm，7月には実に27cmに成長している。このようにミズクラゲは水温や餌生物の量など生息環境の条件が異なれば，その成長もまた様々なケースを示すと考えられる。さらに同一水域内でも，鹿児島湾[68]の本種最大傘径のモードは，18～23cmの年変動が記録されている。

なお，水温が下降期に入った9～11月に東京湾でみられた傘径モードの1～2cmの縮小（減少）現象は，アメリカのカリフォルニア州トマレス湾[22]や西ドイツのキール湾[73]でも知られており，特に鹿児島湾[68]では，最大傘径18～23cmから年により4～7cm，瀬戸内海[96]でも平均22cmから10cmの顕著な傘径の減少が確認されている。

本種の飼育実験では、水温や餌の飼育条件が悪くなると数日で傘径が5 cmから4 cmになったり[43]、餌を与えないで飼育した場合には、約1ヶ月で半分位のサイズに縮小したという[68]。これらの結果から、フィールドの水温下降による傘の拍動数の低下とそれによる摂餌量の減少によって生じた現象と考えるのが妥当と思われる。

　また、東京湾の7〜8月には当年発生群の多くが、傘径20 cmで、十分成熟サイズに達しており（後述）、一部の個体群は、放卵、放精を開始し、その継続によって傘の成長が停止、または縮小していったのであろう。

　次に、浦底湾と東京湾両水域ともに1〜2月から3〜5月にかけて二次的な成長がみられ、傘径22 cm（400 g）に達した後、5〜6月かけて再び傘径の縮小がみられた。これらの大型群は、プラヌラの付着状況から、少なくとも半年以上の期間、数回にわたって放卵、放精を継続しており[129, 130]、その末期に消化器官の胃糸が押し出されて次第に衰弱し[101]、傘の縮小を生じつつ、漸次、死亡するとみられる。

§5. 生物学的最小形

　ミズクラゲの成熟個体または受精卵やプラヌラを付着させた個体の傘径については、世界各国から報告されているので、現在までに著者が知る限りの記録を整理して表9に示した。これによるとメキシコ産のものを除いて、およそ6〜10 cm前後で生物学的最小形となる事例が多い。なお、特に大型個体が早期に成熟して放卵、放精する傾向にあることを指摘した例[6]もあるが、著者が得た1970年1月の傘径組成（図25）から判断すると、むしろある大きさにまで成長した後に、環境要因（例えば水温等）の変化により、一斉にしかも急激に成熟し、放卵、放精を行う可能性が高いと思われる。なお、性比は、ほぼ1：1で、雌雄による傘径の差は、ほとんどみられないようである。

表9　ミズクラゲの生物学的最小形の記録[130]

傘径（cm）	海峡
7〜8	アドリア海[9]
9〜9.5	プリマス沿岸[6]
8.5	ナポリ湾[65]
6〜9	トルッガス沿岸[65]
4〜9	デンマーク沿岸[119]
6〜7	西ドイツ[109]
19〜31	メキシコ湾[101]
10〜20	浅虫地方[39]
7〜31	浦底湾[129]
13〜40	東京湾[90]
7.8〜31	鹿児島湾[68]

§6. 年齢と寿命

　ミズクラゲの年齢や寿命について詳しく述べた報告はごく限られているので、著者が浦底湾で得た資料[129, 130]を基にして考察してみると次のようになる。

　図25から明らかなように、5〜6月に入ると初めて傘径のモードが1〜2 cmの若い小型のクラゲ群が出現して、大型群に添加してくるが、この状態は1966年に得た

傘径の資料[128)]でも全く同様であった。またエフィラの出現盛期は4月前後が中心であることを考えると，この小型クラゲ群は，エフィラから1～2ヶ月後に変態した当年発生群とみてよい。

一方，図25に示されたとおり，1969年4～5月には，傘径20～22 cmにモードをもつ大型クラゲ群が主体を占めていたが，これらは7月中旬まで低率ながら出現し，1966年の採集でも10月下旬まで数個体が確認されている。

ところで，和歌山県の白浜沿岸[114)]では，古くから2～3月に大型のミズクラゲが多産することが知られており，若狭湾西部沿岸で冬期の12～3月に操業されるナマコの桁網にしばしばミズクラゲが多量に混獲される事実[129, 130)]，更に1972年7月に採集された531個体の成体型クラゲは，14 cmを境に平均8 ± 3.1 cmと16 ± 2.4 cmの2群に分けることができたこと（図29）等[130)]を考え合わせると，本種はエフィラから変態した年内には死亡せずに，その一部は越冬することを示している。この可能性があることは，最近，東京湾[82, 112)]や鹿児島湾[68)]でも指摘されている。ところで浦底湾のミズクラゲの発生月は12～6月で，成熟したクラゲは，放卵，放精後に胃糸の機能低下がはじまり，次第に衰弱して死亡すると考えられている

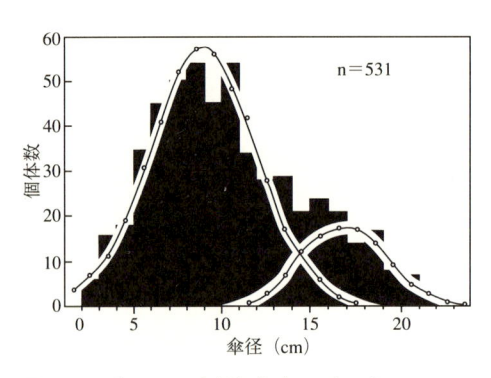

図29　ミズクラゲの傘径組成（1972年7月21日，浦底湾）[129, 130)]

から[101)]，寿命については，次のように結論されよう。

つまり，本種は発生したその年内には死亡せず越冬して，翌年の初めに一斉に成熟して放卵，放精を続けた後，生息，越冬水域から漸次逸散または死滅していくと推察され，1年（12ヶ月）以上2年（24ヶ月）未満[129, 130)]の寿命とみてよいであろう。

その他，国外では，トマレス湾では8ヶ月以上[22)]，キール湾では8～10ヶ月[73)]と推定とされているのに対して，わが国では，瀬戸内海で7～10ヶ月，鹿児島湾では10～20ヶ月[68)]，東京湾では7ヶ月以上で，最長が浦底湾とほぼ同じ22ヶ月[90, 112)]の寿命であろうと推定されている。

なお，マイン湾[4)]やアイスランド沿岸[52)]および九州沿岸水域[130)]で記録された傘径60 cm～1 m以上で数年間も生存したと思われる巨大ミズクラゲは，きわめて例外的な事例と思われる。本種の寿命を制限する要因として，傘と胃腔が縮小し，触手

が失われ，傘に穴があく等の老化[112]，餌生物量の減少，クラゲノミ *Hyperia galba* の寄生[73]などがあり，他の腔腸動物，頭足類，魚類，ウミガメ類，海鳥類等による食害[68,132]があげられる。その他，水温，塩分の変化や台風による攪乱等の環境要因の変動[68,130]が，クラゲの活力や生理に及ぼす影響も考えられよう。また人類の浅海水域におけるアクセス，レジャーの場として小型船舶等の頻繁な利用によって，傘や口腕に損傷を与える場合があり，局所的ではあるが海水の攪乱等が生じて寿命に影響を与える大きな要因となっているという考えもある[68]。

VI. フィールドにおける生活史

現在までに得られた知見を基にして，わが国沿岸水域のミズクラゲの生活史を代表的水域毎にまとめると下記のようになる。

§1. 若狭湾の一肢湾である浦底湾水域

浦底湾を中心としたミズクラゲの観察結果をまとめると図30に示したように整理することができる。この水域の成体型クラゲは，傘径7cm以上で成熟し，12月中旬～6月中旬（水温8～19℃）に放卵，放精を行うが，その盛期は1～5月（8～18℃）である。卵は胃腔内で受精し，長径0.5～0.7mmのプラヌラ幼生となって成熟したクラゲの口腕あるいは下傘に付着しているが，その後離れて内湾またはごく沿岸の海産植物（アマモやホンダワラ類等）あるいは砂礫に付着する（後述）。プラヌラの付着後の変態を観察したところ，従来広く知られていたプラヌラ―ポリプ―横分体（ストロビラ）―エフィラというサイクルを経ることなく，プラヌラが直ちに1個のエフィラに変態するという簡単な過程を経るものが，より一般的であることを初めて確認した。付着後のプラヌラからエフィラとなって遊離するまでの期間は，3～18日（6～28℃）の短期間であり，しかもエフィラの遊離は一斉に行われることが判った。

一方，小型のプラヌラ（0.2～0.3mm）は大部分がポリプに成長し，その一部は，付着後24～47日を経て2～3枚の皿を重ねたような横分体となる。横分裂（ストロビレーション）は17～86日間継続して，散発的にエフィラを遊離する。ポリプは栄養状態が良好な場合にのみ出芽して，走根上に小型ポリプを生ずるか，直接ポリプが2分して増殖する。

遊離直後のエフィラⅠ期（傘径1.5～3.6mm）は，12月下旬～6月に出現し，盛期は3月下旬～4月である。この段階で9～14日間経過するうちに，約60％以下に減耗してエフィラⅡ期（3.5～5.2mm）となる。

これは，5～10日後にメテフィラⅠ期（6.2～7.5mm）になる。その後，4～6日

でメテフィラⅡ期（7.2～9.6 mm）に成長し，さらに 8 日を経てメテフィラⅢ期（9.5～12.0 mm）となる．これは 18 日以内に若い小型のクラゲ（12～22 mm）に成長する．この小型クラゲの出現密度は，初期エフィラの 10 ％以下（約 6 ％）にすぎない．

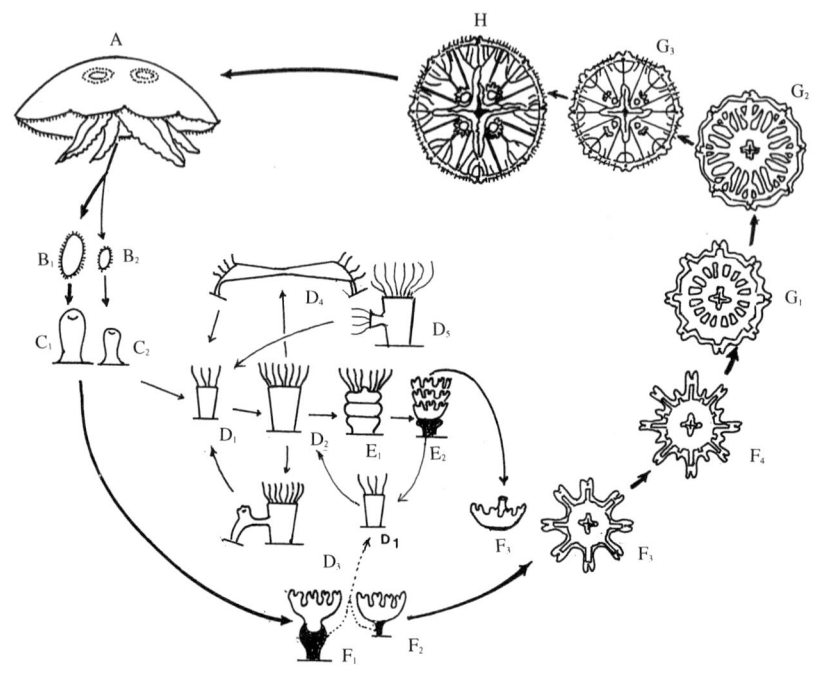

図30　ミズクラゲの自然条件下における生活史（安田，1988 を一部改変）[130]
（太線は日本海側の浦底湾，細線は東京湾他の沿岸水域の主なサイクルを示す）
A：成熟クラゲ，B_1：大型プラヌラ，B_2：小型プラヌラ，C_1，C_2：定着したプラヌラ，D_1：若いポリプ，D_2：成長したポリプ，D_3：走根上に出芽したポリプ，D_4：体を直接 2 分したポリプ，D_5：成長したポリプの上に出芽したポリプ，E_1，E_2：横分体（ストロビラ），F_1，F_2：プラヌラから直接変態したエフィラ，F_3：エフィラⅠ期，F_4：同Ⅱ期，G_1：メテフィラⅠ期，G_2：同Ⅱ期，G_3：同Ⅲ期（F_1，F_2：の一部は条件がよい場合に D_1 となる．点線）

　以上のように，フィールドではエフィラⅠからメテフィラⅢ期または若いクラゲまでに 4 ヶ月以内，多くは 1～2 ヶ月で生育するとみられる．そうして，5～6 月には 1～2 cm（体重 0.2～0.9 g）の若いクラゲとして出現し，海水の流れによって分散し，渦流域で停滞または集合して，夏（7～8 月）から初秋（9 月）を中心に急激な成長をとげ，12 月には大部分が傘径 12～13 cm（70～80 g）に達して成熟期に入り，その年を越す．若いクラゲから 6～7 ヶ月を経過した翌年 1 月から一斉に成熟して，

放卵，放精を開始する。

その後も 3～4 月まで成長を続けて，11 ヶ月後には多くの個体が傘径 22 cm（400 g）に達し，6 月下旬まで放卵，放精を続けながら，その後，漸次傘径が縮小しつつ死亡していくと考えられる。つまり，フィールドのおけるミズクラゲの一生が初めて明らかにされ，浦底湾水域の本種の寿命は，受精後 1 年以上 2 年未満と結論されるに至った。

ここで特筆すべきことは，浦底湾とその周辺水域一帯に出現するエフィラの大部分は，プラヌラから直接変態したものであって，古くから知られてきたポリプの横分裂によって生ずるエフィラの形成は，むしろ補助的なものと推察されたことである。これを裏付けるその他の根拠として，浅虫水域の飼育実験では 10 月にもポリプの横分体が形成されているが，浦底湾と周辺水域におけるプランクトンネット採集では，現在までに秋の横分裂を証明するにたる資料が全く得られていないこと，プラヌラから変態したポリプが 1 個のエフィラを形成する現象は，餌を与えずに長期間飼育した場合にのみ観察された[102, 103]とされているが，著者の試験ではシオミズツボワムシを十分与えて飼育したこと，更に当水域では，ミズクラゲの繁殖期やエフィラの出現期前後に，動物プランクトンのカイアシ類や枝角類が他の季節より高い密度で出現すること等も考慮すると，多くのプラヌラが，ポリプの段階を省略して，直接エフィラに変態するというサイクルに，ほぼ誤りがないとみられる（図 30 の太線）[129, 130]。

なお，日本海側に位置する浦底湾水域で採集された個体の成熟卵やプラヌラの殆どが，北ヨーロッパ[33]，北アメリカ[1]，東京湾[24, 90]および鹿児島湾産[68]のものより 2 倍も大型であり，初期の発育や変態のパターンも異なるので，ミズクラゲには遺伝的な地理的分化が存在する可能性があり[130]，今後 DNA 鑑定導入による系統群の分離や確認等の研究成果が期待されよう。

§2. 東京湾水域

東京湾のミズクラゲは傘径 13～14 cm 以上で成熟し，受精卵やプラヌラをもつ個体はほぼ周年みられる。その保持個体が成体型クラゲの 30 ％以上を占める月は，年変動があるが，7 月から翌年の 2 月までの間に見られる[90, 112]。

この水域のプラヌラ（長径 0.16～0.312 mm）は，およそ 1 週間母体に付着しているが，その後，母体から離れて泳ぎだし，適当な基盤に付着して，従来広く知られたポリプに変態する。ポリプは，浦底湾で見られた 2 つの方法[129]の他，親ポリプから小型ポリプを生み出す方法[78]による出芽によって無性生殖し，2 ヶ月で 4 倍以上の数に増殖する。これらのポリプは 12 月頃から横分裂を開始し，5 月まで継続する[37, 122]。横分体上の盤数は，1～8 枚（多くは 1 枚）[78, 122]で，これからエフィラを遊

離して1～2ヵ月後に1cm前後の若い小型クラゲとなる（図30の細線）[129, 130]。

エフィラは12～5月（盛期2～3月）に出現し、小型クラゲとなった後に4～5月にかけて急激に成長し、傘径15cm（150g）となる。その後7～8月には、多くの個体が20cm（300g）に達し、成熟した成体クラゲとなる。

この成熟した群の一部は、放卵、放精を終えた後に、傘径の減少を生じつつ死亡するが、他の一部は越冬して成長を続ける。そうして、翌年の春には傘径22～30cm（400～830g）となって、再び放卵、放精を行いながら、前年の群と同様に傘の縮小現象をおこして老化、衰弱し、初夏（6月）以後漸次死滅していくと考えられている[24, 37, 81, 82, 90, 112]。

つまり、当湾水域のミズクラゲは、浦底湾とは大きく異なり、古くから広く知られてきたとおりの初期のサイクル（プラヌラ－ポリプ－ストロビラ－エフィラ）を経て、若いクラゲとなる。それが成長し、発生年内に成熟して1～2期の放卵、放精を終えた後に死亡するというパターンを繰り返してきたことが明らかにされ、その寿命は7～22ヶ月と推定されるに至った[112]。なお、春から夏にかけて付着したポリプのコロニーは、この時期に優占する付着生物のイガイ類に生息場所等の空間的競争に敗れ、それらによる強い摂餌圧によって1年以内に死亡することや、秋から冬に付着したポリプのみが生存して、翌年の成体型クラゲの発生、出現量に大きく影響することが判明し、東京湾水域のミズクラゲの生態、生活史に関する新しい知見として加えられた[37]。

§3. その他の水域（鹿児島湾）

鹿児島湾のミズクラゲは傘径約8～10cm以上で成熟し、2月下旬から成熟が始まる。プラヌラのサイズは東京湾と同じ、0.2～0.3mmで、その保持個体は1～3ヶ月の年変動があるが、3～10月で、盛期は6月である。この時の成体型クラゲのプラヌラ保持率は64%に達する。浮き桟橋の裏側やブイ（発泡スチロール製）に付着した本種ポリプのコロニーを観察したところ、横分体は12月下旬～2月下旬に出現し、盛期は1月であったが、その出現率は全体の10%程度にすぎない。横分体の盤の数は、最大で14枚、多くは7～9枚。

エフィラは1～3月（盛期2月）に出現し、若いクラゲは2月下旬から確認されている。3月に傘径1～2cmの小型クラゲは、他の水域と同様、水温の上昇する4～6月にかけて急激な成長を遂げ、15～18cm（170～320g）となり、更に7～8月には18～23cm（320～600g）に達した後、9～11月にかけて6～8cmもの傘径の減少を生じつつ消失する。ここで初めてクラゲの年齢査定形質に、水管の分枝回数が用いられ、6～7回以上分枝する個体が越冬したとみなされ、その多くは最大23cm（600g）に達することが明らかにされた。

越冬群は，東京湾の場合と同様に発生した年に成熟して，春～夏にかけて放卵，放精した群の一部で，翌年の春～夏に再びⅡ期の放卵，放精を行った後に，傘径の縮小を生じつつ，漸次死亡していくものと推察されるに至った。

　つまり，当水域のミズクラゲの寿命は10～20ヶ月とみなされている。また，プラヌラのサイズからも明らかなように，エフィラへの直接発生はなかった[68]。

　その他，当水域の研究で，クラゲの年齢査定の可能性がでてきたことやフィールドにおける本種ポリプのコロニーの付着，生活状態が詳しく観察され（後述）[68]，今後のクラゲ研究の新しいステップとなったことは高く評価されよう。

　なお，ポリプの生活力は強靭で，条件が悪化すると退化してシスト状となるが，条件が整うと再び元のポリプに成長することも報じられており[40, 68]，フィールドにおける詳細について，今後の研究成果が期待される。

Ⅶ. 出現と分布

§1. 地理的分布

　ミズクラゲは図31に示したように，ほぼ全世界の沿岸海域から記録されている[53, 87]。地理的な分布範囲は，北半球においては赤道直下から北緯70°の寒海に至るまで，南半球では南緯40°までの広範囲に及んでいる[72]。

　一方，わが国および周辺海域においては図32に示したように，台湾，琉球列島，九州天草地方，瀬戸内海，田辺湾，浜名湖，東京湾および陸奥湾の他，日本海沿岸では若狭湾，佐渡から北海道の忍路湾に至るまでの出現が確認されており，それ以北にはキタミズクラゲが分布する[116, 117]。したがって，図31は厳密には2種を含めたミズクラゲ属の地理分布ということになる[130]。

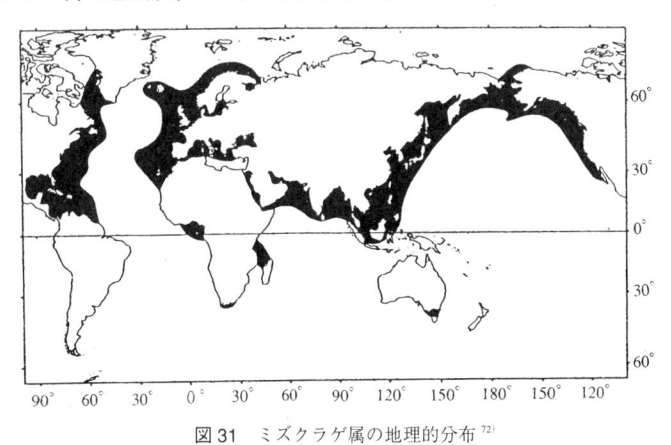

図31　ミズクラゲ属の地理的分布[72]

§2. 出現期

1) エフィラ：ミズクラゲのエフィラの出現期については，北ヨーロッパ[6, 109, 120]や北アメリカ[1, 16]で古くから報告されているが，わが国では著者によって敦賀半島北部の浦底湾と丹生湾おび周辺水域におけるプランクトンネット採集の記録[127, 128]が最初のものである。その後，近年になって多くの研究者達により，東京湾[82, 112]の他，鹿児島湾[68]における詳細な実態が明らかにされてきた（Ⅵ.生活史の項参照）。調査の方法がそれぞれ異なるが，現在までに判明した出現記録を高緯度から低緯度にかけてまとめると図33に示したようになる。これによれば，ドイツのキール湾[72, 109]では，9～10月を除く各月に出現し，10ヶ月の長期におよび，ノルウェーのベルゲン[89, 120]やスェーデンのグルマーフィヨルド沿岸[26]では，春のほか秋

--------- ミズクラゲ
………… キタミズクラゲ

図32　日本ならびに近接海域におけるミズクラゲ属の分布[117]

または冬にかけて，北アメリカのウッズホール[4, 16]でも春のほか夏から秋までの2期の出現期があるのが特徴である。また，浦底湾[129, 130]と東京湾[24, 37, 112]では，出現期が冬から初夏までの6ヶ月以上にわたり，キール湾についで長期間出現している。これに対して，より南方の鹿児島湾[68]では4ヶ月未満で，前記した本州2水域より2ヶ月も短い。また，各沿岸のエフィラ出現期から，ポリプの横分裂はその前期から開始されているものと推察される（ただし，浦底湾と丹生湾の場合には，大部分がプラヌラから直接変態して短期間に遊離したエフィラ群であることは，既に述べた）。図からみたエフィラ出現の地理的な相違は，主として水温，塩分や餌生物量等の環境条件（要因）の違いを反映した結果であろう。

2) 成体型クラゲ：本種の成体型クラゲを周年にわたって定量的に採集し，出現期や盛期を詳しく調べた報告は，若狭湾沿岸[129]とキール湾[73]の事例が知られているにすぎなかった。しかし，近年になって呉を中心とした瀬戸内海[96]や東京湾[24, 81, 82, 90]および鹿児島湾[68]等で調査された結果が，次々とまとめられてきた。

厳密な比較は難しいが，目視だけによる定性的な記録も含めて，世界各国沿岸海域の成体型クラゲの出現期を整理したのが図34である[130]。これからデンマーク，ドイツのヘロゴランド島，日本およびメキシコ湾以外の海域では，ミズクラゲはお

図33 世界各国沿岸におけるミズクラゲのエフィラ出現期（—）とその盛期（■）（安田，1988を一部改変）[130]

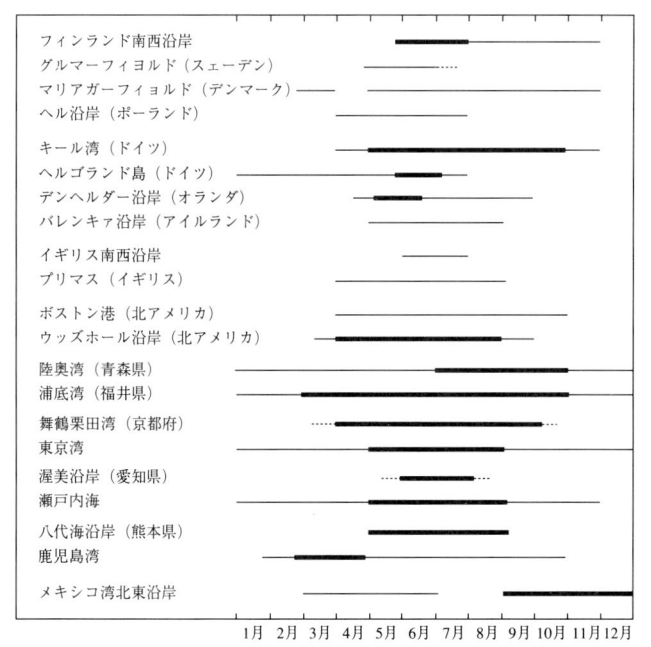

図34 世界各国沿岸におけるミズクラゲの成体型出現期（—）とその盛期（■）（安田，1988を一部改変）[130]

よそ春から夏または晩秋までの間に出現する場合が多く，メキシコ湾を除いてその盛期もまた殆どの場合，春から秋までの間となっている。これはクラゲの出現が主に水温とその変化状況に影響された結果と推察される。特に浦底湾と東京湾および陸奥湾では，周年にわたって出現していること，更に浦底湾の盛期は最も長い 8 ヶ月にも及んでいること等が特徴的である。これらの結果と，エフィラの出現状況との結果とも合わせて考えると，浦底湾とこれに次いで東京湾や陸奥湾は，ミズクラゲの生息，成育に極めて適した環境条件を備えていることを意味しているのであろう[130]。

§3. 水平分布

1) **プラヌラとポリプ**：ミズクラゲのプラヌラやポリプのフィールドにおける分布状態については，北アメリカのウッズホール[16]や北ヨーロッパ各地の沿岸[88, 98, 109, 119, 124]において，ごく簡単な記録が残されているにすぎない。著者は浦底湾において次の方法により，プラヌラと初期ポリプの出現や分布を調べてみた。

海面に長さ 3 m の竹竿を浮べ，殻長 5〜6 cm のイタヤガイ殻を 5 枚水平または垂直にアミラン糸で連ねて，3〜500 g の重りをつけたものをコレクターとし，それぞれ 3 組を表面，2, 5, 10 m の 4 層に 1 ヶ月間垂下した。これらを毎月取り上げて，

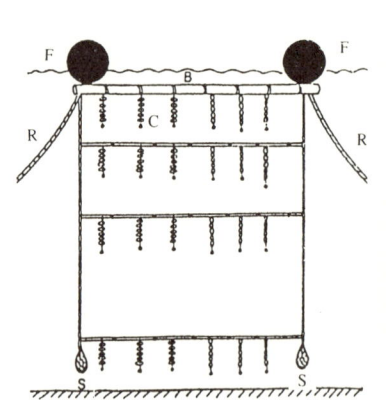

図35 プラヌラ・ポリプの着生用の装置[129, 130]
F：浮子，B：竹ざお，R：錨をつけたロープ，S：小型沈子，C：イタヤガイ上殻を垂下したコレクター

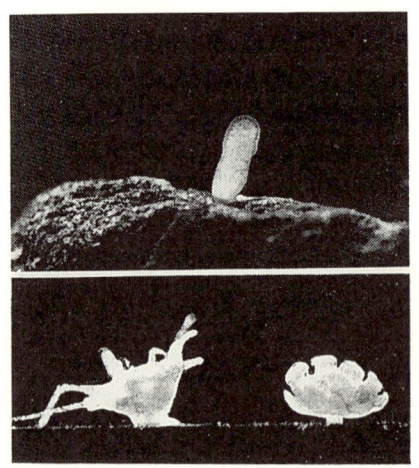

図36 付着を完了したプラヌラ（上）と初期ポリプ（下，左）および直接変態したエフィラ（下，右）[130]
（上：アクアコミュニティ，下：東京シネマ新社提供）

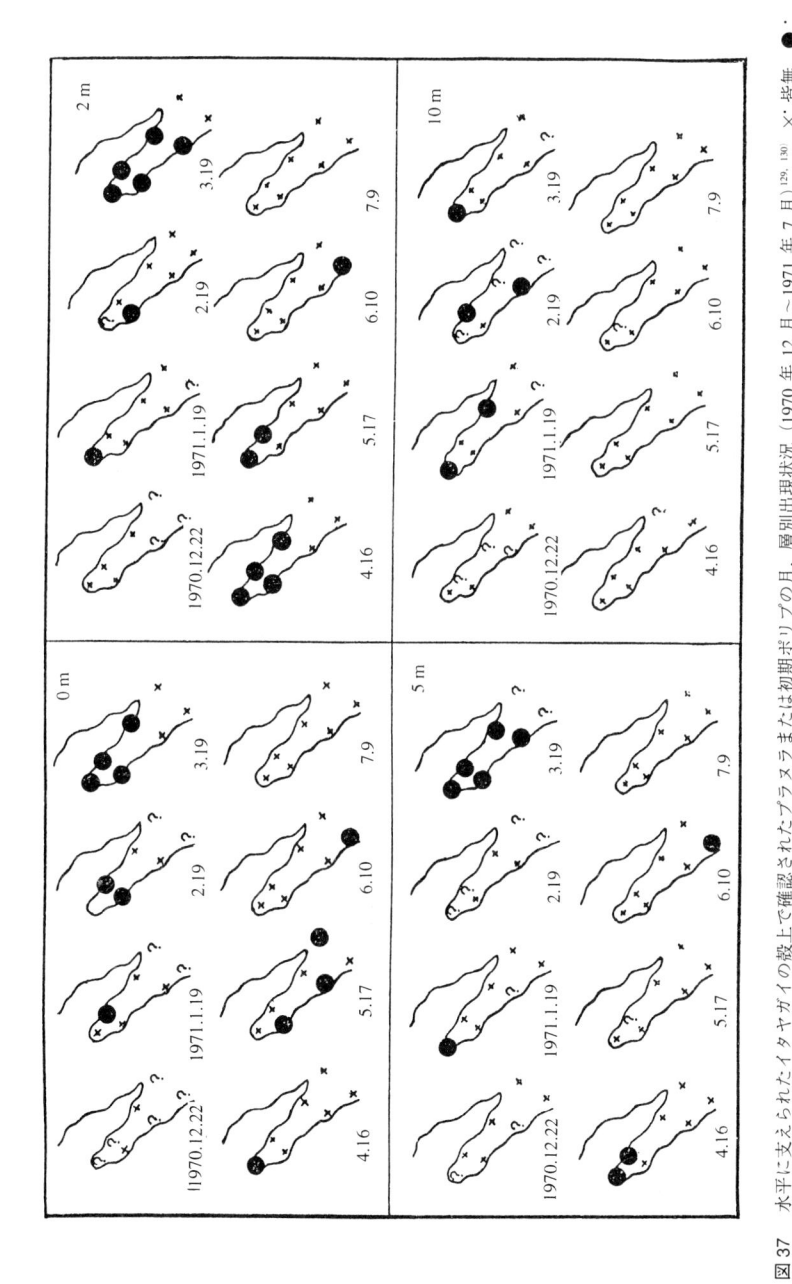

図37 水平に支えられたイタヤガイの殻上で確認されたプラヌラまたは初期ポリプの月、層別出現状況（1970年12月〜1971年7月）[29, 130] ●：プラヌラまたは初期ポリプの出現地点、×：皆無、

殻面に付着したプラヌラや初期のポリプを計数し，合わせて各層の水温，塩分を測定した（図35）。このようにして得られた結果を図36と37に示す。

これによれば，付着して間もない0.7 mm前後のプラヌラまたは1～2 mmの初期ポリプは，主に水平に支えられた貝殻の上面に1貝殻当り1～2個体観察された。出現期は1～6月，特に3～5月に著しく，また湾内に出現する事例が多かったが，5～6月には湾口部にも見られ，10 m層では1～3月に出現したこともあった。デンマークのマリアガーフィヨルド沿岸[119]では，ムラサキイガイ *Mytilus edulis* 1個の貝殻上に100個体以上のポリプが発見されている。これに比べて浦底湾での付着個体数が非常に少なかったのは，すでに述べたように大部分のプラヌラが，ポリプに成長するよりも直接1個のエフィラに変態して（図36下段右），短期間内に遊離するためであろう[130]。また水平に支えられた貝殻の上面に付着が見られたのは，成熟クラゲから遊離したプラヌラは遊泳力が弱く，次第に沈降するので，必然的に水平に支えられた貝殻の上面に付着したものと考えられる。

次に0～5 m層では3～5月に湾内での出現例が多かったが，これは当水域のミズクラゲの繁殖期の範囲内にあり，3～5月はその盛期に相当している。さらに，3月中，下旬になると冬の季節風による強い波浪も次第におさまるので，海水流動が弱く，かつ分散の少ない湾奥部水域ほど付着数が多くなったのであろう[130]。このような傾向は，北アメリカのチェサピーク湾におけるヤナギクラゲの一種 *Chrysaora quinquecirrha* のポリプの分布[7, 8]についても知られている。

5～6月になると湾口部にも出現するのは，水温の上昇とともに成熟クラゲの運動が活発となり，湾内から湾口部に向かって分散，移動がなされたり，湾口部に形成される渦流域にクラゲが集積，停滞するためと思われる。なお10 m層で1～3月の間にのみプラヌラやポリプが出現したことは，この時期に成熟クラゲが海底付近で越冬することに関連しているとみられる[130]。

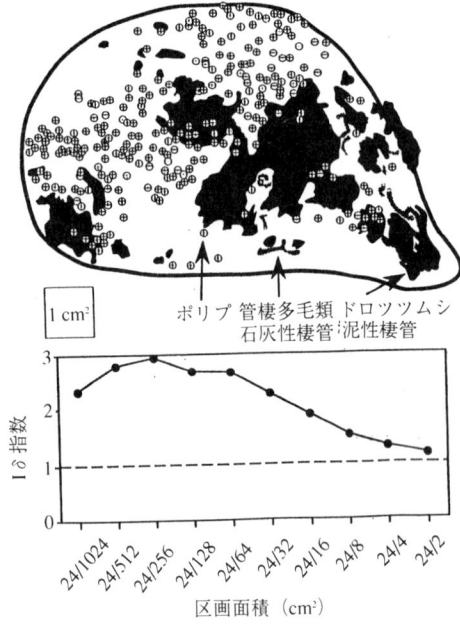

図38 鹿児島湾沿岸におけるムラサキイガイ上のポリプコロニーの分布事例[68, 69]

最近，鹿児島湾谷山地方[68]で，幅30 m の水路に設置された浮き桟橋（長さ15 m，幅3 m）で，多数の本種ポリプのコロニーが発見され，詳しい観察と解析がなされた（図38 上と下段）。これによるとポリプは 1～2 mm（平均1 mm）で，桟橋下方のスチロール裏側下面（水深2～5 m）にパッチ状となって付着していた。そのうち，ムラサキイガイ *Mytilus galloprovincialis* の殻上に付着していたポリプの密度は（図38 上段），4.2 個体／mm^2 であった。森下[74]による分布集中度指数（Is）（1 より大，集中分布；1 はランダム分布；1 より小，一様分布）を用いて解析したのが，図38 下段である。これから 256 区画数（9.4 mm^2）で指数は約3 となった。つまり，このグラフから，ポリプのコロニーの形状は，全体としては小集団をもつ集中分布であるが，コロニーの中では一様な分布をしていることが判った。これらからポリプの個体間では，ある程度の距離が保たれていて，ポリプの間には何らかの種内関係，つまり他の個体との空間を認識する能力があるのではないかと推察されており[68,69]興味深い。

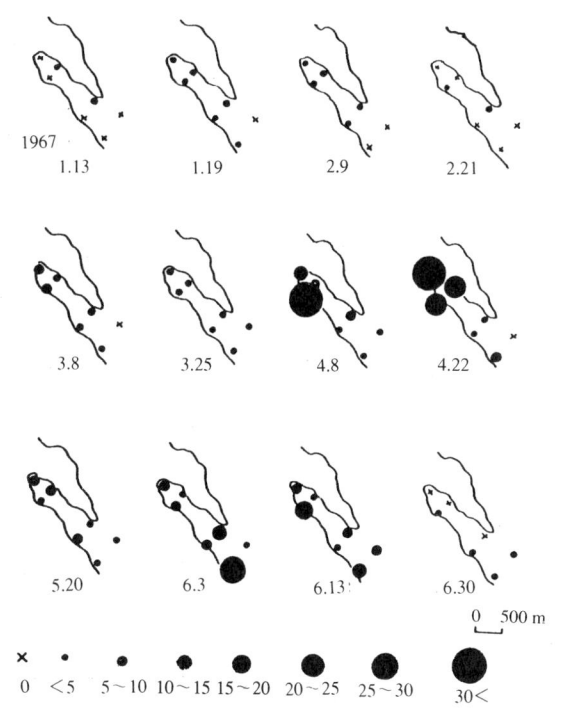

図39　浦底湾における初期エフィラの1 m^3 当り出現個体数の月変化[129,130]
　　　（1966年11月～1967年10月，出現が認められなかった月は省略）

2) **幼型クラゲ**（エフィラとメテフィラ）：遊離して間もないミズクラゲのエフィラからメテフィラおよび若いクラゲに至るまでの発育段階別の水平分布について述べられた報告は、浦底湾と近接の敦賀湾で得られた結果[129, 130]が唯一のものである。図39は1966年11月から翌年の10月までの間、浦底湾の7定点で、毎月約2回、丸特ネット（口径45 cm、網目0.33 mm、長さ80 cm）による海底から表面までの鉛直曳きを行い、初期エフィラの出現状況を調べた結果である。これからミズクラゲのエフィラは、この水域での繁殖期とほぼ同じ期間の1月中旬〜6月下旬の間に出現し、他の期間には全く採集されなかった。特に、30個体/m^3 以上の濃密分布は4月上、下旬に湾奥部で見られ、その他の場合には各定点で大きな分布密度の差はなかった。更に詳しい分布を知るために、1972年と73年の4月下旬に、同湾と周辺水域に26定点を設けて、同じ方法により発育段階別のエフィラとメテフィラおよび若いクラゲを採集した。72年4月25日（水温13〜16℃、塩分34‰）の結果は図40左に示した通りである。これによれば初期のエフィラI期は奥部で30個

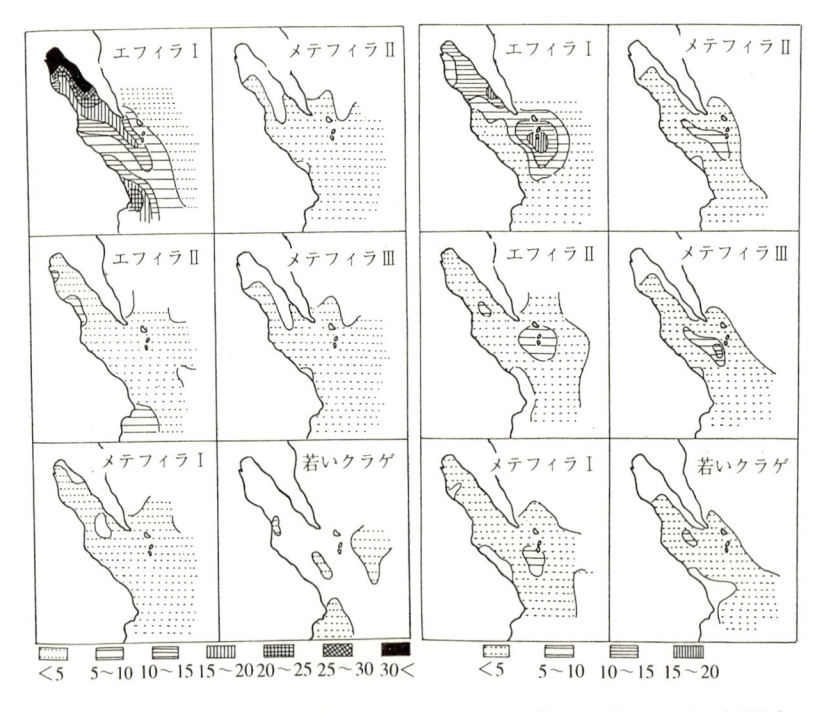

図40 浦底湾におけるエフィラI、II期とメテフィラI、II、III期および若いクラゲの水平分布（左：1972年4月25日、右：1973年4月20日）（下段のスケールは1 m^3 当りの個体数を示す）[129, 130]

体/m³ 以上の濃密分布を示し，湾口西部でも 20～25 個体/m³ 前後のやや濃密な分布が認められたが，他の水域では希薄で，5～10 個体/m³ 以下となった。エフィラⅡ期以上では，分布密度が急激に低下し，メテフィラⅠ～Ⅲ期では全水域を通じてほぼ一様に 5 個体/m³ 以下となり，湾内には皆無の地点も見られた。こうして発育に伴い奥部から湾口に向かって分散を続け，若いクラゲになると湾内，湾口の一部や湾外水域でパッチ状に分布する傾向が認められた（図40 左）。

　73 年 4 月 20 日（水温 12～19 ℃，塩分 33.6～34.3 ‰）における結果は図40 右の通りで，この場合もエフィラⅠ期は湾内にやや濃密に出現した他，湾口東岸の浅海域でも同程度の分布密度が認められた。エフィラⅡ期，メテフィラⅠ～Ⅲ期の分布密度は，殆どの水域で 5 個体/m³ 以下に低下するとともに，分布範囲も狭くなり，若いクラゲでは，さらに局所的に出現，分布する傾向が重ねて認められた（図40 右）。

　一方，73 年 5 月 15 日に近接のより広大な敦賀湾内 20 定点で，同じ丸特ネットの鉛直曳き採集を行った結果と環境条件とを合わせて図41 に示した。上段には表面と 10m 層における水温，塩分，透明度およびプランクトン沈殿量の水平分布を示した。この時点の表面水温は，湾後部と奥部でやや高く 17 ℃以上，湾中央部ではこれより

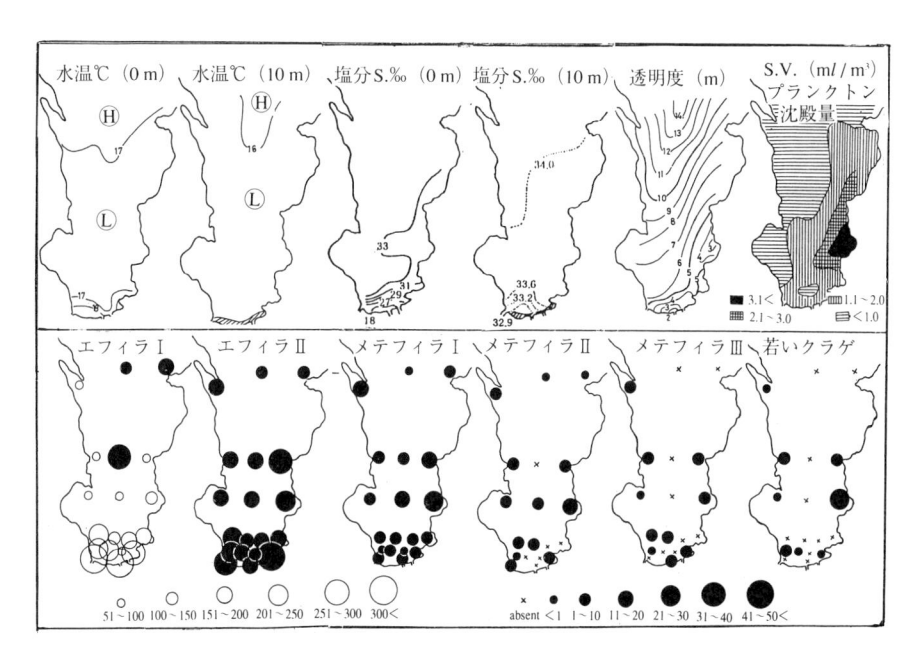

図41　敦賀湾におけるミズクラゲの発育段階別 1 m³ 当り出現個体数と環境条件
　　　（1973 年 5 月 15 日）[129, 130]

低い状態にあったが，10m層では湾後部で16℃以上のやや高温となった程度で，湾全体を通じてほとんど差はなかった。

表面の塩分は，湾奥部から流入する笙の川や井の口川の影響をうけて，ごく沿岸は18～31‰，敦賀市から湾口の岡崎にいたる東部沿岸では33‰以下の低塩分水域となった。

しかし，10m層では表面ほどの差はなく，岡崎以北の湾後部で34‰以上の高塩分を示し，奥部でも32.8～33.6‰台であった。透明度は湾口から湾の西部に沿って高く10m以上を保ったが，奥部ならびに東岸水域で低く5～6m以下となり表面の塩分の分布とほぼ類似した状況であった。

マクロプランクトン沈殿量は，湾奥部の一部を除き，湾の東半分で多く，とくに赤碕沿岸では3.1ml／m³以上の値を示したが，西半分は1.0ml／m³以下であった。この時の優占種は，夜光虫，カイアシ類の *Acartia clausi* および大型珪藻類の *Coscinodisucus wailesii* 等であった。

上記の海洋の状態は，湾外の表層水が西岸沿いに奥部に向かって侵入し，河川水が奥部から東岸沿いに湾口に向かって北上することを示している[129, 130]。プランクトン沈殿量が，とくに赤碕沿岸で多かった現象は，今回観測した環境要因だけでは十分な説明はできないが，おそらくそこに弱い渦流が形成されていた可能性が考えられよう（図41上段）。

下段の図はエフィラとメテフィラおよび若いクラゲの1m³当り個体数の分布を示した。これによると，エフィラⅠ期は湾奥部沿岸で分布密度が高く，300個体／m³以上が記録された。奥部から湾中央部の沿岸沿いで51～150個体／m³，湾口部で20個体／m³以下の低い密度となった。エフィラⅡ期も奥部から中央部にかけて密度が高く，金ヶ崎と岡崎沿岸では31～50個体／m³の値を示したが，湾口部における分布密度は低く10個体／m³以下であった。エフィラⅠ期からⅡ期に進む間の減耗が著しく，分布密度が最も高い湾奥部や松ヶ崎沿岸においてさえエフィラⅡ期の密度は，Ⅰ期のおよそ1/2～1/10程度にすぎなかった。メテフィラⅠ期では，分布密度が各地点を通じてほぼ同じ値となり，わずかに浦底湾口と赤崎沿岸で21～30個体／m³のやや高い密度がみられた程度であった。メテフィラⅡ，Ⅲ期になると，出現地点も限られて分布が不規則になるとともに，密度も20個体／m³以下に低下した。この傾向は若いクラゲでさらに顕著となり，沿岸に渦流が形成されると思われる地点付近に，それらが散在する傾向がみられた（図41下段）。このように，浦底湾よりはるかに広大な敦賀湾海域でも，初期エフィラの分布密度は湾内奥部の沿岸水域でやはり高いということは，既に述べたように，波浪が小さく穏やかで海水の分散，交流が限られた奥部水域に高密度のプラヌラの沈着やポリプの着生が行われ，そこがミズクラゲの主な発生場所となっていることを示している。

なお，前項（Ⅳ.繁殖と発生の項参照）での室内飼育試験やネット採集による発育段階別個体数の結果でも既に明らかにされた通り，エフィラⅠ期からⅡ期に移る間の減耗が著しいことから，この間がミズクラゲの幼型クラゲにとっての主な減耗期とみなされる。

　このように，初期のエフィラが発育するにしたがって高い死亡率を示すことは，他の鉢クラゲ類では，ヤナギクラゲの一種でも知られている[8]。

　3）**成体型クラゲ**：ある海域を限定してミズクラゲの成体型の水平分布を詳しく調べた事例は少ない。著者の知る限りでは，実際に本種を採集した試料や出現個体を確認したうえで水平分布を論じたのは，マイン湾[4]での調査事例が最初の記録と思われる。一部改変したこの資料（図42）によれば，この湾におけるミズクラゲは，ケープコッドからノバァスコシアのヤーマス南部沿岸にいたる各小湾または入江，河口付近のごく沿岸に沿って主に出現している。しかし100 m等深線の外側1〜2マイル以上の沖合では，僅か1例しか出現していないことが明らかである。

　マイン湾よりはるかに広大な海域におけるクラゲ類（主要種はミズクラゲ）の定量的研究事例としては，1978年夏，バルト海から北海に至る368定点[73]で，大型プランクトンネット（口径1 m，網目0.5 mm）による傾斜曳き調査結果（図43）が，特に注目される。

　これによると，採集された動物プランクトンは，クラゲ類とカイアシ類が主なもので，体炭素量は，0〜162 mg C/m^3 であった。そのうち，クラゲ類のおよそ90％以上は，図示の通りミズクラゲで占められていた。バルト海の量は20.2〜2,374.3 mg C/100 m^3 で，中央のユーラン半島南東のキール湾が最大値を示した。これに対して，北海でのミズクラゲの出現は，同海

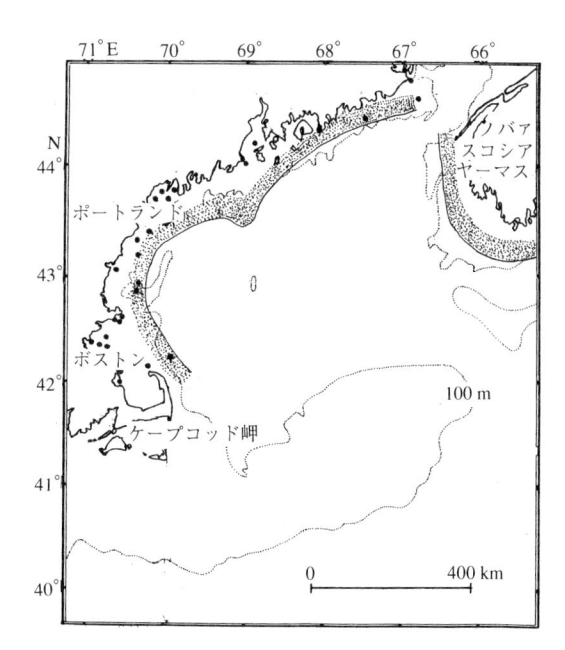

図42　マイン湾におけるミズクラゲの出現範囲（帯状部分）と採集地点（黒丸）（Begelow, 1926を一部改変）[4]

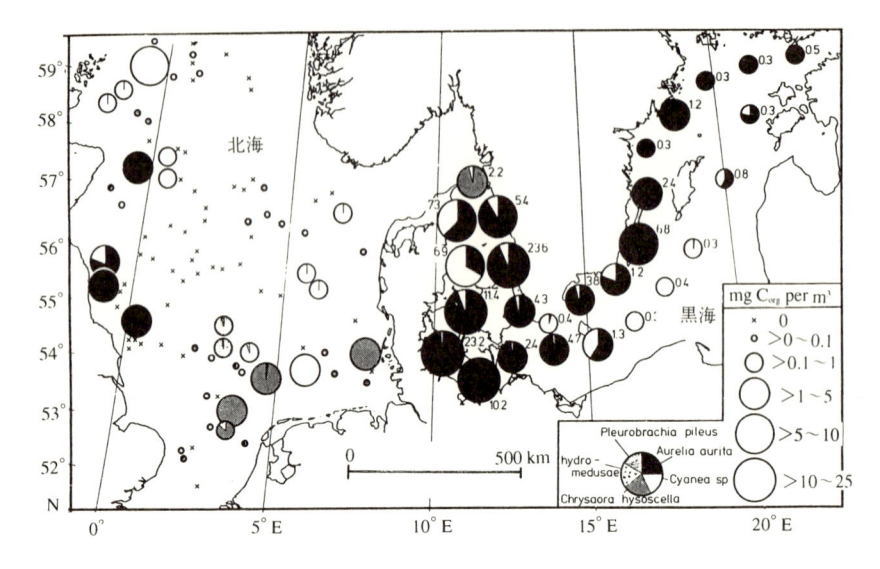

図43 北海とバルト海におけるクラゲ類の現存量（炭素量 mg／m³）と組成（1978年8月1日〜9月15日）[73] ■：*Aureria aurita* ミズクラゲ，□：*Cyanea* sp., ユウレイクラゲの一種，■：*Chrysaora hysocella* ヤナギクラゲの一種，■：Hydromedusae ヒドロクラゲ類，■：*Pleurobrachia pileus* テマリクラゲの一種

の西部沿岸水域に限られ，その量も 9.2 mg C／100 m³ 以下にすぎなかったという。この調査により，外洋の沖合に分布するユウレイクラゲやヤナギクラゲの一種とは対照的に，マイン湾の場合と同様沿岸に多産するミズクラゲの特性が明らかとなり，その組成や量の大きさから，北ヨーロッパ海域の動物プランクトンの中で，クラゲ類，とりわけミズクラゲの調査研究の重要性が，近年になって再認識されるに至ったのである[72, 73]。

わが国においても，本種の定量的な取り扱いをした報告は数少ないが，ここに 2,3 の事例を紹介しておきたい。図44 は 1971 年の春，若狭湾中央部の小浜湾において，クルマエビ対象の小型底曳網（網口 1×8 m，網目 4 cm，末端部 5 mm）によって混獲されたクラゲ類の採集結果をまとめたものである。これからミズクラゲが最も多く採集されたのは，湾内の西津沿岸水域であった。同時に採集された有櫛動物（Ctenophora）のウリクラゲ *Beröe cucumis*, 鉢クラゲ類のアカクラゲ *Ch. melranastera*, ヒドロ虫類のオワンクラゲ *Aequorea coerulescens*, カミクラゲ *Spirocodon saltatrix* 等と比較すると，それらが湾内から湾外水域にも出現するのに対し，ミズクラゲはほとんどの場合，湾内水域で採集されたことが特徴的である。大型ネット（口径 1 m，網目 5 mm）による水平鉛直採集でも，同様な結果が得られ

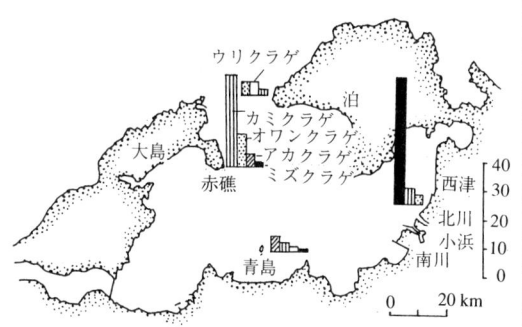

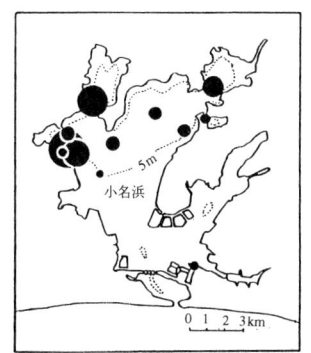

図44 小型底曳網による1曳網当りクラゲ類の採集個体数（安田原図，1971年6月3～4日）[130]   図45 浜名湖におけるミズクラゲの水平分布（ローマン法で図示）[60]

たが[130]，その詳細ついてはアカクラゲの項で述べることにする。

　その他，1回の記録ではあるが，著者が用いたのと同型のネットで，1965年夏に浜名湖[60]で採集された例（図45）を見ると，傘径6cm以下の若いクラゲは，やはり湖内に多く，現場密度（σt）5.5～18.7，特に12.5～16.6の水域で，最高103個体／m^3が記録されたという。マイン湾[49]やバルト海[72]および小浜湾[130]の調査事例とも合わせて，ミズクラゲが典型的な沿岸，内湾性の浮遊動物であることを物語っているといえよう。

　次に本種の水平分布の月変化を調べた事例を図46に示した。これは浦底湾において，中型ネット（口径60cm，網目2mm，長さ2m）による月2回以上の反復鉛直曳きを実施した結果である。これから明らかなように，ミズクラゲはこの入江にほぼ周年にわたって出現するが，3個体／m^3以上の分布密が記録された月は3～10月であり，湾口西部沿岸の出現頻度が多かったこと，湾奥部水域には6月と8月に濃密分布が見られたこと等が特徴である。

　3月の高密度出現は，冬期にこの水域で操業されるナマコ対象の小型底曳網や桁網に，多量のミズクラゲが混獲されることから推察されるように，主に海底付近で越冬した傘径20cm以上の大型成熟クラゲ群が，春期の水温上昇とともに浮上して，採集範囲内に入ったためと考えられる[129,130]。6月の高密度は，前記の浜名湖の事例でもふれたように，その年に奥部で発生したエフィラから変態した傘径3cm以下の若いクラゲが，群に加わってくるためであろう（V.栄養と成長の項参照）。その他，7月と10月に湾口西部沿岸で分布密度が高かったが，これはこの付近が収斂性の渦流が発生しやすい水域のためとみられる。また，奥部の分布密度が最も高くなった8月には，この湾内への沖合水の流入が非常に高まる時期に相当し，その結果，水平

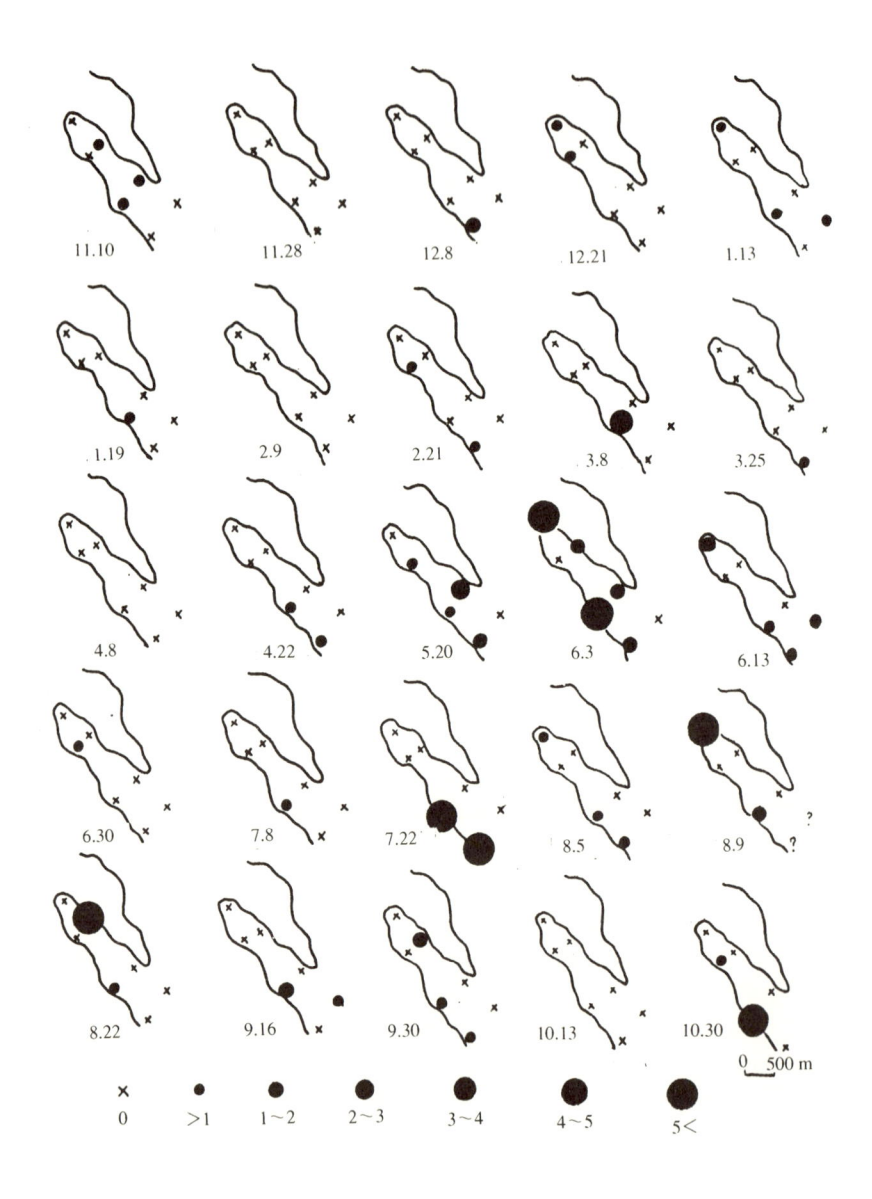

図 46　浦底湾におけるミズクラゲ成体型 1 m³ 当り出現個体数の月変化 [129, 130]
　　　（1966 年 11 月～1967 年 10 月）

移動力の弱いミズクラゲが，湾外水塊の侵入によって奥部に圧縮された状態になったと思われる[129, 130]。

その他の海域では，最近，東京湾で調べられた本種水平分布の月変化の事例[112]を紹介しておきたい。図 47 は東京湾奥部から湾口に至る 6〜13 定点で，ORI ネット（口径 1.6 m，網目 1〜2 mm）による，5〜10 m 層の水平，または傾斜曳きによって得た結果を示したものである。これによれば，ミズクラゲは春から夏，初秋に分布密度は高いが，秋から冬に低くなり，殆どの定点で，0.01 個体／m^3 以下となった。

1990 年 7 月には奥部から中央部で 0.1 個体／m^3 以上となったが，これは荒川から侵入拡散してきた低塩分水（28 PSU* 以下）のフロントと関連していた。91 年 9 月には，中央部の密度が高かったが，これは降雨が続いて，奥部が 20 PSU 以下の低塩分水となった影響とみられる。つまり淡水の流入により高塩分水が南部へ押しやら

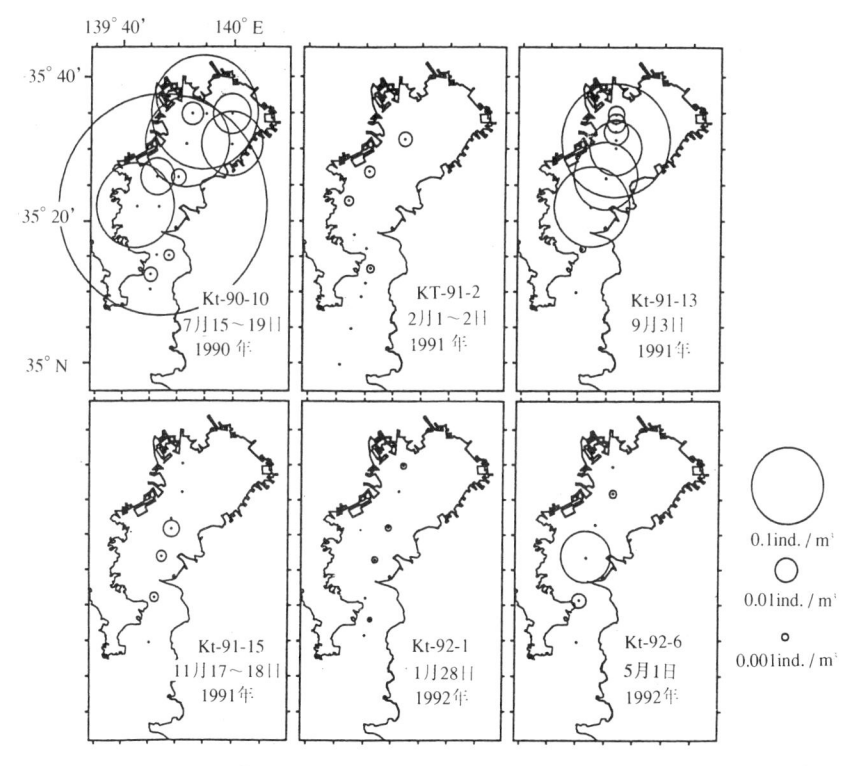

図 47 東京湾におけるミズクラゲの成体型水平分布の季節変化（1990 年 7 月〜1992 年 5 月）[112]

* Practical Salinity Unit の略。水温，水圧と電気伝導度からの換算による実用塩分（1978 年制定）。

れた状態となった結果と考えられている。92年5月には湾口東岸沖の1定点のみでやや高い密度が記録されたが，これは他の定点付近で15m層に強い塩分躍層が形成されていて，浮上個体が少なかったことによるとみられている。

同じ東京湾における連続したミズクラゲの定量調査の月と年変化の事例[82]を示そう。図48は，91年5月から92年12月の間，湾奥部から中央部にかけて6定点（水深13～29m）を設定し，中型ネット（口径80cm，網目3mm）による表層5分曳きによって得た結果の平均値である。同時に代表定点の表面と20m層の水温が測定されたので，その変化を図48の上段に示した。これによるとクラゲの出現個体数の年変動は大きいが，91年7月に奥部で最大密度1.53 N/m^3（342 g/m^3）となり，6定点の平均では0.32 N/m^3（73 g/m^3）となった。また同年の4月の他，12～1月にも前記した値に次いで高い密度が記録された（図48中，下段）。全体的にこの湾は，15℃以上になる春～夏期に出現数が多くなるが，91年のように15℃以下となる冬期にも春と同程度の個体が現れており，本種が浦底湾の場合と同様に発生年内には湾内で死亡せず，越冬することを示している（出現と温度との関係は，項を改めて詳述する）。

以上東京湾の本種の出現と分布は，水温の他，湾内に流入する河川水の混合や流況による影響[61, 112]が大きく関与しているとみてよ

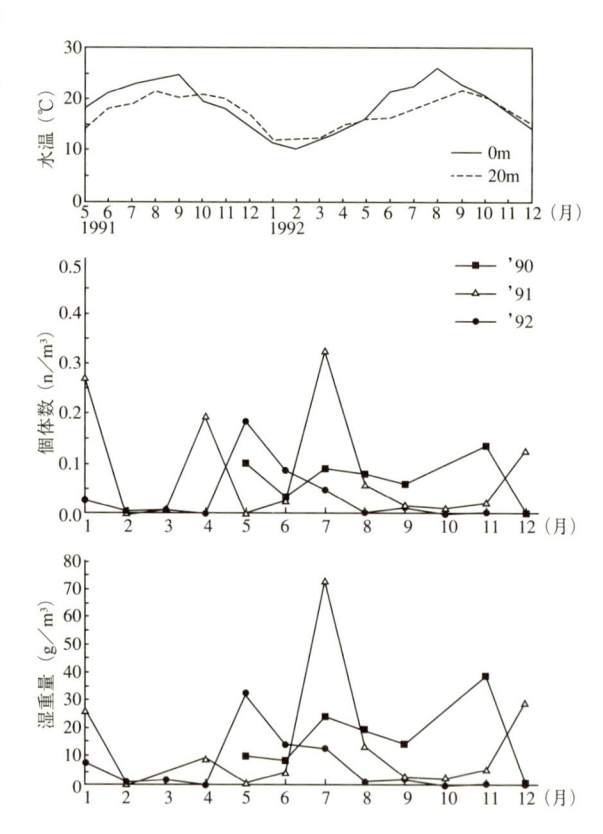

図48 東京湾中央部水域における水温（0，20m）の月変化（1991年5月～1992年12月）（上段）と成体型クラゲ1m^{3}当りの出現個体数（中央），および湿重量の月変化（下段）（1990～1992年）[82]

いであろう。他のクラゲ類も含めてミズクラゲの水平分布が流況に支配され，後述するように，潮境等に局所的に大きなスケールで濃密分布する事例は，国内外の各国沿岸海域でも数多く報告されている[87, 112, 113]。

4) **群れ（パッチ）と現存量（ビオマス）**：ミズクラゲの群れまたは集合状態については，古くからその研究がされており，中でもドイツのキール湾の事例[71]は興味深い。この記載によると，この湾において遭遇したクラゲの群れは余りにも濃密で，ボートがクラゲの群れのために進むことができず，オールをその中に突っ込んだところ，そのまま直立状態になったと述べられている。かなり大げさな表現ではあるが，群れの大きさと分布密度の濃さが如何に著しかったかを強調したものであろう。著者が1967年8月上旬に浦底湾で発見した群れ[129, 130]も，海中に白い小島ができた状態で（図51C），あながち前記の表現を全面的に否定できないと思われる。また水平的に連続した群れの広がりについても，数マイル～数10マイルに及んだ様子がプリマス沿岸[87]やマイン湾[4]等でしばしば報告されている。その他，著者は1972年6月中旬に敦賀湾の奥部水域から東沿岸にかけ，幅約2 km，長さ8 km以上に及ぶ広大な海域が，大小入り混ざったミズクラゲのみで占められた巨大群になっている

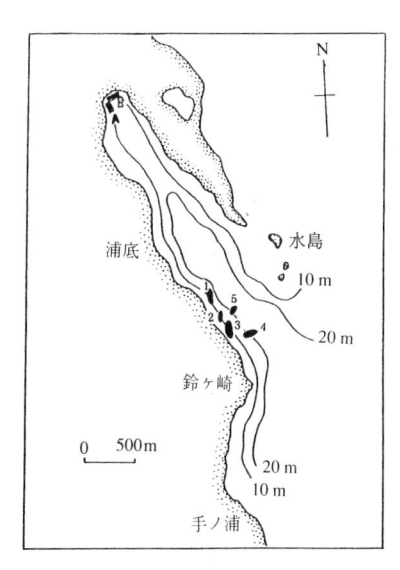

図49　浦底湾におけるミズクラゲ群の形状と出現位置（湾奥部の長方形は1967年8月9日に出現した帯状の群を，湾口の楕円形は1968年10月17日に連続的に出現した楕円状の群を2倍に拡大して示す）[129, 130]

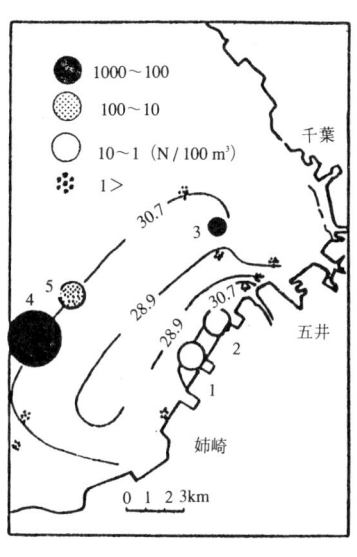

図50　東京湾北東部におけるミズクラゲ群の出現と塩分との関係（図中の数字は群の番号を示す）[61]

状態を発見し、そのスケールの大きさに、ただ呆然として立ち続けたことを記憶している。

ところで、他の大型クラゲ類も含めて、ミズクラゲ群の水平分布範囲やその面積、容積および現存量（ビオマス）を実測によって算定した事例がないので、ここに浦底湾[129, 130]とそれよりはるかに広大な東京湾北東部水域[61]で目撃された群れの大きさや形状の記録、および算出されたビオマスの結果を述べることにする。

ミズクラゲの群れの形状は、一般に帯または長楕円形状であるが（図49, 50, 51）、面積、容積、分布密度および傘径と体重の関係から試算したビオマスは、表10aとbに示した通りである。つまり、浦底湾で発見された帯状のAとB両群（幅2～4 m、長さ30～60 m）の分布密度は、実に約600個体／m^3を記録し、そのビオマスは、1.4～9.2トン、別の連続的に出現した長楕円形状のNo.1～5群（短径10～20 m、長径100～130 m）では1.0～13.0トンに達するものと試算された。これらの群れ付近の流向は不規則で、かつ流速は0～11 cm／sec.以下の弱流下で発見されたものである[129, 130]。

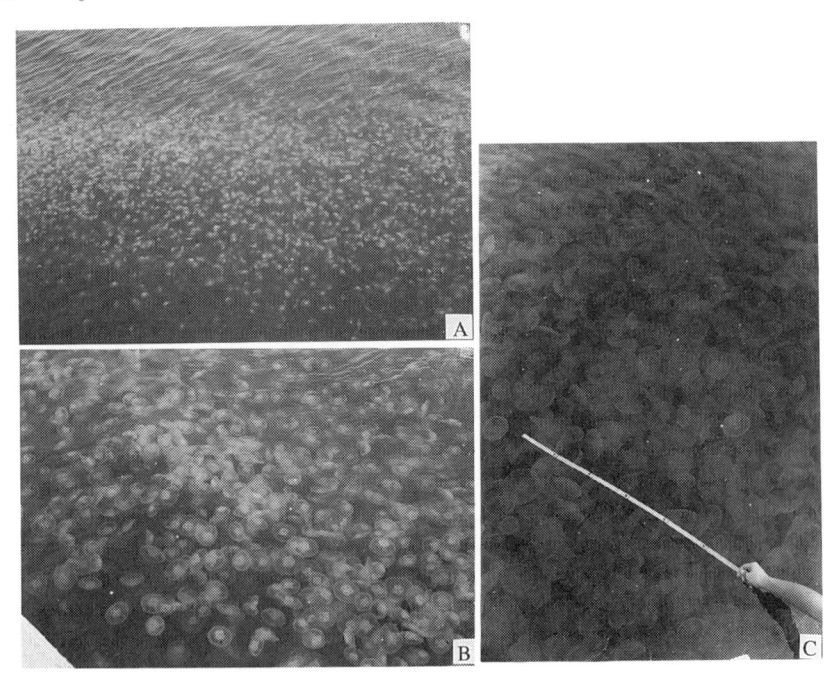

図51　1974年7月20日東京湾北東部沿岸に出現した長さ60～100 m、幅4～5 mの帯状群（AとB：柏木正史氏提供）および1967年8月9日浦底湾奥部に出現した長さ60 m、幅4 mの同形状群（C：真鍋恭平氏提供）[129, 130]

一方，東京湾北東部で，漁船の他にヘリコプターも動員して発見された10例の群れのうち，最大の5群（図50）は，いずれも楕円状で，長径100〜400 mに達し，分布密度は5.25個体／m^3と低かったが，傘径が20 cmを超える大型個体の群であったため，ビオマスは最高で1,000トンを超え，別に発見された帯状のA群は，期間中の分布密度が最も高く，約25個体／m^3で，およそ100トンに達するものと推定された。これらの群れのうち，楕円形状のものは図50に示したように，五井地区の主に養老川から流入する淡水の影響を受けて，南西に分布する塩分28.9‰（塩素量16‰）以下の低塩分水帯の外縁に，帯状群は，沖合系水に由来する塩分31.9‰（塩素量17.7‰）線の前線付近に発見されたという[61]。

　次に，1990〜91年の同湾内で，夏期に魚群探知機（Furuno，FQ-50）を使用して，傘径15〜18 cmのクラゲ群の大きさが測定された[112, 113]。その結果，20〜140

表10　ミズクラゲ群の大きさと現存量

a) 福井県浦底湾の事例 [129, 130]

年月日	群の番号と形状	面積 (m^2)	厚さ (m)	容積 (m^3)	分布密度 (N/m^3)	最多傘径 (cm)	（体重）(g)	現存量 (ton)
1967年	A帯状	60	3	180.0	596.4	6〜7	(13.1〜21.5)	1.4〜2.3
8月9日	B帯状	240	3	720.0	596.4	6〜7	(13.1〜21.5)	5.6〜9.2
1968年	1 楕円状	1177.5	1	1177.5	41.6	8〜10	(30.3〜52.5)	1.4〜2.6
10月17日	2 楕円状	1177.5	2	2355.0	25.0	8〜10	(30.3〜52.5)	1.7〜3.1
	3 楕円状	2041.0	1	2041.0	120.8	8〜10	(30.3〜52.5)	7.5〜13.0
	4 楕円状	2041.0	2*[1]	4082.0	29.2	8〜10	(30.3〜52.5)	3.6〜6.3
	5 楕円状	588.8	2*[1]	1177.5	29.2	8〜10	(30.3〜52.5)	1.0〜1.8

b) 東京湾北東部の事例 [61]

年月日	群の番号と形状	面積 (m^2)	厚さ*[2] (m)	容積 (m^3)	分布密度 (N/m^3)	平均傘径 (cm)	平均体重 (g)	現存量*[3] (ton)
1967年	1 楕円状	15,700	5	78,500	0.055	21 (441)	441	1.9
6月	2 楕円状	15,700	5	78,500	0.046	23 (581)	581	2.1
20〜22日	3 楕円状	3,930	5	19,650	2.770	24 (651)	651	35.4
	4 楕円状	62,800	5	314,000	5.250	24 (651)	651	1073.1
	5 楕円状	15,700	5	-	-	-	-	-
1967年 7月8日	A帯状	1,000	5	5,000	24.920	26 (791)	791	98.6

*[1] この群については一部の個体が中・底層に向かって沈降を開始したため，2 m以深の水平的な範囲を確認できなかった。したがって，現存量は2 m以浅の群について試算された。
*[2] 推定によった。
*[3] 平均傘径と体重から試算した値。

mのものが多く，最小は 14 m，最大は約 800 m に達し，分布密度は 0.9～13.4 個体／m^3 であったという。1994～1997 年の 3 年間にわたる丸稚魚ネットの 5 m 毎水平曳きの結果から，この湾のクラゲ（傘径 15 cm）現存量は 7 月 1 日時点で 14 万～52 万トン[79]と推定した例もある。

その他の事例として，熊本県八代市地方[56]で，水産事務所，市役所職員および漁協青年部が，同県八代海沿岸 50 km^2 にいたる広大な範囲のミズクラゲ量を調べた例がある。その方法は，船上から水深 1 m までのクラゲの数を数人が目視して，1 m^3 当りの分布密度を算出し，その平均値から 1 km^2 毎の個体数を求めたものである。その結果，この海域では，1 億 3 千万個（重量 11 万トン）[56]のミズクラゲが生息していると推定された。

前述した通り，クラゲの分布は流況に支配されることや，この調査では定量採集結果に基づいたものではないため，浦底湾や東京湾での調査に比較して誤差が大きいことは否めないが，この海域におけるミズクラゲのビオマスが，いかに膨大であったかは容易に理解することができよう。

以上のように，本種の多産海域でクラゲのビオマスを推定するためには，かなり大規模な調査が必要であり，群れの水平，鉛直分布範囲と分布密度および傘径組成等をなるべく詳しく把握するとともに，群れの移動を支配している流況（恒流，潮汐流，吹送風）についての資料も合わせて収集していく必要がある。なお最近になって，計量型魚群探知機（FQ-50）の積分型[34]により，クラゲ群の探知と判別が可能になったので，プランクトンネット等の併用によって，今後より正確なビオマスの計測がなされることであろう。本種を含む他の大型クラゲ類の各地の沿岸海域における計測結果の公表が期待される。

§4. 鉛直分布

1）プラヌラとポリプ：ミズクラゲのプラヌラ，またはポリプの鉛直分布については，次のような記録が残されている。ウッズホール沿岸[16]では，アマモ類の繁茂する浅海帯に本種の横分体（ストロビラ）が多数出現したという。またマリアガーフィヨルド[119]では，水深 1～2 m に付着しているムラサキイガイの殻の表面に，南西フィンランド[98]では，水深 4～5 m に生育しているヒバマタの一種 *Fucus* sp. に付着した初期ポリプがそれぞれ報告されている。著者が浦底湾[129, 130]で，貝殻を用いて実施した垂下試験では，プラヌラや初期ポリプは主に表面から 5 m の間に出現したが，時に 10 m まで分布しており，初期エフィラも同じ浅海帯で採集された。最近になって鹿児島湾[68]では，桟橋の水深 2～5 m のスチロール下面に多数のポリプのコロニーが発見されているし，グルマーフィヨルド[26]でも，5 m と 10 m に垂下した陶製の試験版（15×15 cm）による結果では，5 m に多数のポリプが見られたという。

その他,同地方で 25 m の海底から採集した岩片や貝殻にもポリプが発見された事例もあるが,マイン湾[4]の本種の発生場所は,20 m 以浅と推察されており,キール湾[109]でも 20 m 以深からポリプは出現しなかったと報告されている。以上の記録や報告例と初期エフィラの出現状況とも考え合わせると,ミズクラゲのプラヌラやポリプは,25～20 m（特に 10～5 m）以浅の砂礫,岩礁または海産植物の繁茂するごく限られた浅海帯が,主な付着,生育場所となっているとみてよいであろう（Ⅷ.環境適応の項で詳述する）[130]。

2）幼型クラゲ：エフィラからメテフィラにいたる幼型クラゲの鉛直分布や移動に関する報告も,浦底湾での調査事例[129, 130]が唯一のものである。

i) 昼夜移動：幼型クラゲの採集は,図52 に示した4個の中型ネット（口径51 cm,網目 0.33 mm,長さ 145 cm）の口輪を直接 1 本のロープに取り付ける方法により,表面3,7,15 m 4 層を,0.5 m／sec. の速度で 15 分間同時に水平曳きした。1972年 5 月の結果を,図 53 に示した。これから,エフィラ,メテフィラは 15 m まで分布し,昼夜による顕著な鉛直移動を行うことが初めて明らかとなった。つまり,エフィラとメテフィラは,日中は 7 m 以下の中・底層に多かったが,その後は主な分布層は 3 m 以浅の表層へ移り,日没前には全採集個体の 70 ％以上が海面で採集された。しかし,日没直後には一部の個体が中・底層へ出現し始め,夜間は各層でほぼ均一となったり,中層でわずかに高率の出現がみられた。日の出の後再び海面の出現でが多くなり,7 時 20 分には各幼型クラゲの 60 ％以上が海面で採集された。その後,時刻の進行に伴い主な分布層は海面から 3 m 層へと降下することが判った。

表11 幼型クラゲの浮上・沈降速度 [129, 130]

発育段階	浮上速度（m/h）	沈降速度（m/h）
エフィラⅠ期	1.1～5.4	1.2～7.2
エフィラⅡ期	1.1～5.4	1.2～7.2
メテフィラⅠ期	1.1～5.4	1.2～7.2
メテフィラⅡ期	1.1～7.5	1.2～8.1
メテフィラⅢ期	2.1～7.5	3.2～8.1

このように,日没前や日の出後に幼型クラゲが表層へ浮上する傾向は,丸特ネットの表面採集や丸稚ネット（口径 1.3 m,網目 0.33 mm,長さ 4.5 m）の表面,7.15 m の 3 層同時水平曳きによる結果[129]でも確認されている。つまり,本種の幼型クラゲも他の一般動物プランクトンで広く知られている薄明移動型[75, 87]の移動周期を示すとみてよ

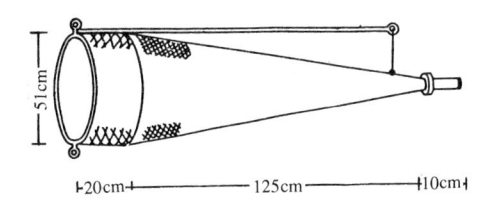

図52 幼型クラゲ採集用のプランクトンネット（安田原図）

いであろう。また発育段階によって，分布層の範囲に若干の相違がみられ，発育の進んだものほど深浅移動が明瞭に現われている。これはエフィラからメテフィラを経て若いクラゲに成長する過程で大きく変化する中間感覚縁弁等の運動器官の形成および発達による遊泳能力の差に基づくものと思われる。

今回と丸特ネットおよび丸稚ネットの水平曳きによる結果[129]から，水温15〜20

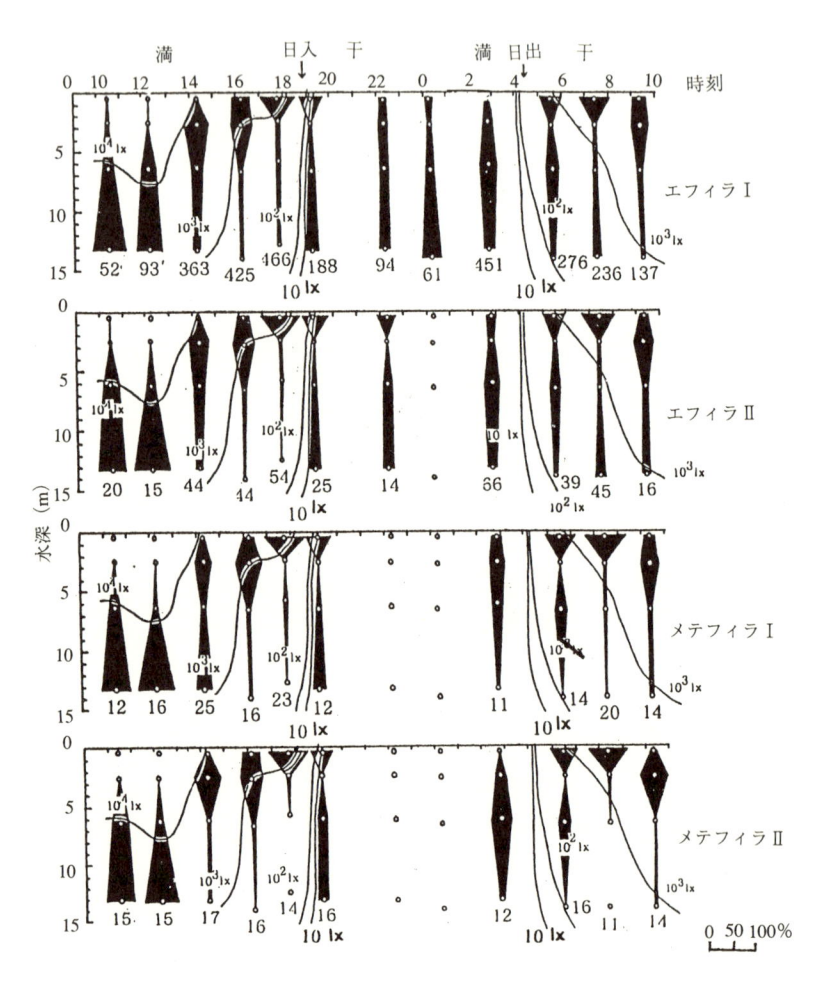

図53　浦底湾における水中照度と幼型クラゲ鉛直分布の時刻変化
（1972年5月26日10時〜27日10時，晴時々薄曇り，風浪0〜2，水温16〜20℃，塩分34‰，図中の数字は採集個体を示す）[129, 130]

℃，塩分33.2～34.1‰のもとで，各幼型クラゲの浮上，沈降速度を推定して，表11を得た。これらの値を成体型クラゲ（後述，表12）と比較すると，メテフィラⅡ期以後では，成体型クラゲの浮上および沈降速度に匹敵する場合もあった。しかし，メテフィラⅡ期以前の幼型クラゲの浮上速度の下限は，成体型クラゲの約1/2～1/7，沈降速度の下限は成体型クラゲの約1/2～1/10程度となる。この沈降速度が発育前期で低いのは，フィールドにおけるわずかな海水流動の影響の程度が，初期の幼型クラゲの方がメテフィラ後期や成体型クラゲよりも大きいことによるのではないかと著者は考えている。

　ⅱ) 季節（月）変化：1971年12月から翌年6月までの幼型クラゲ出現期と考えられる期間に，浦底湾において毎月13～15時の間に，前項で述べたのと同じ型の中型ネットを用い，4層（表面，3，7，15 m）の同時水平曳きを行った。連続した採集がなされた地点と個体数が多かった地点の結果を，図54aとbに示した。自然条件下では，一般に水温が冬期の12～3月には各層ほぼ同一か，表面が1～2℃低くなるのに対し，この観測結果では5 m以浅の表層が高温となっているのは，奥部に建設された原子力発電所から放出された温排水の影響[129, 130]によるためである。この図から初期エフィラは，やはり12～6月の間に採集され，主な出現期は，この場合も1～6月であった。1月に表面の試料は得られなかったが，エフィラⅠ期は7 mの中層にやや多く，他の発育期のものは各層ほぼ均一となった。2月には各幼形型クラゲは3 m層か7 m層に主に分布していた。4月には7 m層以深に分布密度が高かった。しかし，3，5，6月にはほぼ中層または表層に濃密分布が認められた。このように，月毎に見た場合でも，幼型クラゲの鉛直分布やその変化は一定したものではなく，地点や採集時刻および環境条件等（特に水中照度）によって変化に富むことが判った。

　また，発育段階が進むにつれて，分布範囲や移動，集合状態の相違も昼夜移動の場合と同様であった[129, 130]。さらに，分布や移動に及ぼす影響の最も重要な要因は，塩分濃度の差が少ないこの水域では，前記の通り水中照度の変化とみられる。

3) 成体型クラゲ

　ⅰ) 鉛直分布：ミズクラゲ成体型の鉛直分布の状態を定量的に調べた例は少なく，既に水平分布の項で述べた通り，僅かに浜名湖[60]の11 m以浅で，現場密度（σt）との関係が表示されているにすぎない。そこで，中，大型プランクトンネット（口径60～100 cm，網目2～3 mm）の深度別採集によって得た浦底湾[129]と東京湾[61]における鉛直分布の事例を，図55上と下段に示した。さらに魚群探知機（FQ-50型）によって，東京湾[112, 113]で記録された分布状況を図56に示した。これから，本種の成体型は，ネット採集では少なくとも20 m，魚群探知機では30 mまで分布することが判った。なお，著者は1973年5月に，敦賀湾口で大型ネット（口径1 m，網目

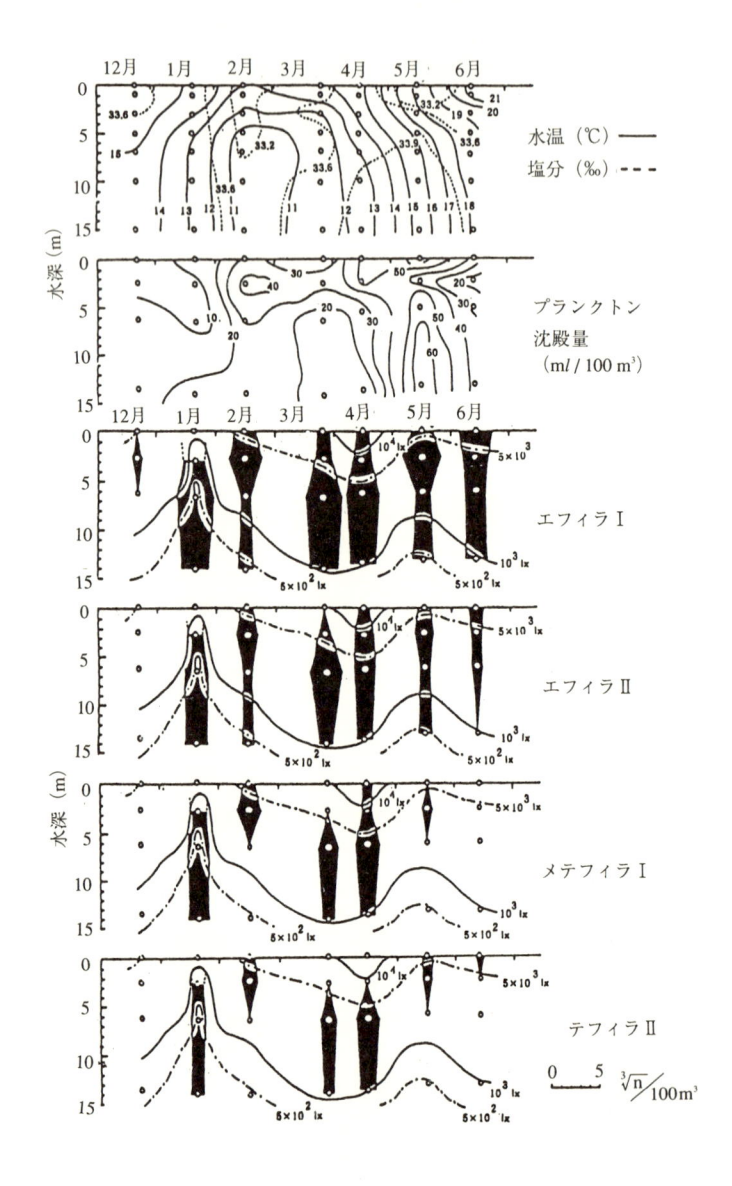

図 54a 浦底湾口における環境要因と幼型クラゲの鉛直分布の月変化
　　　　（1971 年 12 月〜72 年 6 月。100 m³ 当りの個体数の立方根で示す）[129, 130]

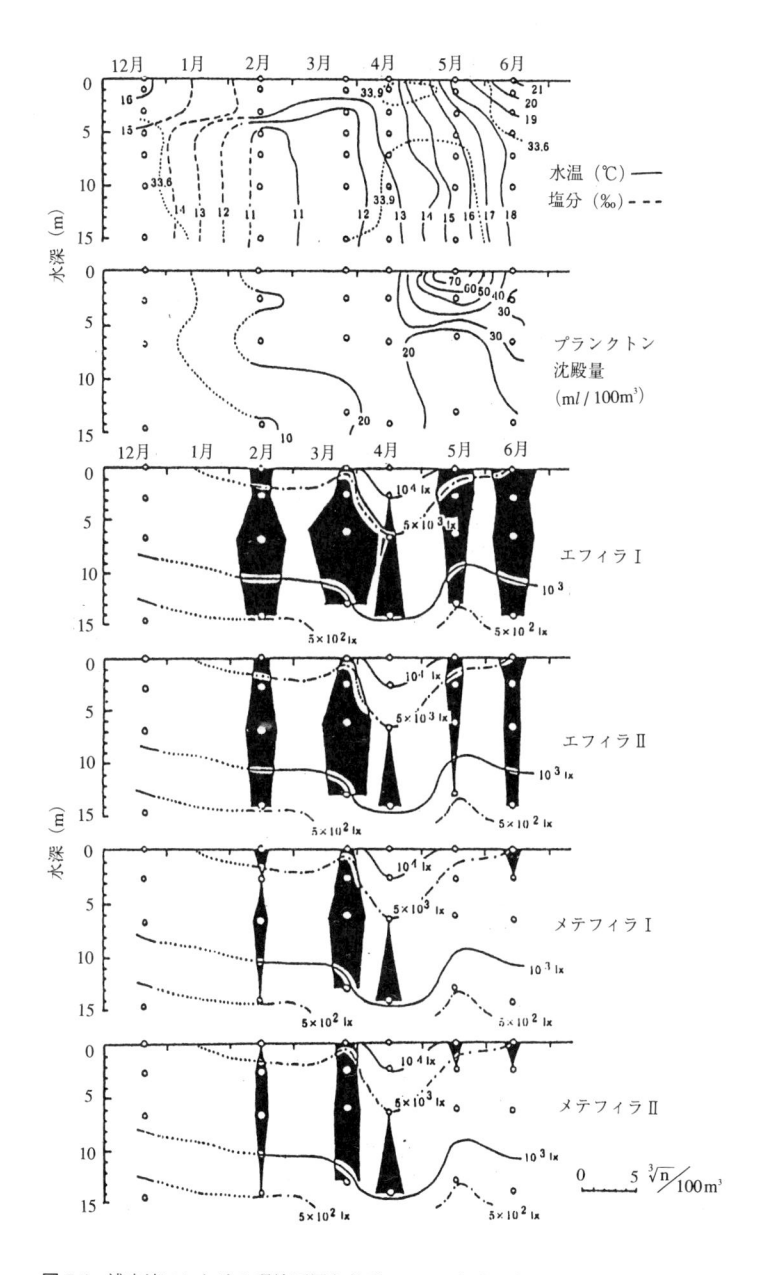

図 54b 浦底湾口における環境要因と幼型クラゲの鉛直分布の月変化
(1971 年 12 月～72 年 6 月。100 m³ 当りの個体数の立方根で示す) [129, 130]

5 mm）による 30 m 層の 10 分間水平曳きを実施し，143 個体（傘径 1～25 cm）を採集しているので，本種が 30 m まで分布することはほぼ誤りがないとみてよいであろう[132]。最近，釧路沖で近縁種キタミズクラゲ[70]の鉛直分布が ROV（遠隔無人探査機）により観察されたが，その記録によるとこのクラゲ（傘径 25～30 cm）は，実に 200～432 m（水温 2 ℃以下，塩分 33.4～33.5 PSU）まで分布し，海底から 0.8～3.2 m 付近に集積され，雌個体は明らかにプラヌラを保有していたという。したがってミズクラゲの場合もマイン湾[4]における出現状況から推察されるように 30 m よりさらに深層まで分布する可能性があり，今後の研究，観察結果が期待されよう。

次に，図 55 上段の浦底湾では，成体型クラゲが主に表層（5 m 以上），中層（5～

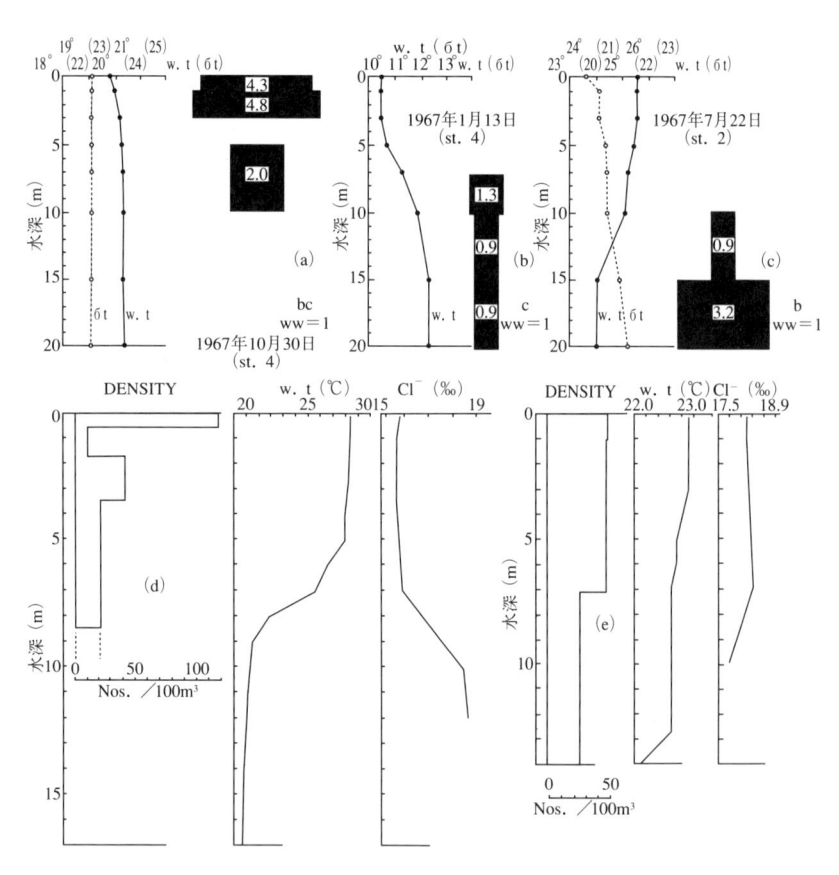

図 55　成体型クラゲの鉛直分布事例 [61, 129]
（上段：a, b, c は浦底および周辺水域。図中の数字は，1 m³ 当り個体数の立方根を示す。下段：d, e は東京湾北東部水域）

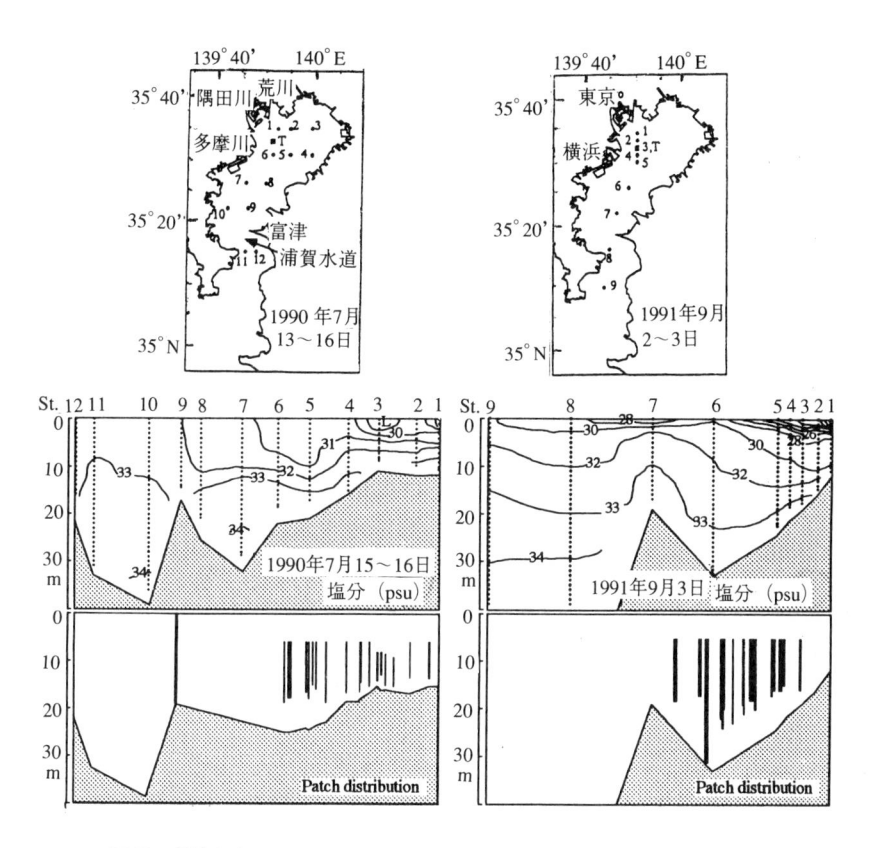

図56 調査定点および魚群探知機の記録から推定したミズクラゲ群の出現と鉛直分布（左：1990年7月15〜16日，右：1991年9月3日）[112, 113]

10m)，底層（10m以下）にそれぞれ分布する様々な分布型を示し[129]，水温や塩分，現場密度（σt）の分布や変化では説明できないのに対して，下段の東京湾の (e)[61] のように，塩素量は7m層が表層より低く，鉛直混合が行われた場合の分布と判断され，河川水の流入や混合により，成体型クラゲの鉛直分布もまた変化しやすい動的なものと推察される。

　魚群探知機による分布の確認は確実な方法であり，表層の低塩分水による影響とクラゲの出現との関係はよく理解できる。しかし，海底から2〜5m以浅に分布している現象やその理由がこの記録[113]だけでは不明であり，今後ネット採集と水質，底質調査との併用による調査研究が望まれる。

　ii) 昼夜移動：1925年6月中旬にイギリスのプリマス沿岸で，大型動物プランクトン（ミズクラゲを含む）の昼夜移動を明らかにするための大規模な調査（口径2m，

―67―

長さ9mの大型ネットによる5～6層曳き）が行われたが，本種の採集個体が少なかったため，その移動状態は不明とされ現在に至っている。そこで著者は水中テレビ（潜水研製500型）や閉鎖式気象台Cネット（口径51cm，網目0.33mm，長さ1.8m）による鉛直区分採集のほか，クラゲ用の大型ネット（口径1m，網目5～10mm，長さ2.2m）を作製し，これによる多層同時水平曳き（図57）等により，本種の鉛直分布やその昼夜移動の様子を初めて克明に観察する機会を得た[129]。その結果のうち，主な事例を紹介する。

1968年10月中旬，浦底湾口で発見したミズクラゲ群（図49）を追跡しながら，その群れの中心部に水中テレビを懸垂し，映像面全体（100％）に対してクラゲが占めるおよその割合を，深さ1m毎に記録したのが図58上段である。この時の水温は各層でほとんど差がなく，20～21℃の範囲であった。この図から明らかなように，日中の13～16時の間には，クラゲはすべて3m以浅のごく表層に出現した。とりわけ16時前後には，海面でテレビ映像面の全面を占めるほど濃密に出現したが，日没後には海面から3～13mの中層まで分布範囲が拡大し，さらに照度がほとんど0に近づいた日没の18時には，24mの底層に至るまで，その分布が観察された。

次に，上記の観察と同時に，気象台Cネットによる2m毎の鉛直区分採集も試みたところ，図58下段に示したように，水中テレビによる出現，分布範囲と若干の相違はあっても，昼間から日没後に至る間のクラゲの下降（沈降）状態は，きわめてよく類似した様相を示した。図中に記入した水中照度の等値線の形と対比してみると，これらの鉛直分布の変化は，幼型クラゲの場合と同様に，水温や塩分等よりも水中照度と密接に関連していることが確認された[129, 130]。

1969年9月上旬に行った大型ネットによる3, 7, 13mの3層同時水平曳きによる結果は，図59上段に示した通りである。この観察時間内の水温や塩分は，水深別にほとんど差がなく，対象となったクラゲは傘径4～12cmで，

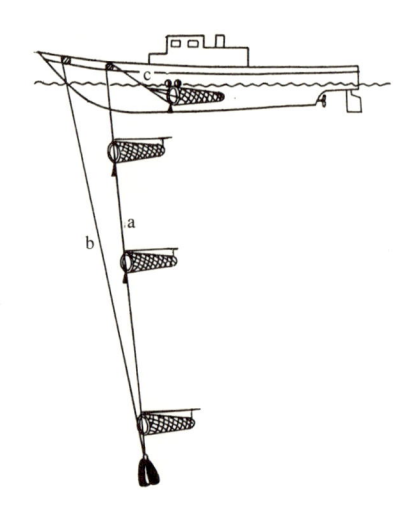

図57 成体型クラゲの4層同時水平曳き方法[129, 130]
a：中層ネット用ロープ
b：補助ロープ，曳網後aとbを同時に引き揚げる
c：表面ネット用ロープ

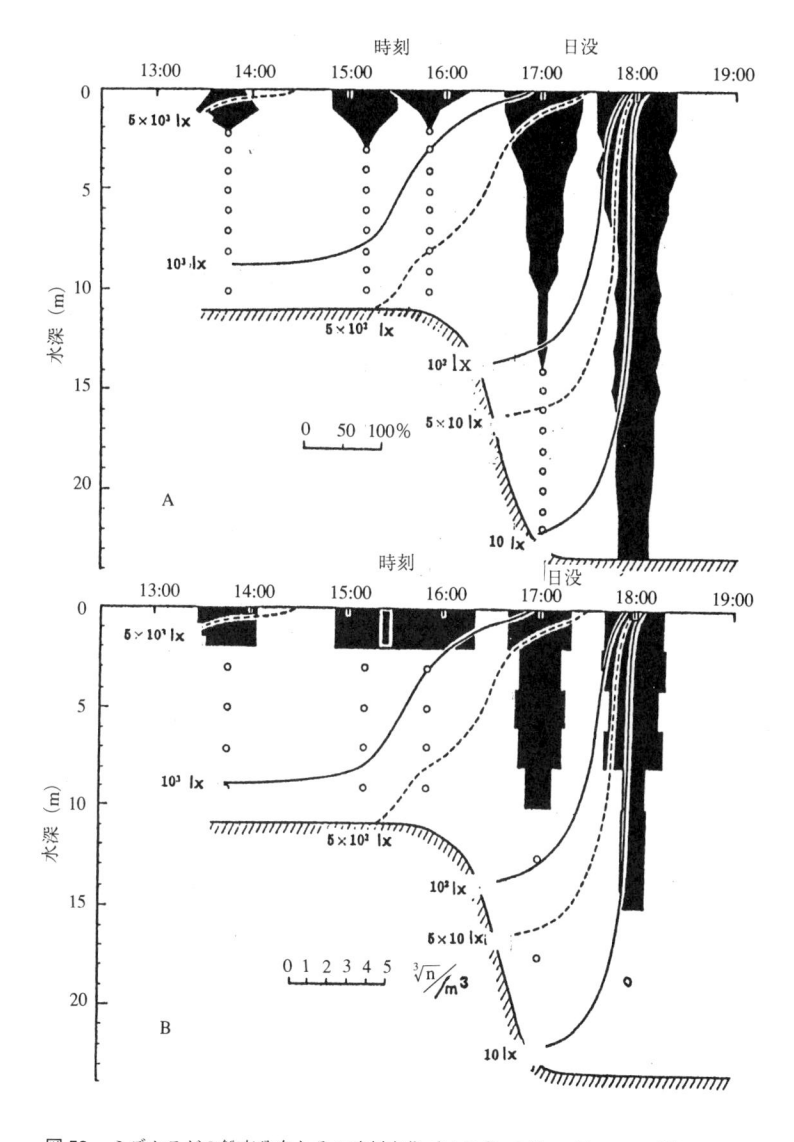

図 58　ミズクラゲの鉛直分布とその時刻変化（1968 年 10 月 17 日 13～19 時）
　　　A：水中テレビによる観察結果，
　　　B：気象台Cネットによる 1 m³ 当り採集個体数（立方根で示す）[129, 130]

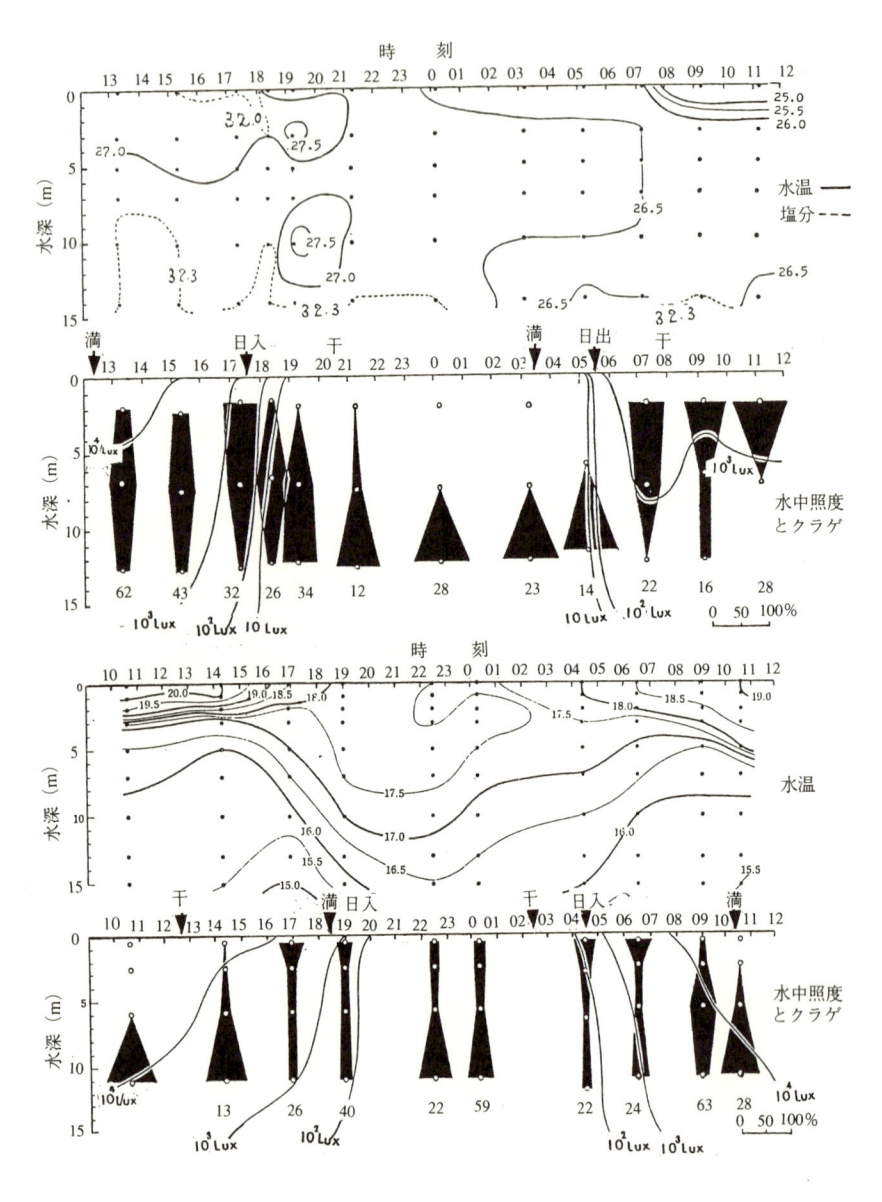

図59 環境変化とミズクラゲの昼夜移動の事例（上段：1969年9月9日〜10日，下段：1970年5月27日〜28日，図中の数字は採集個体数を示す）[129, 130]

全てが当年発生の未成熟個体であった（V.栄養と成長の項参照）。この図（全採集個体数に対する各層個体数の%）によると，クラゲは日中に7m前後の中層でやや出現率が高かったが，3層ともにまとまった出現が見られた。しかし，日没前には50%以上のクラゲが2m付近の表層へ浮上し，日没後の18時10分には，主な分布層が再び7m層の中層へと変化した。夜間19時から翌日5時までの間には，全てのクラゲが12～13mの底層にとどまっていたが，7時頃には2m層付近の表層へ移動し，小雨となった11時には表層のみで採集された（図59上段）。

1970年5月下旬に実施した表面，3，7，および12mの4層同時水平曳きによる結果を図59下段に示した。この場合，水温は表面と底層で5℃前後の差がみられたが，塩分は各層とも変わりなかった。今回も観察の対象となったクラゲの傘径は3～12cmで，当年発生年級群とみなされた[129,130]。これらのクラゲは，快晴下の日中10時40分には，明らかに10m以深の底層にのみ分布していたが，14時10分には一部が6mの中層へ浮上，日没前の17時頃にはこれらの分布は各層に拡大され，約50%のクラゲが表面で採集された。しかし，日没の19時には，表面におけるクラゲの出現割合がやや減少するとともに，10m以深の底層での出現率が増加した。夜間の22時30分および0時20分における採集では，10m層以下の底層での出現率が高く，とりわけ22時の場合には，全採集個体の60%以上が底層で得られた。翌日の夜明け4時30分には，表面における出現率がわずかに増加し，6時35分には50%のクラゲが表面で採集された。ところが快晴下の9時には，主な分布層が6mの中層へ下降し，10時30分にはさらに10m層以下の底層へと変化した（図59下段）。

1970年最高温期の8月中旬に実施した結果を図60上段に示した。この場合，湾奥部にある原子力発電所の温排水[130]により，表面が30℃以上となった。しかし，塩分は水深による差がほとんど認められなかった。この時のクラゲは，傘径10～17cmの中型群が主なものであった。晴天下における日中の底層での分布や，日没前の底層から中層への浮上状態，夜間の底層への下降等は，春期の場合とほとんど変りなかったが，日没前後に表面水温が30℃を越えていた時に，海面への浮上個体が全く見られなかったことは特筆すべき現象であった（図60上段）。

1972年7月下旬に行った採集結果を図60下段に示した。この調査が実施された約1週間前から，最高で130mmの豪雨が続き，表面は低塩分水でおおわれ，特に15～23時の間には3m層まで30‰以下の低塩分となった。大きな河川のないこの水域では異常なケースであった。この時に調査の対象となったクラゲは，2～22cmの広い範囲にあり，8cm前後の当年発生年級群と16cm前後の越冬群が混在していた（V.栄養と成長の項参照）。とりあえず，2つの群を込みにしてその移動状態を見ると，日中から日没にかけての中層への移動状態は，前回の8月の事例とほぼ類似していた他，18時から23時の間には，今回もやはり海面での浮上個体が全く認め

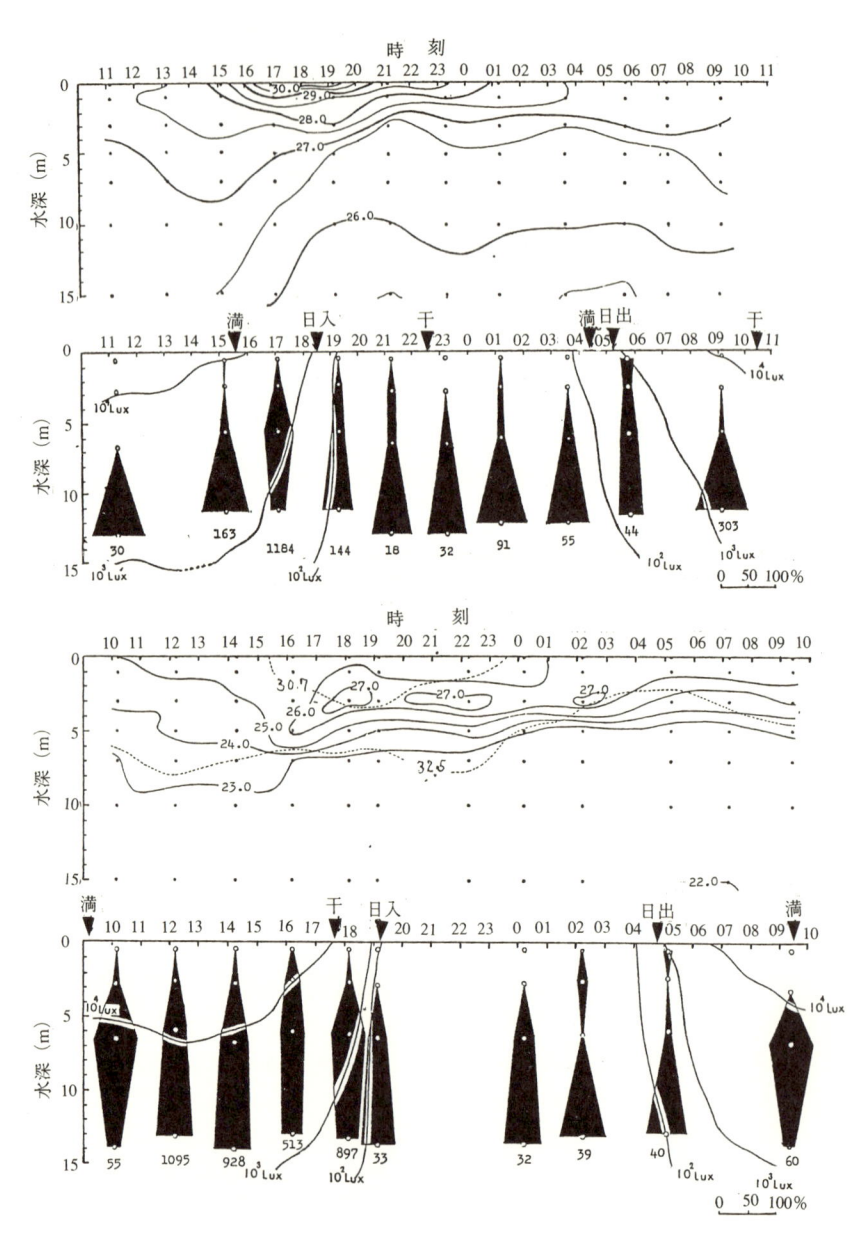

図60 環境変化とミズクラゲの昼夜移動の事例（上段1970年8月19日～20日，下段1972年7月21日～22日，図中の数字は採集個体数を示す）[129, 130]

られなかった（図60下段）。以上の結果を綜合すると，次のようにまとめることができよう。

春，夏期の晴天時には，クラゲ群は日中（中，底層）から日没前（表層），夜間（底層），日の出後（一部表層），日中（中，底層）への鉛直移動をくり返す。

秋期には，天候によって多少異なるが，日中（表，中層）から日没前（表層），夜間（底層），日の出後および日中（表層）へと移動する。つまり，成体型クラゲは，幼型クラゲと同様な薄明移動を行うとみてよく，日没が近づくと例外なく顕著な浮上，上昇移動を行うことが判った。なお，クラゲの鉛直分布や移動に最も関連が深かった要因は，水中照度であるが，海面が30℃以上になった場合は，傘の拍動数が減少することで，31‰以下の低塩分水で表層がおおわれた場合には，体の安定を保つことができず倒立状態になることで（Ⅷ.環境適応の項で詳述），それぞれ海面への浮上が妨げられることが，今回の調査で初めて明らかにされたのである。

次に，クラゲの時刻別分布の変化から推定した浮上，沈降速度はおよそ2〜7m／h，沈降速度は2〜10m／hと試算された（表12）。ただし，これらの値は，環境条件や傘径の相違により変動も大きいことが予察されるので，今後もより多くの資料を集積したうえでの解析が望まれる。

調査方法は異なるが，潮汐による干満差の大きい水域で実施された本種の昼夜移動例を紹介しておきたい。図61は1990年の夏，東京湾奥部の多摩川沖[112,113]で，ミズクラゲ成体型の鉛直分布とその時刻変化を魚群探知機により追跡した結果である。

これによると，クラゲは7月15日の午前4〜7時の間を除き，5〜17mの範囲に分布し，約12時間毎に出現して，その分布密度は0.9〜1.4個体／m^3であった。しかし，クラゲの分布範囲はほとんど変化しなかった。この場合，5m以浅には，22℃以上で，塩分30PSU以下の低塩分水が存在したので，クラゲの海面への浮上が妨げられたものとみられる。12時間毎の出現は，表層が高温で低塩分となる干潮時に一致したが，五井火力発電所の事故調査[110,111]でも，干潮の直後にクラゲの来襲が多かったことが記録されている。15日午前4〜7時の間だけは，表面までのクラゲの移動，分布がみられたが，これは浦底湾の日の出前後の薄明時における浮上現象[129,130]とよく一致していた。このように，東京湾[112,113]の場合，その出現は潮汐との関係が深く，薄明時刻を除いて，分布層の時刻変化が見られなかったことが特徴である。今後，層別のネット採集との併用による定量調査により，主要分布層の変化の追跡，把握が期待される。

次に，表層のみの観察ではあるが，他の水域の昼夜移動例を述べる。図62は，1997年の春期に，鹿児島湾沿岸[68]の表層におけるクラゲ出現個体数の時刻別変化を調べた結果である。これによるとクラゲは多くの動物プランクトン[75]で知られているように夕刻から出現数が増加して夜間に最大となり，夜明けとともに消失している。

表12　成体型クラゲの浮上・沈降速度 [129, 130]

傘径（平均）(cm)	水温（℃）	塩分（‰）	浮上速度（m/h）	沈降速度（m/h）
8～12	20.4～21.0	—	2.0	9.0～9.8
4～12（7）	25.0～27.6	32.0～32.3	3.1～4.8	5.0～6.8
3～12（7）	15.0～20.0	34.0～34.1	4.1	2.0～3.1
5～17（11）	25.5～30.0	32.7～32.9	2.8～5.0	1.7～3.3
3～22	22.0～27.0	32.9～34.0	3.5～4.0	3.3～7.6
1～3	17.0～22.1	33.1～33.8	2.1～7.5	3.2～8.1

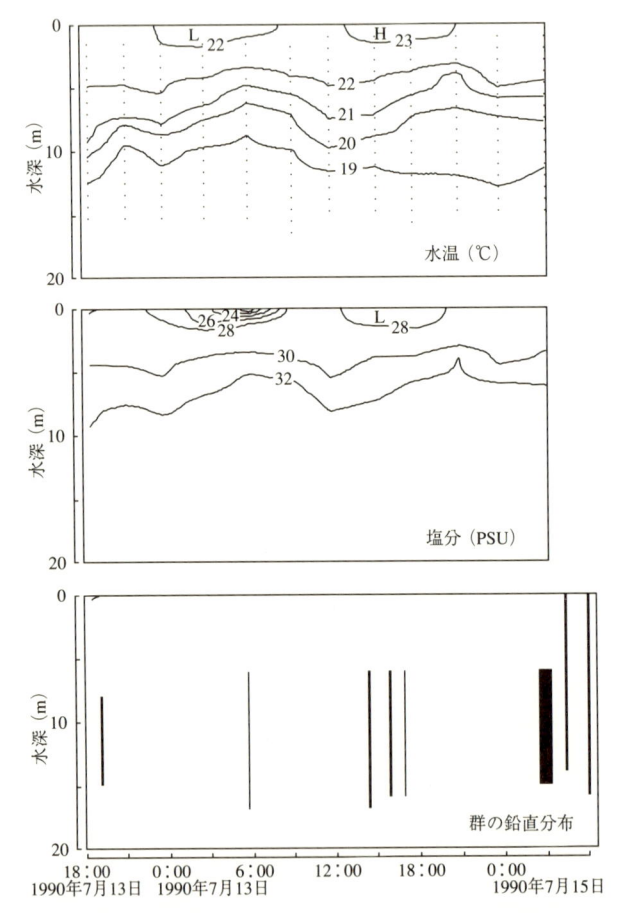

図61　東京湾奥部における水温，塩分と魚群探知機の記録から推定したミズクラゲ群の鉛直分布の時刻変化（1990年7月13日 18:00～15日 6:00）[112, 113]

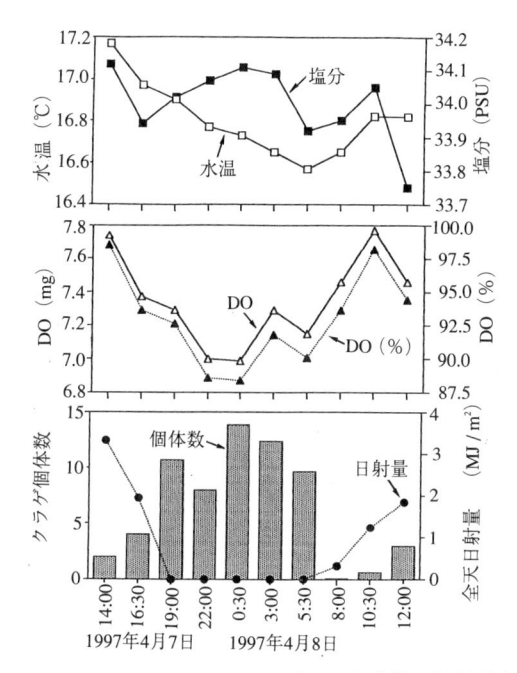

図62 鹿児島湾の表層におけるミズクラゲ個体数の時刻変化と環境要因の変化[68]

環境要因の中では，溶存酸素と全天日射量変化との関係が深いが，18時頃から上げ潮となり，7～8 m の深層から 34.15 PSU の高塩分水が侵入して深夜まで影響し，クラゲの出現とよく一致したという。これからこの水域では，潮汐による水塊の移動がクラゲの昼夜移動に影響を与えると推察されている。およそ35年前に，オランダのデンヘルダー沿岸[121]で，ビゼンクラゲとヤナギクラゲの一種を対象とした昼夜移動調査でも，照度変化の他に潮汐との関係が指摘されており，潮汐流が生じると水中のクラゲ個体数が増加する現象が確認されている。これは潮汐流によって海底の砂泥が舞い上がる際に，クラゲがそれを避けるためと考えられたが，これは海水流動が傘の拍動（運動）を刺激して，拍動数が増加，促進された結果，浮上個体が多くなったとみるのが妥当であろう。今後，わが国の干満差が大きい水域で，ミズクラゲを含む大型クラゲ類の層別の採集や鉛直移動の調査が，数多く実施されることを期待してやまない。

iii) **季節変化**：成体型クラゲの鉛直分布の季節変化を浦底湾口水域で調べた結果は，次の通りである。

採集は1969年4月から翌年4月までの間で，クラゲの鉛直分布をより正確に把握するため，図63に示したような大型閉鎖ネット（口径 1 m，網目 5～10 mm，長さ 2.5 m）を作製して，2～3 m 毎の区分垂直曳きを実施した。この調査期間の環境状態は，図64上，中段のように，水温9～27 ℃，塩分32.2～34.3 ‰の範囲にあり，採集されたクラゲの傘径は1～31 cmであった（V.栄養と成長の項参照）。

クラゲの深度別個体数をその立方根で示した鉛直分布の季節変化は，図64下段の

とおりで，鉛直分布の項で述べたように，水深22mまで確実に出現，分布した。この図で注目されたことは，春～初夏（3～6月）の間，クラゲは各層に分布し，その分布型も一様でないが，盛夏（7月下旬）には18m以深の底層のみに濃密分布すること，夏の終わりから秋～冬にかけては，1月の1例を除き，ほとんど5m以浅の表層に出現，分布して，特に秋期にはこの傾向が顕著でしかも分布密度が高かったことである。

著者はこの水域で中型ネット（口径60cm，網目2mm，長さ2m）の深度別採集個体数の差から求めた鉛直分布の結果を，ほぼ四季に分けて検討し，秋期（9～11月）には，5m以浅の表層濃密分布型が最も多かったことを既に報告したが[129]，今回の大型閉鎖ネットによる採集でも全く同様な結果となり，さらに"毎年夏が終わるとクラゲが現れる"という地元住民や漁業者達の経験的な事実ともよく一致している。

今回の事例でも，クラゲの鉛直分布や季節変化を規制する要因は，やはり水中照度であり，月を追って照度が次第に低下していく8月下旬以降に，クラゲは表層に出現しやすくなるとみてよいであろう[129, 130]。今後，わが国各地の沿岸海域で，このような調査が着実に行われ，本種の鉛直分布やその変化状況に関する資料が集積されていけば，わが国のみならず，海に面した全世界の人々にとっても計り知れない程の広い応用，活用面が出てくる可能性があり（第2章　クラゲ類と人類産業活動の項で詳述する），人類共通の貴重な資料になるものと信ずる。

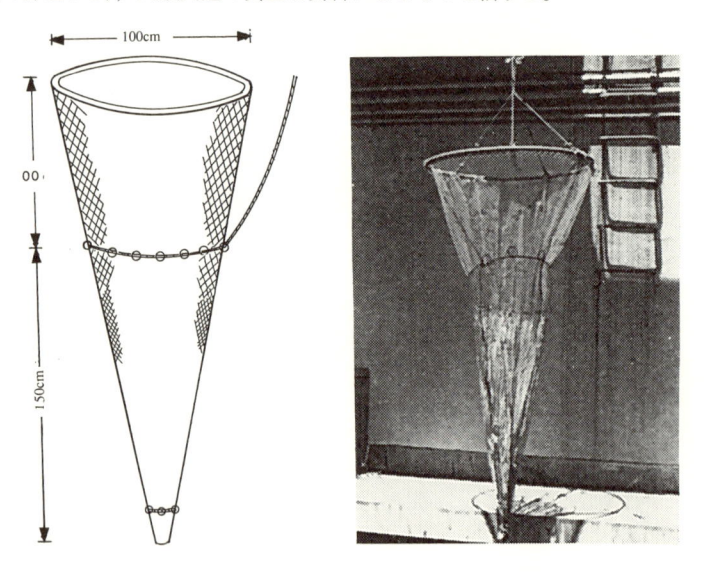

図63　クラゲ採集用の大型閉鎖ネット（左：構造図，右：外形）[129, 130]

— 76 —

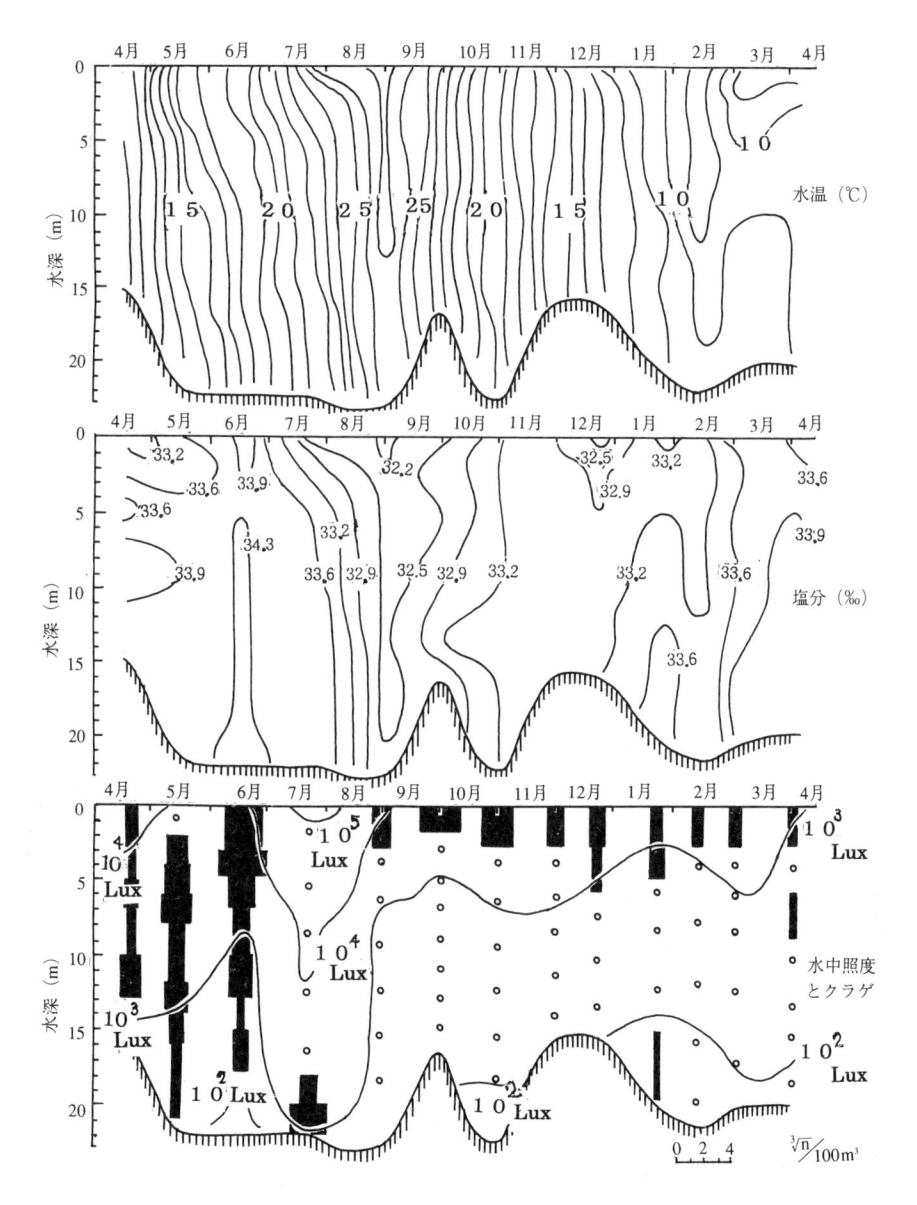

図64 浦底湾口西部沿岸における環境要因とミズクラゲの鉛直分布の季節変化
(1969年4月〜1970年4月。個体数は1m³当りの立方根で示す)[129, 130]

VIII. 環境適応

§1. プラヌラとポリプ

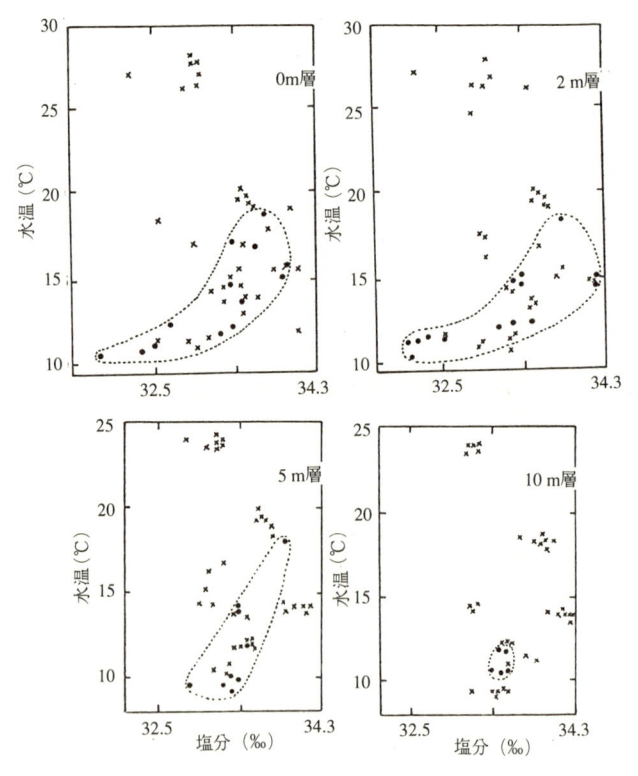

1）水　温：フィールドにおける付着後のプラヌラについて生息水温を調べた記録はないが，ポリプではデンマーク沿岸[119]で1℃から出現するとされており，室内実験ではキール湾[109]のポリプを0～2℃で6～8週間飼育された例がある。また上限については，浅虫地方[40]で5～28℃で飼育したポリプを，30℃のもとで実験に用いたことが記録されている。著者の実験でも，プラヌラからポリプへの変態は6～28℃の広い範囲で行われることは，既に述べた（IV.繁殖と発生の項参照）。また浦底湾における着生試験では図65の通り，表面から10m層を通じて9～19℃の間にプラヌラまたは初期ポリプが出現，分布した。

図65　プラヌラ・ポリプの出現と0～10m層別水温・塩分との関係（点線内は主な出現範囲，黒丸は出現を，×印は出現しなかったことを示す）[129, 130]

最近，鹿児島湾沿岸[68]の桟橋下に着生しているポリプは，14～30℃の範囲で生息していたことが明らかにされている。

以上の飼育実験やフィールドでの観測結果を綜合すると，ミズクラゲのプラヌラ，ポリプの温度適応は，0～30℃の広範囲に及ぶとみてよいであろう。

2）塩　分：塩分との関係について，デンマーク沿岸[119]では13.9～15.0‰，南西フィンランド[98]では，実に正常海水の1/6以下である5.4‰前後から本種のポリプが発見されている。

また，バルト海産[87]の成熟したクラゲから得たプラヌラは6.3～19.9‰のもとで何ら異常なくポリプに変態したとされ，さらに南西フィンランド沿岸[21]で得たポリプは，淡水ならびに正常海水の2倍の高塩分にも耐えたという。

一方，浦底湾における試験では図65に示したように31.8～34.3‰でプラヌラや初期のポリプが出現しており，敦賀湾での初期エフィラの出現が18‰台の奥部低塩分水域から多数出現した事実から推察して，この程度の塩分濃度でもプラヌラやポリプの生存に影響を及ぼすことはないと判断される。つまり，前述の諸結果を合わせると，本種のプラヌラやポリプの塩分適応範囲は，水温の場合と同様に極めて広い範囲とみてよい。なお，最近の塩分に関する実験[68]で，ポリプを塩分20～40‰で飼育したところ，コロニーを形成する場合，低塩分は正の刺激，高塩分は負の刺激の効果があることが判り，これからフィールドでも塩分濃度の変化の中で，ポリプの成長やコロニー形成が，時に促進または抑制されつつ付着生活を過ごしているのではないか推察されている。

3）付着基盤：プラヌラやポリプの付着基盤は岩，小石および砂礫[39, 129, 130]である。また，海産植物ではヒバマタの一種[89, 98]，アマモ[16]，一般褐藻類[39]，コンブの一種 *Laminaria* sp.[65]等が知られており，動物ではムラサキイガイ，イタヤガイの殻[108, 119]，フジツボ類，管棲多毛虫類の棲管，ヨコエビ類の泥棲管[68]，ヒドロ虫類[27]および単体ホヤ類[68]のほか，生きたウチワエビ *Ibacus ciliatus*[136]の腹面からさえも記録されている。但し，泥水が水槽内へ多量に流入した場合，ウチワエビに付着していたポリプや横分体は全て死亡したらしいと述べられている[136]。ヤナギクラゲの一種のポリプでも，泥質が0.3 mmの厚さで覆われた場合に，無性生殖が抑制されたり，高い死亡率を示すという[91]。したがって，泥質域に沈降したプラヌラは，おそらく生存できないであろう。

一方，浦底湾水域に生育する海産植物のうち，優占するホンダワラやアマモ類は，図66に示したように水深10 m以浅に分布しており，それ以深はほぼ泥質となっている。したがって，イタヤガイ殻のコレクターによる着生試験と初期のエフィラの出現状況（Ⅶ.出現と分布の項参照）とを考え合わせると，この水域のプラヌラやポリプの主な着生場所は，図67に示した湾内の海産植物繁茂水域帯であろうと推察

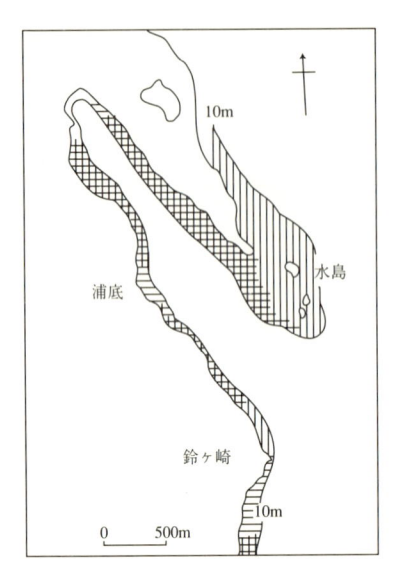

図66 浦底湾で優占する海産植物の水平分布[129, 130]
　　　　|||| : ホンダワラ類　　 ⊞ : アマモ類

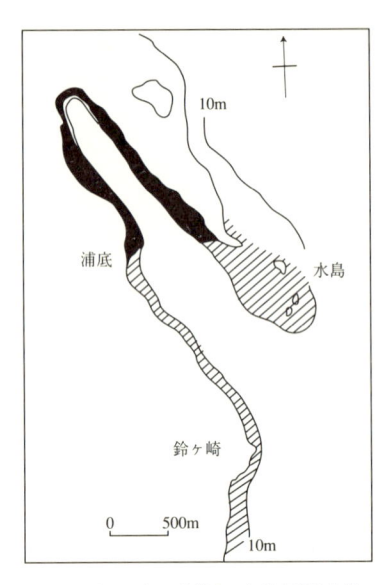

図67 プラヌラまたは初期ポリプの着生試験と初期エフィラの出現状況から推定したミズクラゲの発生場所（斜線範囲のうち，黒色部分は再生産が行われる主要水域を示す）[129, 130]

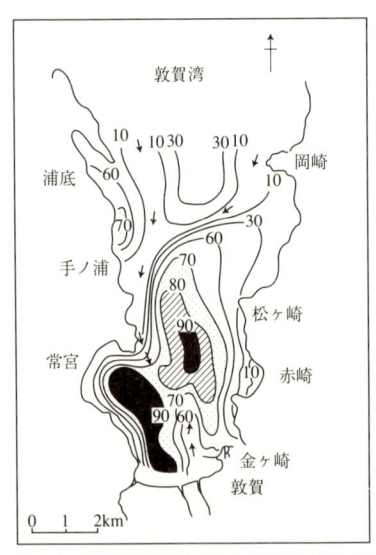

図68 敦賀湾の底質（図中の数字は泥分の百分率を，矢印は海底付近の流向を示す）（福井水試，1968）[19]

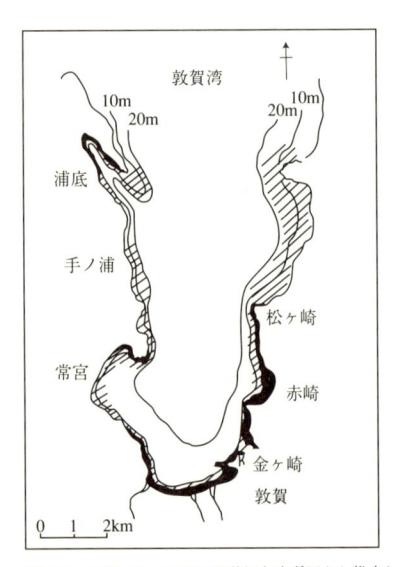

図69 初期エフィラの出現状況と底質図から推定した敦賀湾のミズクラゲ発生場所（斜線範囲のうち，黒色部分は再生産が行われる主要水域を示す）[129, 130]

される。また，近接する敦賀湾の底質[19]は，図68に示した通り，奥部水域で泥の少ない砂礫地帯はごく沿岸部に限られている。この湾の初期エフィラの出現状況からみて，本種のプラヌラやポリプの主な着生，生育場所は図69に示したように奥部沿岸から松ヶ崎に至るごく浅所の沿岸砂礫水域帯であろうと考えられる[129,130]。

4) 共食い：最近，ポリプのコロニー形成に関する実験がなされ，興味ある結果が得られているので，概要を紹介しておきたい。それによると，増殖数が1ヶ月で1個体から70個体になることや，群れの広がる速さや移動距離などが調べられた。とりわけ注目される現象は，給餌をやめるとポリプ間で共食い現象[68,69]が見られたことである（図70）。

つまり，ポリプが柱体部を細長く延長して共食い型となり，すぐ近くの個体ではなく，より遠くにあるポリプを捕食し，24時間で完全に消化したという。この場合にサイズの関係はなかった。さらに発生場所（系統）の異なるポリプの共食い率は高く60～100％になるのに対し，同じ場所で生まれた兄弟姉妹（クローン）同士のポリプの共食い率は低く20％以下であったという。これからミズクラゲのポリプには血縁関係を認識する能力がある[68,69]ものと思われて興味深い。わが国沿岸海域に分布するミズクラゲは，「IV.繁殖と発生」や「VI.生活史」の項でも述べたように，海域毎の亜種が存在する可能性[129,130]が十分考えられよう。

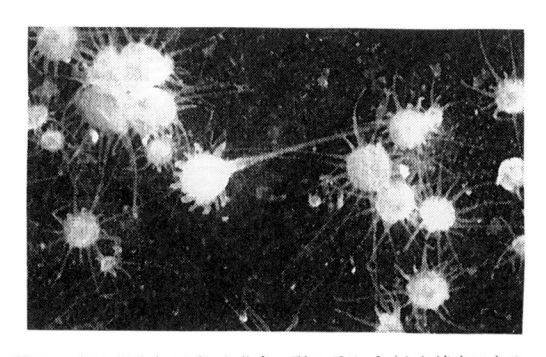

図70 柄の部分をのばした共食い型のポリプ（より遠方にあるポリプを捕食していることに注意）[68,69]

§2. 横分体

本種のポリプの横分体形成については，古くから多くの研究者の関心を集め，その形成要因についての報告は数多いが，そのうち主なものを紹介する。

1) 水　温：フィールドで最も詳しい観察は，キール湾[109]での結果であろう。それによるとこの湾では12月下旬～5月下旬（2～18℃）に横分体が見られ，最大のピークは12月下旬～3月下旬（2～8℃）で，二次的なピークは4月下旬～5月下旬（10～18℃）にも見られた。室内の飼育実験では，浅虫地方[39,40]で3～4月と

10～11月に横分体が形成されたが，0～30℃の間では15℃が最適温度とされ，大阪湾産[45]のポリプでも3～4月に，17～20℃のもとで遊離したエフィラ数は最も多かったという。ドイツのSylt地方[126]では11～12月（6～7℃）に横分裂が開始され，夏でも5℃に冷却すると横分裂が見られている。またイギリスのWhitstable産[12,13,14]クラゲから得たポリプは，秋から冬の致死温度に近い5.3～11℃で，メキシコ湾産[102,103]のポリプでは，19℃を維持した場合に，それぞれ横分体の形成が確認されている。著者は，浦底湾のポリプを自然海水で飼育したところ，3～5月（6.2～21.5℃）の間に横分体が出現し，およそ20℃以下でそれが形成される事例が多かったが，最近，東京湾[37,112,122]でも12～5月（7～16℃），鹿児島湾[68]では12～2月（14～17℃）の20℃下でそれぞれ横分裂が観察されている。ただ27℃でも横分裂をするが，その能力は19℃で保持したものよりはるかに速く失われるという結果[102]もある。著者の実験[129,130]では20℃以下で水温が上昇した場合に，横分裂の形成を促進させる反面，その継続期間は短縮される傾向が見られた（Ⅳ．繁殖と発生，表4参照）。

以上の諸報告をまとめると，本種のポリプの横分裂を引き起こす温度は，約20℃以下の低温であり，その値が低いほどその継続期間は長くなることが予察される。なお，20℃以下の低温で横分裂が見られる例は，他の鉢クラゲ類でも知られており，ユウレイクラゲの一種 *Cyania lamarckii* [15]では7.2℃，ヤナギクラゲの一種 *Chrysaora hysoscella* [120]で7～10℃，*Ch. quinquecirrha* [8]では18～19℃からそれぞれ横分裂が開始されると報じられている。

2) 塩　分：横分体の出現と塩分との関係を論じた報告は少ないが，34.4‰とそれを1/3に希釈した人工海水で飼育したポリプ群から横分体を得た事例[101,103]がある。著者の試験では31.1～33.4‰の範囲で横分体が出現し，最も長期間にわたる86日間の出現期間における塩分は31.6～33.2‰であった。したがって，この程度の塩分濃度では，横分体の生存はもちろん，横分裂を生ずる際にも何ら影響を及ぼすとは考えられない。また，前述のとおり，ポリプは時に淡水や通常海水の2倍の塩分にも耐えたという報告[21]や，付着場所は敦賀湾の例[129,130]で示されたように，河川水の流入域を含めたごく沿岸水域の浅海帯であることも考慮すると，横分体の塩分に対する適応範囲も，ポリプの場合とほぼ同様な広い範囲に及ぶとみて差し支えないであろう。

3) 水中照度：光が横分裂に及ぼす影響については，興味ある報告がなされている。一つは，浅虫地方[40]で得られたポリプ群を15℃のもとで20cm間隔の10ワット蛍光ランプによる照射を継続したところ図71に示したように，秋と春期以外の夏期においてさえ70～80％の横分率を示したのに対して，照射をしない場合には，横分裂がほとんど行われなかったという。これに対してイギリスのWhitstable地方[12]から採集したポリプ群は，5.3～11℃のもとで3フィートの蛍光ランプを26インチの距

図71 温度と光処理による横分体の出現事例[40]

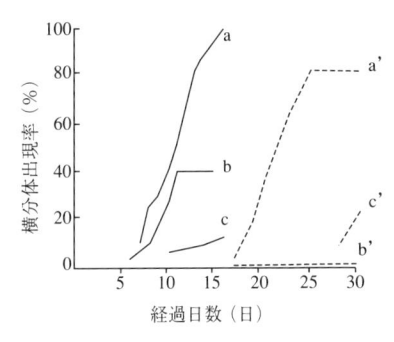

a〜c：4月の実験, a'〜c'：1月の実験,
a, a'：15℃, 蛍光ランプ,
b, b'：室温, 暗室, c, c'：15℃, 暗室

離から毎日照射したところ，前述の実験結果とは逆に，照射を行わなかったポリプ群のみ横分裂を生じたという。したがって，強い照射の存在はポリプ横分裂をむしろ抑制すると推察され，フィールドで晩秋から冬期にかけて次第に低下していく照度に水温の低下が加わると横分裂を引き起こす決定的な刺激になると結論されている[13, 14]。光の強弱の範囲やその変化の速度および波長が横分裂にどのように関与したり，影響を及ぼすのかという問題は，今後に残された興味ある課題であろう。

4）餌料環境：キール湾[109]でポリプの横分裂が詳しく観察された記録によれば，港内と港外での出現率には明らかな差があり，餌料の多い前者がはるかに高率で，年2回見られる出現のピークの一つと動物プランクトンのカイアシ類や枝角類の急激な増殖期と一致していることから，餌生物の量は横分裂を引き起こす重要な要因の一つであることが強調されている。この考えはその後も多くの研究者が同様な推察をしてきたところであるが[3, 12, 103]，逆に餌の不足が横分裂を促進する[68]という見方もある。

著者が行ったポリプの飼育実験[129, 130]では，シオミズツボワムシを給餌しない場合には，毎日給餌した場合に比較して横分裂開始までの期間は長期間を要し，しかも横分裂継続期間は14日も短くなり，更に横分体上に形成される盤の数も少なかったことは，前述した餌生物量の重要性を裏付けしていると考えられる（Ⅳ.繁殖と発生の表3と4参照）。

5）その他の環境要因：ポリプの横分裂を引き起こすのに必要な化学物質については，メキシコ湾産のポリプについて詳しい実験例[102, 103, 104]がある。それによれば，

表13 I_2 または KI の希釈海水中で飼育した45個体のポリプ群の横分体出現率の比較[102]

薬品	濃度	横分体出現率（％）				横分体開始期
		実験Ⅰ区	実験Ⅱ区	実験Ⅲ区	平均	(日数)
I_2	$1:10^7$	100	100	100	100	11
	$1:10^6$	73	60	62	65	14
KI	$1:10^7$	87	99	100	95	14
	$1:10^8$	49	84	66	66	14
人工海水のみ		0	0	0	0	14

ヨウ素イオンの存在が非常に有効であり，IまたはKIを$1:10^{7\sim8}$の比に稀釈するか，$10\sim100\mu g/l$の濃度を保持すると，2週間以内に横分裂が開始され，その後わずか5日以内で全てのポリプ群に横分裂を誘発させることが可能であるという。これに対して，人工海水中にヨウ素を含まなければ，横分裂は全く行われなかった（表14）。サイロキシン（$C_{15}H_{11}I_4NO_4$）も有効で，$1:10^7$の稀釈で最高87％の横分形成を誘発

表14 サイロキシン（$C_{15}H_{11}I_4NO_4$）の希釈海水（$1:10^7$）中で14日間飼育した45個体のポリプ群の横分体出現率 [102]

飼育群No.	横分体出現率（％）	対照区（人工海水のみ）
15	77	0
20	53	0
24	31	0
10	71	0
19	68	0
10	43	0
7	87	0

表15 pHの異なる人工海水中で8日間飼育した90個体のポリプ群の横分体出現率 [102]

pH	横分体出現率（％）	pH	横分体出現率（％）
6.0	0	8.0	100
6.5	100	9.0	100
7.0	100	9.5	87.7
7.5	100	10.0	100

し，高等動物の形態変化を促進するホルモンの働きに似ていると述べられている（表14）。なお，pHは$6.5\sim10.0$の範囲内では横分裂に何らの影響も及ぼさないことが確認されている（表15）。

§3. 幼型クラゲ

エフィラの出現期に関する記録は数多いが，環境要因を含めて論じた報告は限られているので[26, 27, 72, 120]，初期のエフィラを中心にその概要を述べる。

1）水 温：オランダのデンヘルダー沿岸[120]では，エフィラの出現期は2～6月（4～15℃）で，同付近以北の北部ヨーロッパ沿岸海域[120]でも1～4月（4～11℃）前後と推定されている。

キール湾[73]における採集結果では，1976～77年の場合2～6月（2～14℃），盛期は6月（14℃）であり，1978～79年には1～8月と11～12月（2～16℃）の長期間におよび，その盛期は4～5月（4～9℃）であったという。また，最近キール湾より北方のグルマーフィヨルド[26, 27]では，10～12月（3～13℃）であったと報告されている。著者は浦底湾[129, 130]で初期のエフィラが主に1～6月に出現することを確認したが，さらに水温，塩分との関係を検討して図72の結果を得た。これからエフィラは表面水温8～22℃で採集され，とくに11～21℃で分布密度が高いことがわかる。また，近接の敦賀半島西部にある丹生浦湾[127]でも，2～6月（6～19℃）

に本種のエフィラが出現し，盛期は2月中旬と6月中旬（10～19℃）であることを確認した。その後，1972～73年4月下旬，浦底湾[129,130]で12～19℃の時に，初期エフィラからメテフィラに至る多数の発育段階別の試料を得ており，近接の敦賀湾でも同年5月中旬の16～17℃の条件下で，同様な結果を得ることができた（Ⅶ.出現と分布の項参照）。

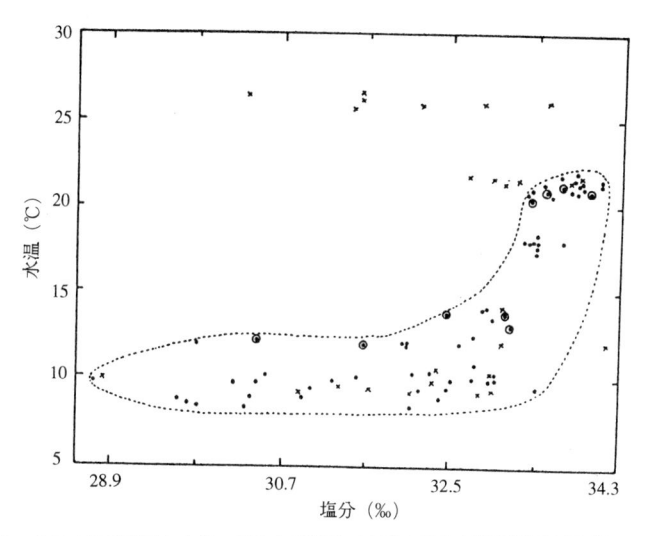

図72 エフィラの出現と水温，塩分との関係（点線内は主な出現範囲を示す）
（1m³当り採集個体数，×：0　●：10個体未満　◉：10個体以上）[129,130]

一方，室内の飼育実験では，浅虫地方[39]で5℃以上から飼育可能で10～20℃が最適温度とされている。著者の自然海水による飼育試験でも，エフィラⅠ期の飼育平均水温は17，7～23，5℃であった（表5と6）。なお下限については，3℃以下では摂餌せず，2℃以下では死亡するという[48]。これらの結果から，北ヨーロッパ沿岸では，エフィラの生息下限またはそれに近い水温値から出現が始まり，最高水温が20℃を超える期間がほとんどないこの地方では，出現盛期の水温範囲からみて4～14℃位が適水温と推察されるが，若狭湾沿岸では分布密度の高い時期の水温値と飼育適水温値がよく一致しているので，10～20℃前後が本種エフィラの生息に最適な温度条件となるとみてよい。

2）塩　　分：エフィラの出現と塩分の関係については図72に示した結果から，浦底湾では28.7～34.3‰の範囲に出現し，30.5～34‰で分布密度が高いことが判る。その後の調査でも，同湾における出現盛期の4月下旬には33.6～34.3‰の高塩分値

を観測しているし,飼育実験でも 32.2～33.2 ‰ の条件下でエフィラは何ら支障もなくメテフィラや若いクラゲに変態した[129, 130]。しかし,近接の敦賀湾では,すでに図 41 で示したように,通常海水の 1/2 に近い 18 ‰ から 32 ‰ に至る広い範囲の濃度のもとに出現し,特に河川水の影響を強く受けたと考えられる 18～31 ‰ までの奥部沿岸水域帯に発生初期のエフィラが多産した。

キール湾[109]でのエフィラの出現と塩分との関係について検討したところ,この湾で通常海水の 1/3 以下である 10 ‰ から 17.9 ‰,グルマーフィヨルド[26]においてもその下限はほぼ同様で,10.3～32.2 ‰(平均 22.9 ‰)の低塩分値であった。したがって,エフィラの塩分濃度に対する適応性は,プラヌラやポリプの場合と同程度に広く,沿岸,内湾の代表的な幼生プランクトンの一つとみなすことができよう。

図 73 は現在までに明らかにされたわが国各地における本種エフィラの出現と水温,塩分との関係をまとめたものである。これには古くからフィールド研究がなされてきた北ヨーロッパの代表的なキール湾[72, 73, 109]の結果も加えておいた。これから,前述したように,敦賀湾や浦底湾のエフィラは 8～22 ℃ の間に出現し,東京湾[112]もこの範囲に入るが,南方の鹿児島湾[68]での水温の下限は 14 ℃ 以上の高温になっていること,塩分の下限でも 32 ‰ 以上の高塩分で,その範囲も狭くなっているのが特徴である。これに対して,キール湾では,22 ℃ 以下の値では共通であるが,水温と塩分の下限は,わが国沿岸よりはるかに低温,低塩分の環境下で生息していることが十分理解できよう。

3) **透明度とプランクトン量**:水温,塩分以外の要因とエフィラの出現との関係についてはほとんど記載がないため,敦賀湾で得られた例を述べ,今後の参考としたい。

Ⅶ.出現と分布の項で示した図 40 から明らかなように,透明度では 10 m より低く,特に 5 m 以下の奥部で初期のエフィラが多数採集されたことは,湾

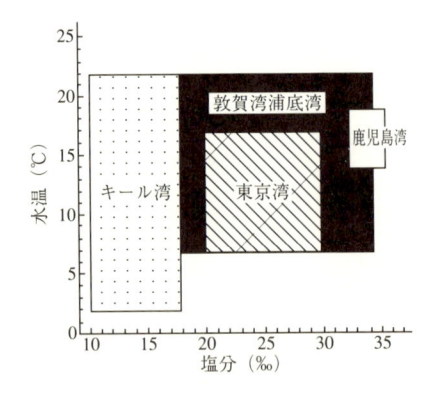

図73 各水域におけるエフィラの出現と水温,塩分との関係(安田原図)

外水との交流の度合いが低く,かつ河川水の流入によって有機懸濁物質に富む水域ほど付着後のプラヌラやポリプの生育に好条件となり,その結果エフィラも多量に出現したものと考えられる。

プランクトン量との関係では,マクロプランクトンを対象とした丸特ネットを使用したため判然としなかったが,沈殿量の多い水域にエフィラの高密度出現が一致

した場合もあり，鉛直的にも同様な事例があった（図54a と b）。エフィラが主に動物プランクトンを摂食していることを考えると（V.栄養と成長の項参照），餌料生物の量や密度がエフィラの生存や成長に大きな影響を与えることはいうまでもない。

なお，エフィラは餌生物に触れた場合に，顕著な捕食反応[30,31]を示し，強い興奮が体全体の持続的収縮を引き起こして，沈降する場合があるとされているので，鉛直分布を考察する場合には，個体毎の捕食状況を記録したうえで検討することが望ましい。

4) 水中照度：既に述べたように，エフィラの鉛直分布や昼夜，季節による移動状態から判断して，その規制要因が水中照度であることは明白であり，分布密度の高い分布層は，$10^3 \sim 10^4$ Lux 台であった。本種のエフィラの感覚器[30]は，すでに成体型クラゲのものとよく似ており，神経細胞や組織もまた成体型クラゲと大きな相違がないとされているから，前述の照度範囲で，縁弁の活動が最も活発になることを示している。

5) その他の環境要因：その他の要因として，気温や風浪（階級0～2）と鉛直分布との間には明瞭な関連性を見出せなかった。ただし1972年5月に浦底湾での採集結果では，夜間にエフィラが底層から7mの中層へ浮上，メテフィラも同じ層に多く出現する現象が見られたが（図53），この少し前が満潮時であったため，湾外水の流入による海水流動によって幼型クラゲの縁弁が刺激され，一時的に上昇移動がなされたのかもしれない[121]。なお，室内実験では，イギリスのマン島[85]で500～1,000ヘクトパスカルのもとでエフィラの運動を観察した例によると，圧力を増すと上方へ，圧力を減ずると下方への移動が確認されているので，フィールドにおいてもある深度まで沈降したエフィラは，水圧の増加に伴って，再び上昇移動を行う可能性も考えられよう。

§4. 成体型クラゲ

1) 水　　温：図74は，浦底湾での周年にわたる採集試料に基づいて，クラゲの分布密度と水温，塩分との関係を示したものである。これから水温では7～29℃の範囲に出現し，とくに20℃以上（6月以降に相当）から分布密度が高くなる場合が多い。浜名湖[60]の奥部では7月の20.8～26.2℃のもとで多数のクラゲが採集されているし，東京湾北東部[61]でも本種の群れが見られた6～7月の水温は，19.1～28.6℃の高温であった。

これに対して，キール湾では4～11月（4.3～16.3℃）に出現し，7～9月（14.5～16.3℃）が盛期とされている。出現温度はわが国より低いが，その盛期はこの地方の最高温期に相当している。

ところで，ミズクラゲの傘の運動（拍動）と温度との関係については，次の報告

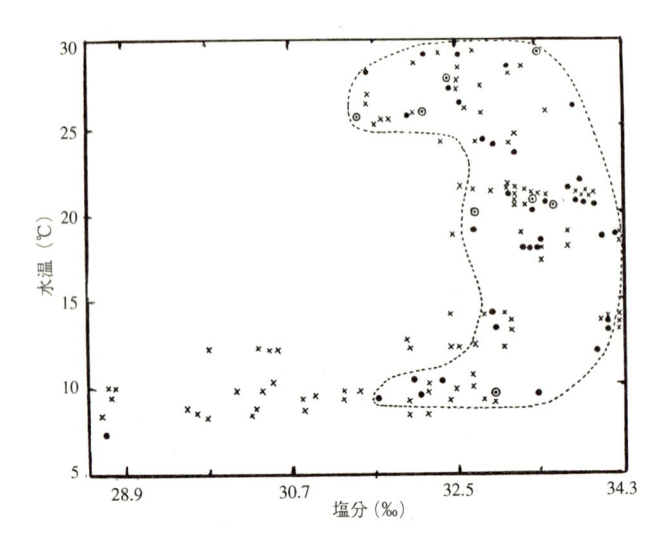

図74 ミズクラゲ成体型の出現と水温，塩分との関係（点線内は主な出現範囲を示す），
（1 m³ 当り個体数：×：0，●：3 個体未満 ◉：3 個体以上）[129, 130]

がある。カナダのハリファックス産[65, 66]のクラゲは，−1.4 以下と 29.4 ℃以上，北アメリカのフロリダ州トルッガス産[65, 66]のものでは 7.8 ℃以下と 36.4〜38.4 ℃で傘の運動が停止し，前者は 18〜23 ℃，後者は 20〜29 ℃で1分当たりの拍動数が増加すると報告されている。また，北ヨーロッパのバルト海産[107]ミズクラゲでは，−0.5 と 30 ℃以上で傘の運動は停止したという。著者は浦底湾および周辺水域[129, 130]で 5〜9 月に採集したクラゲの温度と拍動数との関係を傘径別に調べて図75 を得た。これから，0〜30 ℃未満の範囲では，いずれの個体も温度上昇に伴って拍動数も増加する場合が多く，20〜25 ℃でその数は最大に達した。30 ℃以上では例外なく減少しはじめ，35 ℃以上では急激な減少または運動の停止がみられ，35 ℃では 35 分，40 ℃では 10 分でいずれの個体も死亡することを確認した。下限については，0 ℃で瞬間的に拍動は停止したが，自然海水温度（17〜26 ℃）に戻すと，数分以内で再び正常な運動が開始されることを観察した。

　以上の知見と地理的分布が極めて広範囲にわたること等も考え合わせると，本種成体型クラゲの温度適応力は非常に広く，北アメリカ北部や北ヨーロッパでは氷点下から，北アメリカ南部では 35 ℃前後の高温にも耐えることが可能とみられる。また，浦底湾を中心とした周年の出現状況と傘の運動に関する実験結果から判断して，わが国のミズクラゲはより北方のハリファックスやバルト海産のものと，より南方のトルッガス産のものとのほぼ中間に位置し，20 ℃以上 30 ℃未満が最適水温範囲

とみてよいであろう。

なお鉛直分布に関して，30℃を超えた場合にクラゲの浮上個体が見られなかった現象（図60上段参照）は，この時の水温値では，明らかに傘の拍動数の低下がなされるので，クラゲの海面への上昇移動が妨げられたものとみられる。30℃以下の場合では，春期の昼夜移動や季節変化の状態（図59，下段参照）でも示されたとおり，5℃以内の変温層があっても，その移動にはほとんど影響しないとみられる。

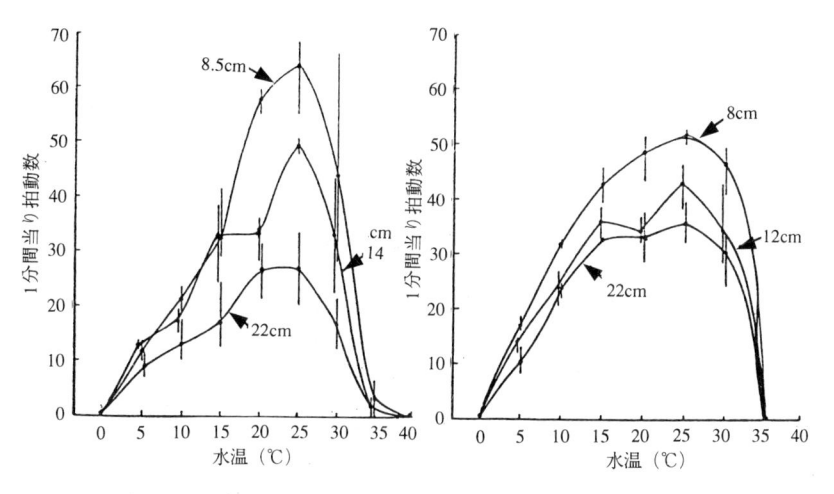

図75 浦底湾産ミズクラゲの水温と拍動数との関係（安田原図，左：1975年5月11日 右：1975年6月12日，図中の数字は傘径を示す）[130]

2）塩　分：塩分に関しては，図74に示したとおり，26.7～34.3‰の範囲に出現し，31.4～33.6‰の範囲に分布密度が高かった。また小浜湾[130]，浜名湖[60]及び東京湾北東部[61]の水平分布からは，その出現水域は32.5‰以下の低塩分水域にみられた。マリアガーフィヨルド[119]で通常海水の1/2以下である13.9～15.0‰の水域で，ごく普通にミズクラゲが生息することが知られ，キール湾[72,73,109]の資料を検討したところ，本種の出現期である4～10月の塩分は12.3～17.9‰であった。さらにバルト海産[107]のものは，前記よりもはるかに低い7.3‰からも記録されている。また南西フィンランド沿岸[92]では通常海水の，実に1/10以下であるわずか3‰位で生存可能とされており，筆者は1982年の夏，敦賀湾奥部に注ぐ井ノ口川の河口より約1.5km上流地点で，傘径3cmの若いクラゲが上流に向って活発にしかもなんら異常なく運動しているのを目撃したことがある。

次に上限に関しては，34.4‰の人工海水中[101]で飼育された例があり，最高は60‰[25]までも耐えうるとされているから，本種の塩分濃度に対する耐性も水温の場合

と同様に非常に強いことが明らかである。しかし，通常は前記の水平分布事例から推察されるように，沿岸の比較的低塩分の水域が，本種の主な生息場所とみなされる。ただ浦底湾においては塩分 31.4～33.6 ‰の範囲で分布密度が高く，特に 1968 年 8 月下旬の湾奥部に出現した濃密群の付近では，33.5 ‰の高塩分[129]が記録された。これは塩分量そのものが高いクラゲの分布密度に関与したというよりは，湾外の優勢な高塩分水が沿岸水域に接岸，侵入することにより，本来は沿岸海域を生活の場とし，しかも水平移動力が，1～3 cm/sec. にすぎないミズクラゲが，奥部に集積されるに至ったためと理解した方がよい[130]。

　鉛直分布に及ぼす塩分の影響については，1972 年の事例（図 60 下段）で示されたように，表層が 30.7 ‰以下の低塩分となった場合に，クラゲの海面への浮上は見られなかった。　同様な現象は浜名湖[60]でも観察されている。室内実験では，バルト海産[107]のミズクラゲを塩分 7.3 ‰から 5 ‰に低下させると，安定した体位を保つことができず，水槽の底に沈降して拍動数も減少することが知られており，筆者も浦底湾[130]で得た傘径 7～23 cm のクラゲを 33.6 ‰から 29.3 ‰の海水に入れて，その状態を観察し図 76 に示す結果を得た。これからクラゲは瞬間的に倒立状態となり，1 分当たりの拍動数は，むしろ正常海水中より 1.5～1.7 倍に増加し，それよりさらに低い塩分となった場合に拍動数は減少することを確認した。本種には比重調整能力[111]があり，生息環境と同一比重に達するのに 3～4 時間以上が必要とされているので，海面が 30.7 ‰以下の低塩分水で覆われた場合には，中・底層に分布するクラゲは，短時間では海面へ浮上できないことになり，たとえ一時的に浮上したとして

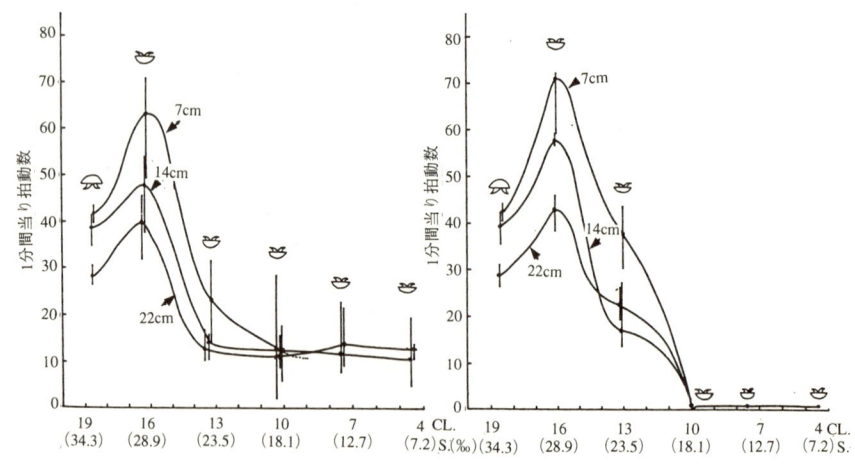

図 76　塩分濃度の違いによる浦底湾産ミズクラゲの拍動数の変化（左：投入直後，1975 年 5 月 8 日　左：投入 15 分後，1975 年 5 月 8 日，図中の数字は傘径を示す）[130]

も傘の方向が逆転し,拍動数も増加するから,再びもとの分布層への沈降または下降を余儀なくされることになろう。なお,逆に塩分を増加させると傘の拍動数は増加して,底への移動はできなくなり,傘も厚さを増して上方へ曲がるようになるという[107]。

図77はわが国各沿岸と北ヨーロッパを代表するキール湾[72, 73, 109]における本種成体型の出現と水温,塩分との関係をまとめたものである。これによると,敦賀,浦底湾では,前述したように,水温7～29℃,塩分18～35‰に出現し,東京湾[81, 82, 112]もこの範囲に入るが,瀬戸内海[96],鹿児島湾[68]と南下に伴い,水温,塩分の上,下限は次第に高温,高塩分となり,その範囲も狭くなっていく傾向が明らかである。これに対して,キール湾では,わが国沿岸と大きく異なり,水温22℃以下の低温,塩分では18‰以下の低塩分水に生息し,その範囲もわが国よりはるかに狭いのが特徴である。つまりミズクラゲの成体型は,その水域毎の環境によく適応して生活し,その適応範囲が広いため,ほぼ全世界の沿岸に分布する代表種[73]となったのであろう。なお前述のとおり,筆者は1982年の夏,敦賀湾の河口から約1.5 kmの上流で泳ぐ小型クラゲを見たが,その後2001年7月下旬に,同じ地点の橋の下で,傘径20 cm前後の越冬したと思われる大型群が,5～6 m位の楕円型パッチを2～3個形成して川底に分布しているのを発見し,驚いたことを記憶している。これからも,本種が水温の他,塩分に対しても広い範囲に耐えうる強い適応能力をもった大型浮遊動物(メガロプランクトン)[75, 130]であることを物語っているといえよう。

3) 水　流:浦底湾で発見された群れ付近の流向は,図78に示したとおり不規則であり,かつ流速は弱く11 cm/sec.以下の渦流形成水域であったことや,小浜湾(後述)[130]や東京湾北東部[61]で見られたように,定常的な還流の縁辺部および沖合系水と沿岸水との接合する潮境等に濃密分布することが明らかであり,海水流動が群れの形成や移動にも大いに関与していることは容易に理解できよう。しかし,上記のようなことが原因となって群れが形成されるのか,あるいは逆に何らかの生物的要因[112]によって群れが形成され,上記の結果が現れたのかとい

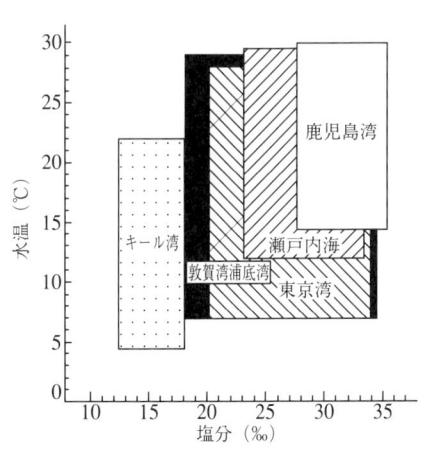

図77　各水域における成体型クラゲの出現と水温,塩分との関係(安田原図)

う問題については，今後の継続的な調査研究に待つところが多い。

なお，水流が鉛直分布に及ぼす影響について，ビゼンクラゲとヤナギクラゲの一種が，高潮，低潮の間で，海水が最も激しく動く時刻に表層へ浮上することがデンヘルダー沿岸[121]で知られている。しかし，干満差が小さく潮汐流の弱い日本海側の浦底湾と周辺水域では，そのような結果は得られなかった。

4) **水中照度**：既に前項（Ⅶ.出現と分布）で詳しく述べたように，成体型クラゲの昼夜移動やその季節変化に最も関連の深かった要因は，いずれの場合も水中照度であった[129, 130]。したがって，水中照度がクラゲの移動や浮上，沈降に影響するメカニズムについて考察してみたい。

フィールドの観察では，北アメリカのフロリダ沿岸[1]で，早朝海面に多数分布していたクラゲが，日中になると岩陰や波止場の日陰に集まることが記録されており，キューバのハバナ港やイギリスのプリマス沿岸[6]では，夕暮れ前後に海面に浮上してくるクラゲの様子が報告されている。またカナダのサンニッチ湾[23]では，太陽方向への能動的な水平移動も知られている。筆者はプランクトンネットを用いた深度別の採集により，天候別に本種の鉛直分布型[129]を検討して，小雨や曇天下ではクラゲが表・中層に多くなる事例を述べた。具体的な照度値との関係では，和歌山県の浦神湾[45]で，約 10^3 Lux で本種がよく集合することが観察されており，著者は浦底湾沿岸に設置した 5 m^3 水槽中に収容したクラゲが，$2～2.6×10^3$ Lux の照度下で 1～3 cm／sec. の速度で集まることを確認している[130]。最近（2002 年），敦賀湾産のミズクラゲ（傘径 8～25 cm）を用いて照度と光の色に関する実験[105]が行われたのでその概要を述べる。パンライト水槽（1.5 トン）中にクラゲを遊泳させて，その上方に光源を置き，異なる照度（10^2, 10^3, $3×10^3$ Lux）と赤，黄，青の光をそれぞれ照射してクラゲの拍動数が調べられた。その結果 10^2 と 10^3 Lux の光を照射した個体の拍動数は，照射しない個体に比べて拍動数が多く，$3×10^3$ Lux の場合には差がないと結論された（図 79）。異なった色の光（照度 10^3 Lux）

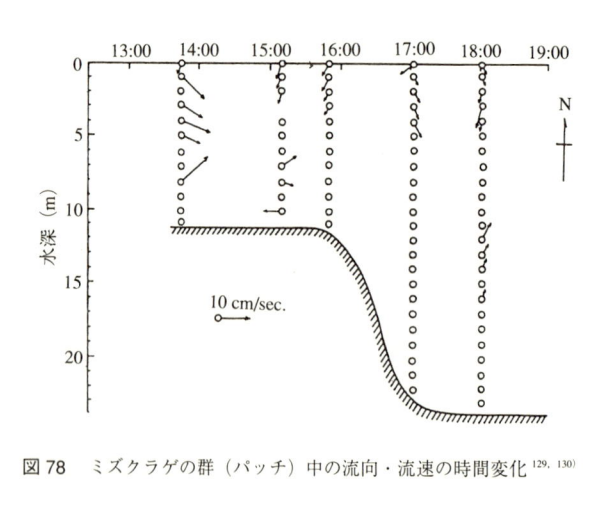

図 78 ミズクラゲの群（パッチ）中の流向・流速の時間変化[129, 130]

では，有意の差は認められなかったものの，見かけ上は赤，黄，青の順となった（図80）。

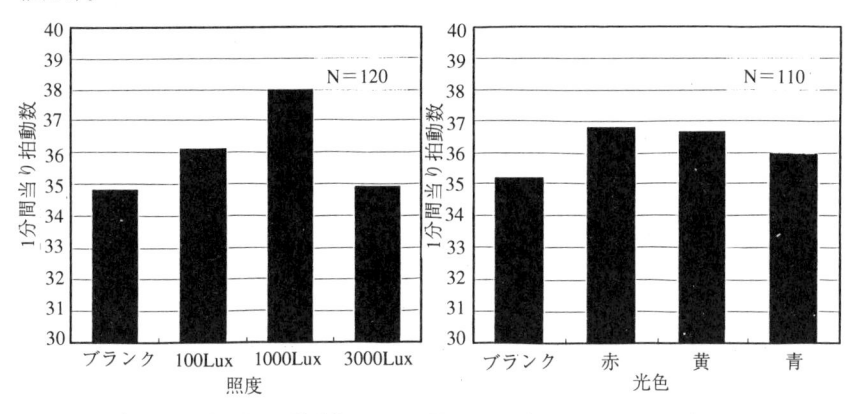

図79 ミズクラゲの光の強さと拍動数の関係（1分当りの拍動数は120個体のデータから算出した平均値）[105]

図80 ミズクラゲの光の色と拍動数の関係（1分当りの拍動数は110個体のデータから算出した平均値，照度は1,000 Luxで統一）[105]

　一方，本種の傘の運動と光に関する生理実験では，具体的な数値こそ示されていないが次のような報告がある。一つは陰影反応[36]で，ミズクラゲの感覚器に一定時間光を照射後，急に光を遮断するか交互に明暗刺激を与えると図81に示したように，顕著な傘の収縮運動が起こる。感覚器は明刺激に対しては抑制的に，暗刺激に対しては興奮的に働くことが示唆されている。同様な反応は，ヒドロ虫類のカミクラゲ *Spirocodon saltatrix* [44]，キタカミクラゲ *Polyorchis karafutoensis* [106] でも知られている（図82）。その他の実験では，これとは逆に1分当たりの傘の拍動数が，暗黒状態より光の存在によって1.1〜2.0倍に増加し，さらに照度を増すと遊泳の方向には影響しないが，均衡のとれた傘の収縮運動を促進する効果[32]があるという。前者の実験は，照度の急激な変化と傘の運動との関係を示しており，後者ではある範囲内において，照度をあげるかある範囲内の照度値がミズクラゲの傘の拍動を促進させるものと判断される。これらの実験結果を含めて，フィールドにおいて確認されたクラゲの分布と水中照度との関係を，次のように説明することができよう。つまり，クラゲの主な分布層は，いずれの場合もおよそ10^3〜10^4 Luxの等照度帯（範囲）内にあり，特に10^3 Lux台を境にして，その分布が規制されていることが明らかである。この値は光と拍動に関する最近の実験で，最大となった照度値とよく一致しており，このやや低い照度の下で本種の傘の拍動は促進され，クラゲは次第に海面近くへ浮上するに至ったものと考えられる。しかし，10^2 Lux以下の照度では，本種

の感覚器に対して 10^3 Lux ほどの光刺激とはなり難いのであろう。日没以後の底層への沈降状態は，この推察を裏付けるものといえよう。また 10^4 Lux 以上の高照度は，クラゲの傘の運動を抑制または阻害すると考えられ，春，夏期の日中における中，底層への分布状態は，この考えの妥当性を示している（図58，59，60参照）。

その他，著者の観察結果では，例外なく日没が近づいてくるとクラゲの表層への上昇移動が顕著となり，季節的変化でも照度が次第に低下していく季節に浮上個体が多くなったことは，ある範囲内の照度値そのものよりは，照度が減少していく変化の過程がより有効な光刺激となることを示している[75, 130, 138]。今後は，前記の照度変化の減少率や減少速度等の影響をより詳しく追及するとともに，最近，実施さ

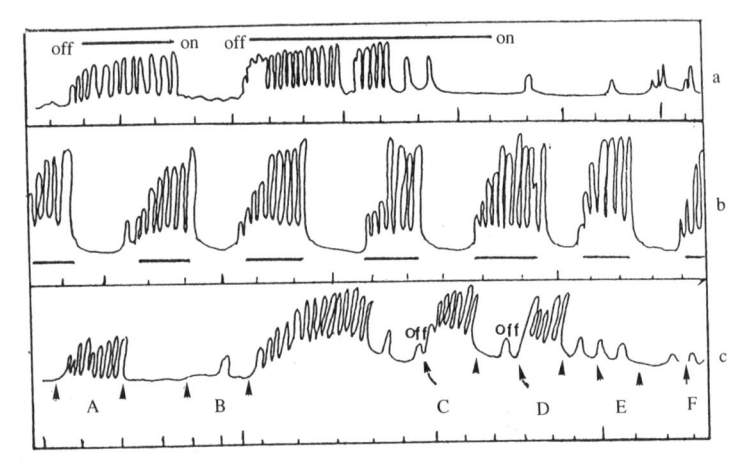

図81　光刺激によるミズクラゲ感覚器の陰影反応[36]
A：明順応させた感覚体に off 刺激を与えると収縮頻度が増す
B：15秒間隔で明暗刺激を反復した場合の周期的運動曲線
C：Bで硝酸ストリキニン（0.1％）を作用させるとCとDの off 刺激に再び反応する

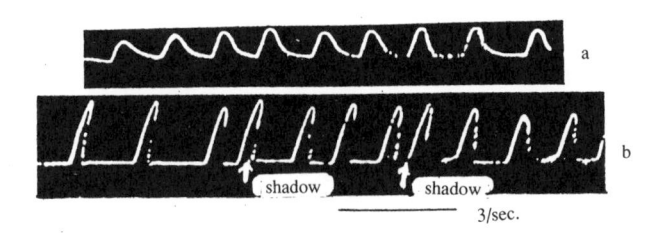

図82　キタカミクラゲ *Polyorchis karafutoensis* 眼点の陰影反応[106]
a：一定照射のもとに鐘筋が正常に拍動している
b：陰影刺激によってエクストラシストール様の収縮を生じる

れた光の色別実験[105]から示唆されるように，本種の傘の拍動を抑制，促進させる波長の詳細についても検討していく必要があろう。

5）**水中音響**：本種を含めて，クラゲ類の傘の拍動数と音響との関係を調べた報告はほとんどなく，僅かビゼンクラゲの一種 *Rhizostoma* sp.[87] が，船のエンジンやスクリュー音で，海面へ浮上したり，時に数フィートも下層へ沈降したというごく簡単な記載が残されているにすぎない。そこで前記した敦賀湾産のミズクラゲを用い，光実験に用いたのと同じ水槽の底中央部に水中スピーカー（ウェタックス製）を設置して次のような実験[105]を行った。

波形の種類

方形波*	三角波**	正弦波***

* 方形波：矩形（長方形）が並んだ波形をしている。この長方形（凸）部分とそうでない（凹）部分の比率を変える（変調）ことによりさまざまな特性の音を鳴らすことができ，凸部と凹部の比率が極端なときをパルス波ということもある。
** 三角波：波形が三角の形状をした波であり，音は正弦波と違い倍音（高周波成分）を含んでいるので若干正弦波よりも硬めの音となる。方形波と正弦波の中間の音に聞こえる。
*** 正弦波：三角関数の一つである，正弦関数により表される波動。音としては純粋かつ単調で，楽器ではフルートの音が最も近いといわれている。

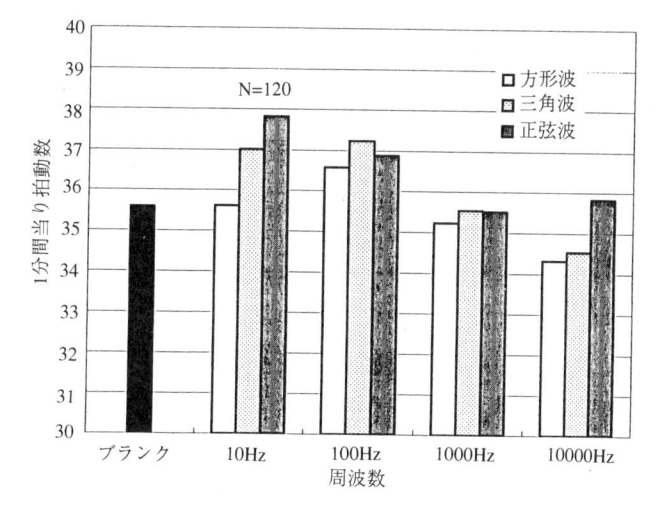

図83　ミズクラゲの音と拍動数の関係（水槽実験）
（1分当りの拍動数は120個体のデータから算出した平均値）[105]

用いた波長は方形，三角，正弦波の3種で周波数（10, 10^2, 10^3, 10^4）を変えた音を発信して，クラゲの拍動に及ぼす影響を調べた（図83上段）。

その結果，方形波 10^2 Hz，三角波 10, 10^2 Hz，正弦波 10, 10^2 Hz の音を与えたクラゲの拍動数は，与えないクラゲの拍動数に対して有意の差があり，多いと結論され，方形波 10^4 Hz を与えた場合には，与えなかったクラゲの拍動数より少ないといえることが判った（図83下段）。これから，$10 \sim 10^2$ Hz の低音は，ミズクラゲの拍動数を増加，促進させるが，10^4 Hz の音は，逆に拍動数を抑制する効果があることがこの実験を通じて初めて明らかにされた。今後，フィールドにおける応用試験の結果が，大いに期待される極めて貴重な実験事例といえよう。

6）電気刺激：魚類の増養殖を推進する一手段として，最近電気刺激による群れの制御方法[64]が開発さているが，クラゲ類を対象とした実験例がないので，ここに最近実施した結果[135]の概要を述べる。実験に用いた電気刺激発生は，DCパルス発生制御装置（K電気とU電気共同開発）で，最大出力は，3,600 V，出力パルス数 2～10（回／sec.）の切替え式。電極は＋－極ともに棒状チタン合金が用いられた。相模湾産のミズクラゲ

表16 設定電圧，パルス数，通電時間および実験時のミズクラゲと電極との位置関係[135]

パルス数 (回／秒)	電圧 (V)	通電時間 (秒)	実験開始時の 電極との位置*
全ケース 4回／秒	50	10	○
		10	○
		10	●
		300	○～●
	100	10	○
		10	●
		10	●
		300	○～●
	200	10	●
		300	
	400	10	●
		10	○～●
	600	10	○
		10	●
	800	10	○
		10	●
	1000	10	○
		10	●
		10	●

*○：電極からおよそ 10 cm 以内（電極から近い位置）
●：電極からおよそ 25～30 cm（電極から遠い位置）

表17 ミズクラゲの反応の類型[135]

名称	反応の様子
無反応	刺激に対して行動に変化がみられないまたは明瞭でない状態（平常時に比べ拍動回数にほとんど変化がない）
感知	刺激に対して行動に明瞭な変化のみられる状態（拍動回数は増加し水槽内を遊泳）
半硬直	丸く縮まるが傘の辺縁部のみが動いている状態（拍動回数は増加する）
硬直	丸く縮まり全く動かない状態（拍動はなくなる）

表18 設定電圧値と反応の状況 [135]

名称	設定電圧値						
	50V	100V	200V	400V	600V	800V	1,000V
無反応	○ 33%	○ 20%	○ 33%	—	—	—	—
感知	○ 33%	○ 20%	—	—	—	—	—
半硬直	○ 33%	○ 60%	○ 66%	○ 66%	○ 50%	○ 50%	—
硬直	—	—	—	○ 33%	○ 50%	○ 50%	○ 100%

○印は各実験区で観察された反応を示す
○印下の%表示は各反応の発現割合を示す

(傘径 4～5 cm)を,小型アクリル水槽(50×50×30 cm)に,1個体ずつ収容して通電によりその反応を調べた(この時の水質条件は,水温19.5～21.4 ℃,塩分 34～35 ‰ で,pH 8～8.2 であった)。パルス数と電圧等の条件は,表16の通りで4回/sec.,電圧は50～1,000 V とした。その結果,400 V 以下の低い電圧では,通電から18分後に拍動数は1.3～1.7倍に増加した。しかし,400 V と1,000 V では,通電後に拍動は停止して沈降した。通電個体は死亡することなく,全て24に回復することを確認した。

通電した場合のクラゲの反応の様子(型)を表17に,異なる電圧を通電した場合の型の出現状況を表18にまとめた。これから電圧が上昇すると弱い反応の出現率は低くなるか皆無となり,逆に硬直反応の率は高くなった。つまり 400 V 以上の電圧では,傘が収縮して硬直状態となり,拍動が停止して沈降した(図84)。これを応用して,ミズクラゲを任意の水深層または海底へ沈降,集合させることにより,クラゲ流入防除の取水方式の改善対策 [135] に利用できるのではないかと考えられている。

7) その他の環境要因:浜名湖 [60] では,クラゲの出現した7月下旬の溶存酸素は,0.4～7.3 ml /l で,0.9～3.0 ml /l に多かったとされ,東京湾北東部 [61] の場合,7月上,下旬に発見された群れの付近では 3.75～10.87 ml /l であった。同水域で,他の要因としてCOD(化学的酸素要求量)は 2.90～10.14 ml /l,珪酸態珪素 0.04～0.82 mg /l の結果が報告されているが,これらの各要因は,いずれもクラゲの水平分布を規制する主要因にはならなかったと推察されている。これに対して,鹿児島湾沿岸 [68] では,比重が 1.0210～1.0265,pH 8.1～8.5,溶存酸素 5～11 mg /l (70～130 %),クロロフィル a,0～8 μg/l,透明度 2.5～9.0 m でクラゲが出現するが,特に pH 8.8 以上になると出現しなくなるという。

その他,イギリスのスウォンジー沿岸に設置されたドック内 [76] では,油で汚染されて,油球が浮上した状態になった港内水域においても,ミズクラゲは何ら異常なく生息していたと述べられているが,筆者も敦賀や小浜港の重油による皮膜形成水

域内で，傘のサイズに関係なく同様な状況をしばしば観察している。

一方，気象条件のうちで，海面が波立ってくるとクラゲは沈降し，穏やかになると浮上する[1]ことがあるとされ，他の鉢クラゲ類では，ビゼンクラゲの一種 *Rhizostoma* sp.[87] ユウレイクラゲの一種 *Cyanea arctica*[11]，およびタコクラゲ *Mastigias papua*[115] 等でも知られているが，著者が観察した風浪階級 0〜2 の範囲内では，クラゲの鉛直分布や移動にとくに影響を及ぼしていると判断される資料は得られなかった[129, 130]。

IX. 他の動物との関係

ミズクラゲと他の動物との関係（とくに食害動物）についての知見はあまりない。主な既往の報告をここに整理しておきたい。

§1. ポリプ

本種のポリプを捕食する動物としては，図 85 に裸鰓目のミノウミウシの一種で，*Coryphella verrucosa* について詳細な報告[27, 28]がある。それによれば，グルマーフィヨルド沿岸で，本種は 9 月下旬以後に多数出現し，1 尾の *C. verrucosa* は，1 日 200 個体以上のポリプを食害すると推定されている。この捕食状態を室内実験でさらに詳しく観察した結果を図 86 に示した。実験は，陶製の

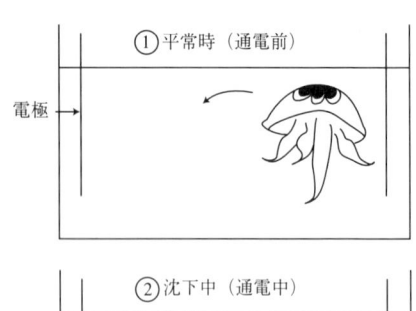

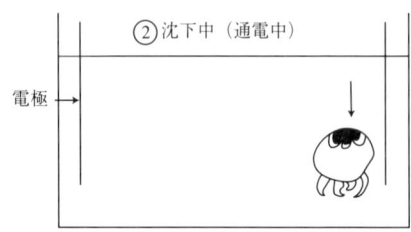

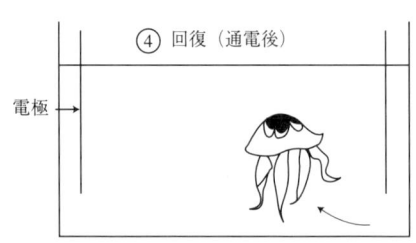

①：平時のミズクラゲは傘を拍動させ水槽内を自由に遊泳する．②，③：通電中は傘を硬直させ静止したままゆっくりと沈下する．④：通電終了は直ちに傘の拍動を再開し時間の経過とともに遊泳を始める．

図 84 硬直時のミズクラゲの沈下から回復までの様子[135]

試験板（15×15 cm）の上に，2,199 個体のポリプを付着させたものに 12 mm サイズの2尾（I区）と 1,515 個体のポリプが付着したものに 10〜12 mm サイズの2尾の C. verrucosa をそれぞれ収容した（II区）の2つの実験区で行われた。その結果，図 86 に示したように，I区では急激なポリプ数の減少が起こり，48 時間以内にその 75 %が捕食され，5日後にかけてさらに減少が続き，12 日後には，僅か1個体のポリプが見られたにすぎなかった。II区では，試験開始後に1尾の C. verrucosa が死亡してしまったが，やはり明瞭なポリプ数の減少が見られ，11 日以後には試験板上のポリプは確認できなかったという。この沿岸におけるミズクラゲのエフィラが 12 月以後にほとんど出現しないのは，本種の食害によるものと考えられている。なお，他の裸鰓類では，チェサピーク湾に生息する6〜18 mm サイズの C. pilata [5] が，ヤナギクラゲの一種のポリプを3日で 500 個体以上も捕食したという報告もある。

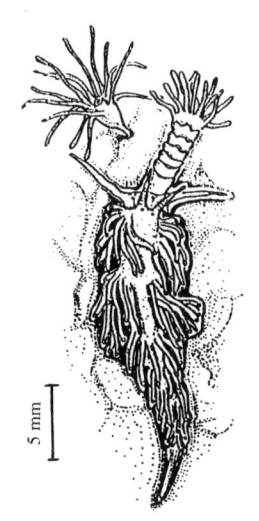

図 85 ミズクラゲのポリプ，横分体を捕食するミノウミウシの一種 Coryphella verrucosa [27]

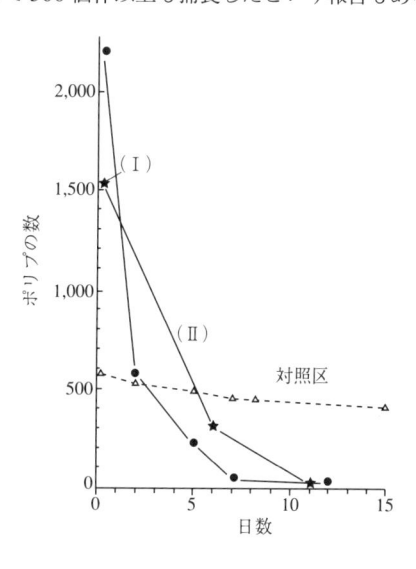

図 86 ミノウミウシの一種 Coryphella verrucosa によるポリプの捕食実験例 [27]

§2. 幼型クラゲ

幼型クラゲを餌料とする動物についての報告は皆無であるが，著者は春から初夏にかけて，浦底湾でマアジ Trachurus japonicus の幼魚 [130] が，初期のエフィラを活発に捕食しているのを数回目撃したことがある。一般沿岸魚類の胃内容物中に幼型クラゲの記録がないのは，たとえ捕食されても，他の動物プランクトンより体形が薄くてくずれやすく，消化も速くすすむためと思われる。

§3. 成体型クラゲ

ミズクラゲの成体型の外敵，寄生動物として知られているものの一つに図87に示した端脚類のクラゲノミ *Hyperia galba*（体長 2～3 mm）[35]があり，本種のほかにオキクラゲ属 *Peragia* やビゼンクラゲ属 *Rhizostoma* のクラゲの傘縁や下傘部にも寄生することが知られている[35, 73, 87]。イギリスのテームズ川河口水域[62]では，プラヌラを放出した母体にクラゲノミが多く寄生するとされているが，著者もとくに傘径 20 cm 以上の大型クラゲで放卵，放精後と思われる活力の弱い個体の胃腔内や下傘に，しばしばクラゲノミが寄生しているのを確認している[130]。またキール湾[73]でも同様な現象が知られ，この動物がクラゲの中膠に入って，結合組織や生殖腺を食害し，多い時には1個体当たり 643 尾も寄生して死亡原因の一つになると考えられている。

他の甲殻類では，甲長 10～25 mm のクモガニ科の一種 *Libinia dubia*[38] が傘の上下や時に中膠にも寄生することが知られている。その他，甲長 13～56 mm のウチワエビのフィロゾーマ幼生[95]が傘径 5.3～13.5 cm のクラゲの上傘に付随することが記録されており，本種がこの幼生の移動，分散を補助する役割を果している他，時に口腕の一部を捕食すると推察されている。

ミズクラゲを捕食する魚類には，マンボウ *Mola mola*[77] があり，千葉県の沖合で捕獲された全長 2 m の数尾の消化管から確認された内容物の大部分は，このクラゲであったと報告されている。またマサバ *Scomber japonicus* がミズクラゲの群れに集ることもよく観察されるところであるが，胃内容物調査でも主な餌動物の一つとみなされているし[130]，北ヨーロッパの沖合海域で

表19　ミズクラゲに随伴する3種の稚仔魚の出現状況例[93]

傘径 (cm)	イボダイ (尾)	ムロアジ属** (尾)	アミメハギ (尾)
15	1	0	0
17	1	0	0
18	0	1	0
19	0	1	0
19	0	0	2
19	0	2	0
19	0	0	1
20	0	2	0
21	2	0	0
21	0	2	0
21	0	2	0
22	1	0	0
22	1	0	0
25	1	5	7
25	0	3	0
25	0	9	0
25×19*	0	5	0
26	1	0	0
27	0	1	0
28	0	2	0
29	2	0	0

*破損個体　**マルアジと考えられる

は，タラ科の一種 *Gadus melangus* [87] の1～2歳魚もマサバと同様に本種の群れの下に多数出現して，クラゲを捕食すると推察されている。福井県下では古くからカワハギ *Stephanolepis cirrhifer* 用の篭網にミズクラゲを餌として利用しており，著者は敦賀湾奥部で春から初秋にかけて，クロダイ *Acanthopagrus schlegeli* の未成魚[130] が，10 cm 前後の中型クラゲを襲っているのを数回にわたって目撃したことがある。なお本種には，イボダイ *Psenopsis anomala*, マルアジ *Decapterus maruadsi*, アミメハギ *Rudarius ercodes* 等の稚魚や幼魚[93, 94] が付随していることがあり，山口県沿岸水域でタモ網によって得られたミズクラゲとともに出現した種類と個体数の記録は，図88と表19に示したとおりである。これらの稚魚の胃内容物から，イボダイのみは，単にクラゲを庇護物として利用するだけでなく，餌としても利用するものと考えられている。その他，筆者は，1997年2月に小浜湾口に漂着したアカウミガメ *Caretta caretta* の幼体（甲長12 cm）を保護した際，魚類の他にミズクラゲが餌として十分利用できることを確認した。

以上のように，ミズクラゲの成体型は，各種の無脊椎動

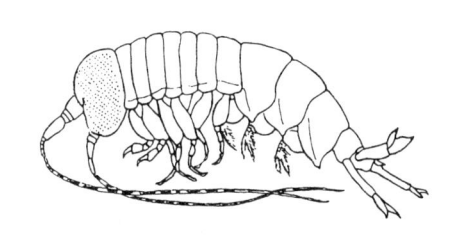

図87　クラゲノミ *Hyperia galba* [35]

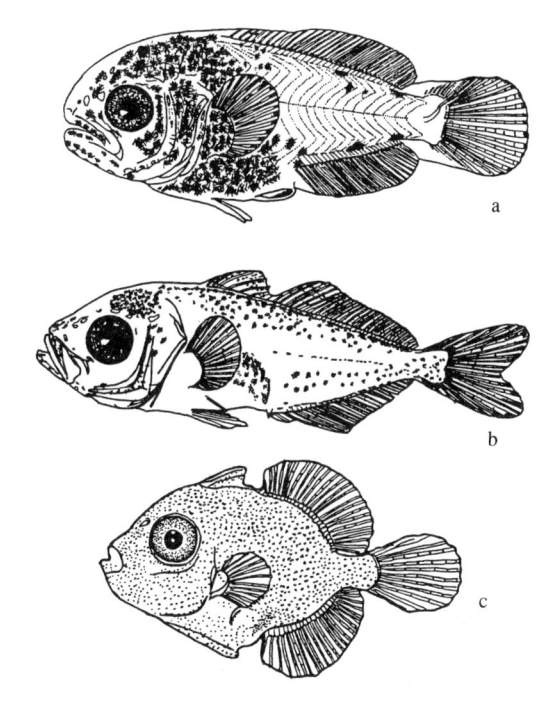

図88　ミズクラゲに随伴する稚魚3種 [67, 93, 94]
a：イボダイ，全長 9.6 mm　b：マルアジ，全長 16.2 mm
c：アミメハギ，全長 9.5 mm

物や魚類，時にウミガメ類と深い関係があり [68, 132]，直接餌料とされたり，また生活初期の庇護物となったりする等の役割を果している。

文　献（ミズクラゲ関係）

1) Agassiz, L. (1862) : Contribution to the natural history of the United States of America. vol. 4, pp. 1 - 180, Boston, U.S.A.
2) Bamstedt, U. (1990) : *Jour.Pl. Res.*, 12 (1), 215～229.
3) Berril, N, J. (1949) : *Biol. Rev.*, 24, 393～410.
4) Bigelow, H. B. (1926) : *Bull. Bur. Fish.*, 40 (2), 1～509.
5) Blair, E. T. (1970) : *Maryland Conservationist*, 43 (1), 16～22.
6) Brown, E. T. (1901) : *Biometrika*, 1, 90～108.
7) Cargo, D. G. and L. P. Schltz (1966) : *Ches. Sci.*, 7 (2), 95～100.
8) Cargo, D. G. and L. P. Schltz (1967) : *ibid.*, 8 (4), 209～220.
9) Claus, C. (1883) : Untersuchungen über die Organisation und Entwicklung der Medusen. Prague und Leipzig, pp.1～96.
10) Claus, C. (1891) : *Arb. Zool. Inst. Univ. Wien*, 9, 85～128.
11) Chas, W. and G. T. Hargitt (1910) : *Jour. Morph.*, 21 (2), 217～263.
12) Custance, D. R. N. (1964) : *Nature*, 204, 1219～1220.
13) Custance, D. R. N. (1966) : *Experientia*, 22, 588～589.
14) Custance, D. R. N. (1967) : *Jour. Biol. Educ.*, 1, 78～81.
15) Delap, M. J. (1905) : Notes on the rearing in an aquarium of *Cyanea lamarcki* Pelon and Lesueur. *Rep. Sea Inland Fish. Ire* (1902-3), ptII. Sci. Invest., pp. 20～22.
16) Fish, C. J. (1926) : *Bull. Bur. Fish. Washington*, 41, 91～179.
17) Franzen, A. (1967) : *Ark. Zool.*, 19 (17), 335～342.
18) Fraser, J. H. (1969) : *Jour. Fish. Res. Bd. Canada*, 26, 1743～1762.
19) 福井県水試 (1968) : 福井水試報告, 22, 1～41 (タイプ印).
20) Gilchrist, F. G. (1937) : *Biol. Bull.*, 72 (1), 99～124.
21) Halish, W. (1933) : *Zool. Anz.*, 104, 296～304.
22) Hamner, W. M. and R. M. Jenssen (1974) : *Annot. Zool. Jap.*, 14, 833～840.
23) Hamner, W. M. and R. M. Jenssen et al. (1994) : *Mar. Biol.*, 119, 833～849.
24) 橋本和明 (1991) : 東京湾産ミズクラゲ *Aurelia aurita* (L.) の生態. 修士論文, pp.1～15, 東京水産大学.
25) Hedgpeth, J. W. (1954) : *Fish. Bull. U.S.A.*, 55, 277～278.
26) Hernroth, L. and F. Grondahl (1983) : *Ophelia*, 22 (29), 189～199.
27) Hernroth, L. and F. Grondahl (1985a) : *Bull.Mar.Sci.*, 24 (1), 37～45.
28) Hernroth, L. and F. Grondahl (1985b) : *ibid.*, 37 (2), 567～576.
29) Hirai, E. (1958) : *Bull. Mar. St. Asamushi*, 9 (2), 81.
30) Horridge, G. A. (1956a) : *Jour. Exp. Biol.*, 33, 366～383.
31) Horridge, G. A. (1956b) : *Q. Jour. Micro. Sci.*, 97, 59～74.
32) Horridge, G. A. (1959) : *Jour. Exp. Biol.*, 36, 72～91.

33) Horrowday, E. D.（1951）：*The Microscope*, 8, 193〜198.
34) 稲垣　正，豊川雅哉（1991）：水産海洋研究, 55（1）, 25〜34.
35) 入沢春彦（1965）：新日本動物図鑑（中）. pp. 574〜577, 北隆館, 東京.
36) 入沢　宏・他（1956）：科学, 26（6）, pp. 312〜313.
37) 石井春人（2000）：ミズクラゲの摂食生態.餌を巡る魚類との競合.海洋沿岸域の境変動とクラゲ類の大量発生に関する研究集会要旨. p.17.
38) Jachowski, R.（1963）：*Res. Inst. Maryland Univ., Ches. Biol. Lab.*, 248, 195.
39) 柿沼好子（1961）：青森県生物学会誌, 4（1・2）, 10〜17.
40) Kakinuma, Y.（1962）：*Bull. Mar. Biol. St. Asamushi*, 11(2), 81〜85.
41) 関電技研（1968a）：クラゲ防除に関する調査研究（第一報）.くらげ来襲と気象要因について. pp.1〜14（タイプ印）.
42) 関電技研（1968b）：火力発電所におけるくらげ来襲とその対策について. pp.1〜2（同印）.
43) 関電技研（1969）：クラゲ防除に関する調査研究（第四報）. pp.1〜50（同印）.
44) 菊地健三（1947）：動雑, 57（9）, 144〜146.
45) 近大農学部（1970）：クラゲの生態と防除に関する研究. 中間報告. pp.1〜28（タイプ印）.
46) 近大農学部（1972）：同. 1〜86（同印）.
47) 岸上鎌吉（1922）：動雑, 34（401）, 343〜346.
48) 小久保清治（1962）：海洋生物学. pp. 252〜261, 恒星社厚生閣, 東京.
49) 駒井　卓（1931）：腔腸類. pp.1〜102, 岩波書店, 東京.
50) Kon, T. and Y. Honma（1972）：*Bull. Jap. Soc. Sci. Fish.*, 38（6）, 545〜552.
51) 洪　恵声・他（1978）：海蛩. pp.1〜70, 科学出版社, 北京.
52) Kramp, P. L.（1939）：*Zool. Iceland*, 2（5）, 1〜37.
53) Kramp, P. L.（1961）：*Jour. Mar. Biol. Assoc. U. K.*, 40, 1〜469.
54) 久保田　信（1997）：ヒドロ虫綱. 無脊椎動物. 日本動物大百科, 7, pp. 26〜28, 平凡社, 東京.
55) 久保田　信（2001）：京大瀬戸実験所年報, 14, 32〜33
56) 熊本県八代事務所（1986）：ミズクラゲの被害対策調査. pp.1〜10.
57) 久米又三・団　勝磨（1957）：無脊椎動物発生学. pp. 59〜80, 培風館, 東京.
58) 黒田一紀（2001）：日本海におけるクラゲ類の大量出現について. 第55回日本海洋調査技術連絡会（平成12年12月5日）議事録集. pp.60〜70（タイプ印）.
59) 黒田一紀・他（2000）：水産海洋研究, 64（4）, 311〜315.
60) Kuwabara, R.（1969a）：*Bull. Mar. Biol. St. Asamushi*, 13（3・4）, 193〜199.
61) 桑原　連・他（1969b）：日水会誌, 35（2）, 156〜162.
62) Lambert, F. J.（1936）：*Trav. Stnzool. Wimereux*, 12（3）, 281〜307.
63) Lebour, M. V.（1923）：*Jour. Mar. Biol. Assoc. U. K.*, 13（1）, 70〜92.
64) マリノフォーラム21（1996）：10年の歩み. pp. 106〜11, マリノフォーラム21.
65) Mayer, A. G.（1900）：*Bull. Mus. Comp. Zool. Harvard College*, 37(2), 13〜82.
66) Mayer, A. G.（1914）：*Pap. Tortugas Lab. Carnegie Inst.Washington*, 183（6）, 1〜24.
67) 水戸　敏（1966）：魚卵, 稚魚. 日本プランクトン図鑑, 7. pp.1〜60, 蒼洋社, 東京.
68) 三宅裕志（1998）：ミズクラゲの生物学的研究. 博士論文, pp.1〜421, 東京大学.
69) 三宅裕志（1999）：付着生物研究会誌, 16（1）, 5〜16.
70) Miyake, H. et.al.（2002）：*Plankton Biol. Ecol.*, 49（1）, 44〜46.
71) Möbius, K.（1880）：*Zool. Anz.*, (Ⅲ Jahrg.), 67〜68.

72) Möller, H. (1980) : *Meeresforsch.*, 28, 61〜68.
73) Möller, H. (1984) : Daten zur Biologie der Quallen und Jungefish in der Kieler Bucht. pp. 1〜182, Kiel Univ., press, Germany.
74) 森下正明 (1979) : 森下正明生態学論集. pp.1〜589, 思索社, 東京.
75) 元田　茂 (1972) : 日海会誌, 28 (6), 278〜282.
76) Naylor, E. (1965) : *Proc. Zool. Soc. London*, 144, 253〜268.
77) 西村芳博・他 (1971) : 東急油壷マリンパーク水族館. 3 (56) 66〜69.
78) 岡田　要 (1949) : 採集と飼育, 12 (11), 354〜363.
79) 大内一郎 (2000) : 東京湾におけるミズクラゲ幼生の分布特性と成体の現存量推定について. 海洋沿岸域の環境変動とクラゲ類の大量発生に関する研究集会要旨. pp.19〜20.
80) 大森　信 (1981) : 日本プランクトン会報, 28 (1), 1〜11.
81) Ohmori, M. and A.Fujinaga (1992) : *Bull. Jap. Soc .Oceanogr.*, 56 (3), 310〜313.
82) Ohmori, M. *et al.* (1995) : *Jcest. Mar. Sci.*, 52 (3・4), 597〜603.
83) Percival, E. (1923) : *Quart. Jour. Micros. Sci.*, 67 (265), 85〜100.
84) Palmenn, E. (1954) : *Arch. Soc. Vanamo*, 8, 122〜131.
85) Rice, A. L. (1964) : *Jour. Mar. Biol. Assoc. U. K.*, 44, 163〜175.
86) Russell, F. S. (1928) : *Jour. Mar. Biol. Assoc. U. K.*, 15 (1), 81〜104
87) Russell, F. S. (1970) : The medusa of the British Isles. vol. II. Pelagic Scyphozoa with supplement to the first volume on Hydromedusae. pp, 1〜283, Cambridge Univ., press, London.
88) Sars, M. (1829) : *Cand. Theol. Forste-Haefte, Bergen*, 1, 17〜26*.
89) Sars, M. (1841) : *Arch. Naturges*, 7, 9〜35*.
90) 佐々木　剛 (1990) : 東京湾産ミズクラゲ *Aurelia aurita* (L.) の生態. 修士論文, pp.1〜17, 東京水産大学.
91) Schulz, L. P. and D. G. Cargo (1971) : *Nat. Inst. Educ. Ser.*, 93, 1〜8.
92) Segerstrale, S. G. (1951) : *Jour. Cons. Perm. Inst. Explolor, Mer.*, 17, 103〜110.
93) 庄島洋一 (1961) : 西水研報, (21), 69〜74.
94) 庄島洋一 (1962) : 同報告, (27), 49〜58.
95) Shojima, Y. (1963) : *Bull. Jap. Soc. Sci. Fish.*, 29 (4) ,349〜353.
96) Shimauchi, H. (1993) : Studies on feeding respiration and excretion of the Common jellyfish, *Aurelia aurita*. pp, 1〜28, Hiroshima Univ., press.
97) 椎野季雄 (1969) : 水産無脊椎動物. pp.55〜76, 培風館, 東京.
98) Sjörgen, L. (1962) : *Mem. Soc. Fauna, Flora, Fenn.*, 37, 3〜4.
99) Southward, A. J. (1949) : *Nature*, 163, 536.
100) Southward, A. J. (1955) : *Jour. Mar. Biol. Assoc. U. K.*, 34 (2), 201〜216.
101) Spangenberg, D. B. (1965) : *Jour. Exp. Zool.*, 159, 303〜318.
102) Spangenberg, D. B. (1967) : *ibid.*, 165, 441〜450.
103) Spangenberg, D. B. (1968) : *Ocean Mar. Biol. Ann. Rev.*, 6, pp, 231〜247. Publ. George Allen and Unwin Ltd., London.
104) Spangenberg, D. B. (1971) : *Jour. Exp. Zool.*, 178, 183〜194.
105) 水産増殖施設 K. K. (2002) : クラゲの活発化要因に関する研究報告書 (日本原子力発電株式会社委託研究). pp. 1〜34 (タイプ印).

106) Tamashige, M. (1969): *Bull. Mar. Biol. St. Asamushi*, 13 (3・4), 211～214.
107) Thiel, H. (1937): *Z. Wiss. Zool.*, 150, 51～96.
108) Thiel, M. E. (1959): *Abh. Verh. Naturw. Ver. Hamburug.*, N. F., 3 (1958), 13～26.
109) Thiel, H. J. (1962): Kieler Meeresforsch, 18, 198～230.
110) 東電技研（1967a）：クラゲ排除対策に関する調査研究（その1）．くらげの来襲と事故状況および気象の関係）．pp.1～25（タイプ印）．
111) 東電技研（1967b）：同（その2）．ミズクラゲ *Aurelia aurita* の比重に関する研究）．pp, 1～23（同印）．
112) 豊川雅哉（1995）：東京湾におけるクラゲ類の生態学的研究．博士論文, pp.1～110, 東京大学．
113) Toyokawa, M. *et al.* (1997): Proc. 6th Int. Conf. on Coelentrate Biology, 1995. 484～490.
114) 内田　亨（1926a）：動雑, 38 (456), 383～384.
115) Uchida, T. (1926b): *Jour. Fac. Sci. Imp. Univ. Tokyo*, (sect, IV.Zool.), 1, 45～95.
116) 内田　亨（1936）：日本動物分類．鉢水母綱. 3 (2), pp.1～94, 三省堂, 東京．
117) Uchida, T.: (1954) *Jour. Fac. Sci. Hokkaido Imp. Univ.*, Ser VI (, Zool.), 12 (1・2), 209～219.
118) 内田 亨（1961）：動物系統分類学．2．pp.54～204, 中山書店, 東京．
119) Ussing, H. (1927): *Vid. Med. Nat. Forenig.*, Kobenhavn, 84, 91～106.
120) Verwey, J. (1942): *Arch. Néerl. Zool.*, 6 (4). 363～468.
121) Verwey, J. (1966): *Neth. Jour. Mar. Res.*, 3, 245～266.
122) 渡部朋子（2000）：東京湾に係留した着生基盤上におけるミズクラゲ（*Aurelia aurita*）のポリプの観察．海洋沿岸域の環境変動とクラゲ類の大量発生に関する研究集会要旨．p23.
123) Wikström, D. A. (1921): *Medd. Soc. Fauna, Flora, Fenn.*, 47, 169～173.
124) Wikström, D. A. (1932): *Mem. Soc. Fauna, Flora. Fenn.*, 8, 14～17.
125) Widersten, B. (1965): *Zool. Bidr. Upps.*, 37, 45～58.
126) Werner, B. (1966): *Meeresunters.*, 13, 317～347.
127) 安田　徹（1969a）：水産増殖, 17 (1), 33～39.
128) 安田　徹（1969b）：同誌, 17 (2), 145～154.
129) 安田　徹（1979）：ミズクラゲの生態と生活史. pp.1～227, 産業技術出版, 東京．
130) 安田　徹（1988）：ミズクラゲの研究. pp.1～136, 日本水産資源保護協会, 東京．
131) 安田　徹（1995）：うみうし通信, (9), 6～9.
132) 安田　徹（2000a）：日本海に出現する主なクラゲ類の生態．日本海水産海洋研究推進レポート1999. pp.72～75（タイプ印）．
133) 安田　徹（2000b）：1995年秋から冬に異常出現した巨大エチゼンクラゲ．海洋沿岸域の環境変動とクラゲ類の大量発生に関する研究集会要旨．pp.11～15.
134) 山田真弓（1954）：ミズクラゲの生物学実験法講座, VB. pp.47～63, 中山書店, 東京．
135) 山本直史・他（2000）：付着生物研究, 17 (1), 57～60.
136) 吉井楢雄（1934）：動雑, 46 (546), 167～172.
137) Yoshida, M. (1969): *Bull. Mar. Biol. St. Asamushi*, 13 (3・4), 215～220.
138) 吉田正夫（1979）：光と海の花．腔腸動物研究の現状. Marine Flowers, pp.68～71, 松下電気, 大阪．
(*：間接引用)

X. その他のクラゲの発生と生態

§1. アカクラゲ　　Chrysaora melanaster Brandt

1) 地理分布：アカクラゲは，わが国近海に出現する中型鉢クラゲ類の一種[7, 21]。中国台湾北東部から沖縄県の八重山，石垣島，九州，四国を経て青森県の陸奥湾にいたる外海に面した沿岸や沖合系水の影響する内湾水域にごく普通に見られる[2, 22, 25]。北海道では南東部沿岸とされ[22]，筆者も広尾や厚内の漁港内で本種を目撃しているので，対馬暖流の勢力が強くなる夏期には，北緯43°以北にも出現，分布する可能性が高い。事実，1967年にはサロマ湖[8]で発見されたことがあるからである。

2) 出現期：アカクラゲは，通常春から夏にかけて出現する[25]。詳しく調査した資料によれば，青森県の浅虫地方[5, 6]で6月中旬〜9月上旬，東京湾[20]では，5〜7月とされている。1995年，日本海側で海洋観測船とクラゲ類による漁業被害等から推定した出現期がまとめられた。それらによると，長崎から青森県にいたる日本海側[9]で，アカクラゲは4月上旬〜8月上旬の間に出現し，山口県では5月，石川，新潟で5〜6月，秋田，青森県では6〜7月がそれぞれ盛期と考えられている。筆者が現在までネット採集や船上からの目視観察した結果では，若狭

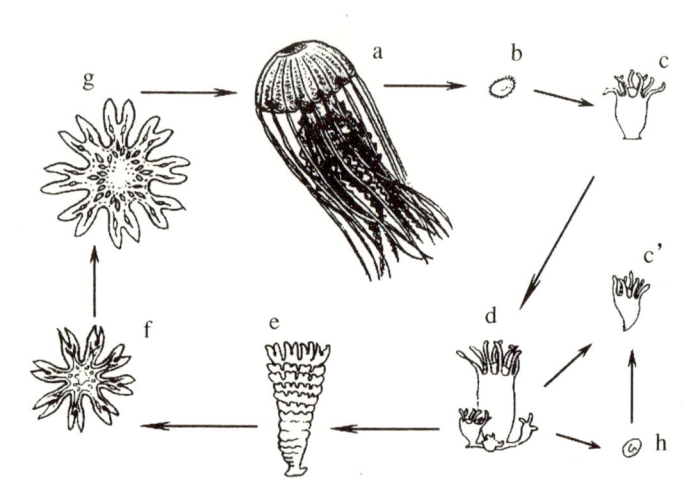

図89　アカクラゲの生活史[4, 5]
a：成体のクラゲ　b：プラヌラ（胚発生による幼生）　c：若いポリプ　c'：ポリプ基部より出芽した幼いポリプ　d：ポリプ　e：ストロビラ　f：エフィラ　g：初期のメテフィラ　h：ポリプの移動で残された足盤またはポリプ基部の組織塊（a, b, f, gは浮遊生活、c, c', d, e, hは着生生活）

湾[23]で4月上旬～9月上旬までで，盛期は4月下旬～7月下旬であった。つまり水温が上昇していく暖水期（15～29℃）が，本種の主な出現時期とみてよいであろう。また9月上旬以後にはいずれの地方でも出現していないこととは，本種の寿命（後述）と深く関連していると考えられる。

　3）繁殖と発生：本種の発生環は，1958～61年に浅虫で，Hirai[4]と柿沼好子両博士[5]によって初めて明らかにされた（図89）。それによると，春～夏に採集した成熟クラゲ（傘径10～15 cm）をガラス水槽に入れて，30分～1時間暗室に放置すると，褐色の卵を産み，24時間後には0.2～0.30 mmのプラヌラ幼生となる。幼生は褐藻類の切片を入れたペトリ皿の中で，全て淡いピンク色のポリプに分化する（図90A）[5, 19]。やがて触手は4，8，16本となり，長さは8～10 mmに成長する。無性生殖は図示の通り，ポリプが移動した跡に残った足盤から新しいポリプが生まれるケースが多いという。ポリプの飼育水温は20～25℃であった。

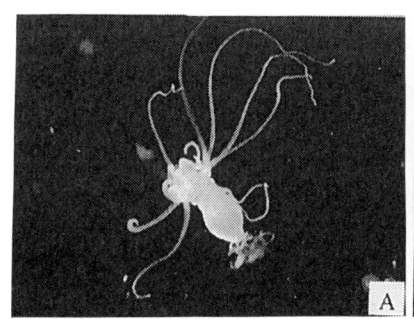

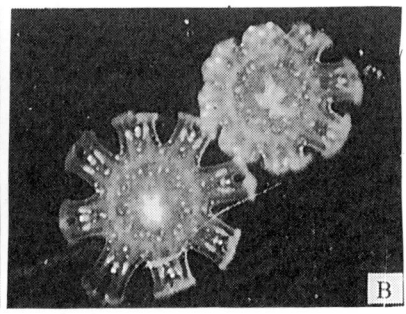

図90　アカクラゲのポリプA（8～10 mm）とエフィラB（2～3 mm）[19]

横分体（ストロビラ）の形成は冬～春に行われ，盤の数はミズクラゲより多く20～30枚で，遊離したエフィラは，濃いピンク色の8弁をもった花びら状のエフィラ（2～3 mm）となる（図90B）[5, 19]。これは，約1ヶ月後に若いクラゲに成長するが，飼育可能な水温は5～20℃であったという[5, 6]。美しいクラゲなので，最近各地の水族館[19]で展示されている。

　4）水平分布：アカクラゲの定量的な採集によって水平分布を調べた事例は僅か2例にすぎないが，その概要を述べることにする。

　図91は若狭湾の中央部に位置する小浜湾[23]で，1970～71年に大型ネット（口径100 cm，網目5 mm，長さ220 cm）による海底から表面までの鉛直曳きと表面の10分間水平曳きによって得たアカクラゲを含む4種のクラゲ類の水平分布を示したものである。これから，ミズクラゲが小浜市より流入する北川と南川の影響をうけて，北西に流出する塩分32.5‰以下の低塩分水とそれ以北の高塩分水と

が接合する先端部に見出されたのに対し，アカクラゲは湾外西部の一地点のみに出現したにすぎなかった。71年6月の鉛直と水平曳きによる結果では，本種は湾口の他，湾内の青島付近でも採集され，その分布密度は 21～30 N／100 m³ と推定された。この場合もやはり塩分 32.5 ‰以上の高塩分水が影響する水域に出現していて，湾奥部の河川水が影響する低塩分水域に分布するミズクラゲとは対照的な分布特性を示すことが明らかとなった。同じ時期に実施された小型底曳網（網口 1×8 cm, 網目 4 cm, 末端部 5 mm）に入網したアカクラゲの出現状況も，全く同様な結果であった（出現と分布の項，図 44 参照）。なお，本種は，図 91C の通り，10 月下旬にはいずれの地点でも採集されなかった。

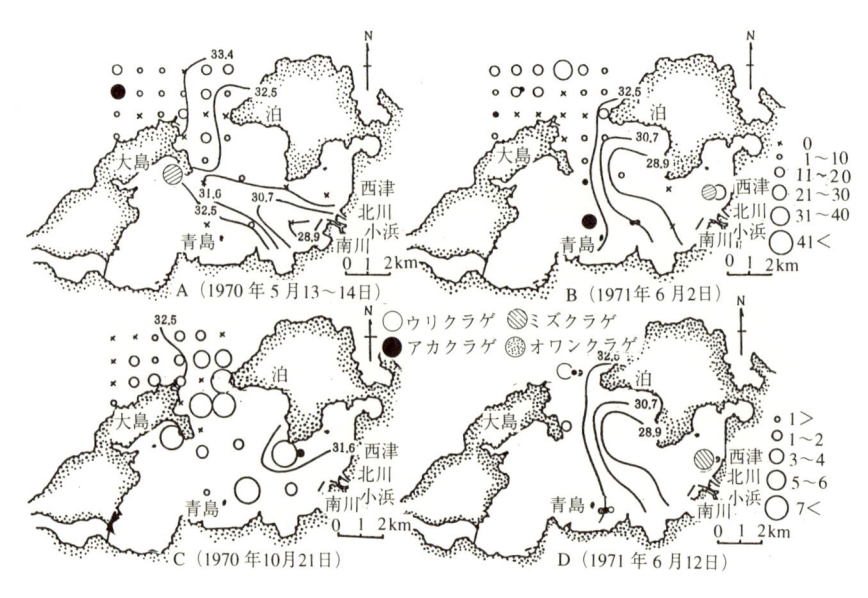

図 91　小浜湾におけるクラゲ類 4 種の 100 m³ 当りの個体数（A～C はプランクトンネットの垂直曳き，D は同型ネットの水平曳きによる）[23]

図92は，東京湾[20]で1990～92年に ORI ネット（口径 160 cm, 網目 2～3 mm）による3～5分間の水平，または傾斜曳きで得たアカクラゲの水平分布を示したものである。これによると，90年7月には湾奥部の測点に集中して出現したが，最も多く出現した 92 年 5 月には，湾の中央部から湾口部にかけて出現した。ここでもアカクラゲは，小浜湾と同様にミズクラゲよりやや塩分の高い湾中央部を中心として分布し，河口フロントにも集積するが，ミズクラゲがしばしば河口のフロントの内側に集積するのに対して，本種はフロントの外側に分布する傾向が

認められたという [20]。以上述べた分布特性から判断して，アカクラゲが，ミズクラゲよりはるかに高塩分の沖合系水に生息する大型の浮遊動物 [25] であることを物語っているといえよう。

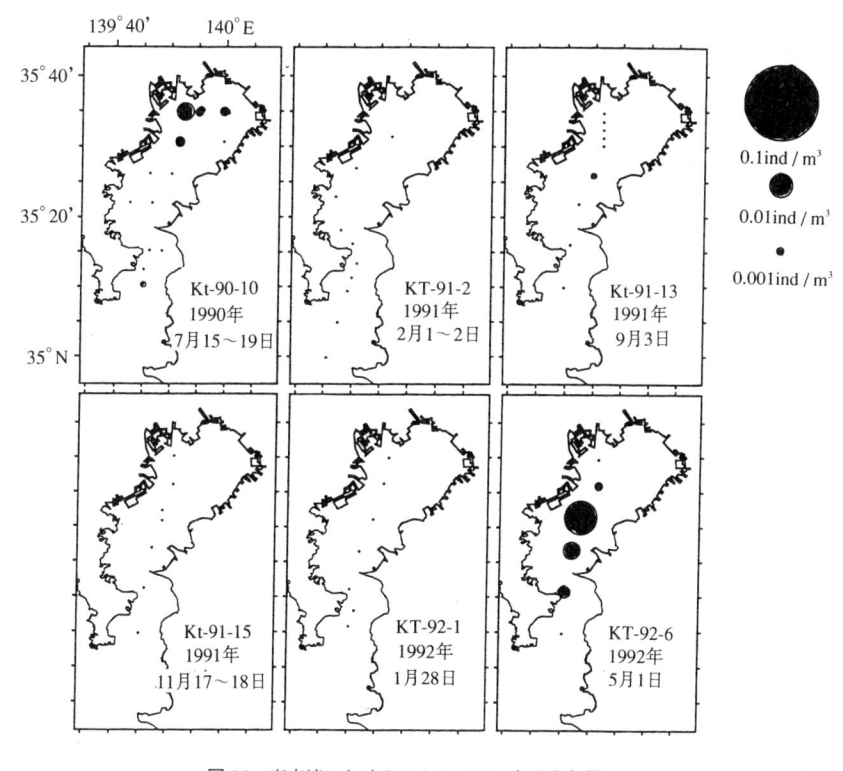

図 92 東京湾におけるアカクラゲの水平分布 [20]

5) **鉛直分布と時刻変化**：本種の鉛直分布と時刻変化 [23] についての報告は，筆者による調査事例が唯一のものである。1972年の春，小浜湾口（水深 22～25 m）で，夕刻から日没にかけて，大型ネット（口径 100 cm，網目 5 mm，長さ 220 cm）による表面，3，7 および 20 m の 10 分間4層同時水平曳きを実施した（曳網方法は，安田 [24] 参照）。この時に測定された水温は，図 93 に示したように各層を通じて 13～14℃，塩分 32.80～33.90 ‰（塩素量 18.20～18.80 ‰）で，時刻別にほとんど大きな変化はなかった。照度は曳網中に測定した値と透明度から推定した水中照度を記入したが，図示の通り 15 時 47 分には 0～3 m 層で 6～4,000 Lux，日没

前の 16 時 12 分には，同じ層で，2～1,000 Lux の範囲となり，日没後の 17 時 05 分には 1,000 Lux 以下に低下した。

このような条件下で採集されたアカクラゲは，傘径 2～22 cm の範囲にあり（後述），1 曳網当たりの個体数の鉛直分布をみると，20 m まで確実に分布[23]することが明らかとなった。

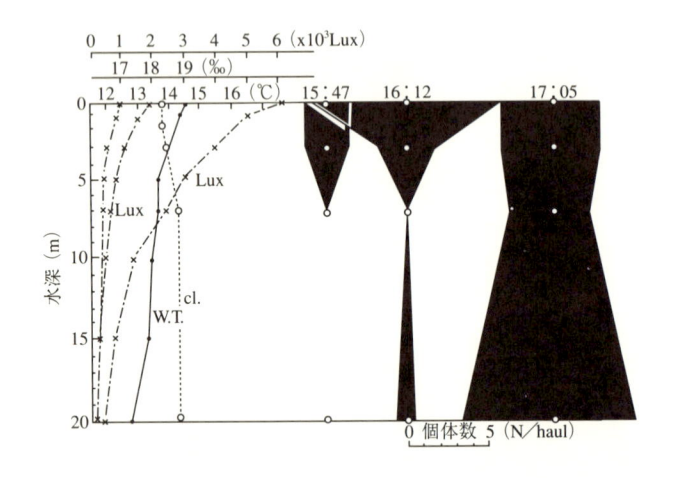

図93　アカクラゲ鉛直分布の時刻変化と環境要因（水温，塩素量，水中照度）
　　　（1972 年 4 月 27 日，小浜湾口水深 22～25 m 地点，安田原図）

時刻別には，15 時に 3 m 以浅に出現し，日没前の 16 時には表面に最も多く出現，分布した。ところが日没後の照度低下に伴い，本種の成体型は各層に分布するようになると共に，20 m への底層へ移動，沈降する個体数が増加する傾向を明瞭に示した。この移動の様子は，ミズクラゲの場合[22]と極めてよく類似した様相を示し，分布や移動を規制する水中照度値もほぼ同じ 1,000 Lux 台であった。

次に，より深層における移動事例を示そう。

1968 年の春，南アフリカのナミビア沖（水深 3,350 m）[13]で，RMT ネット（口面積 1 m²，網目 0.2 mm）による層別区分の傾斜曳きが行われ，昼夜の比較がなされた。その採集試料中に，近縁種の *Chrysaora hysocella* の若いクラゲ（傘径 3 cm 以下）とエフィラが出現したが，その移動状況は図 94 に示したような結果が得られた。この採集時に 40 m 以浅には 16～21 ℃に変わる変温層が存在した。図から若いクラゲは 200 m まで分布し，夜間には顕著な上昇移動を示したのに対して，エフィラは主に躍層内に分布して，日中には 20 m 以浅に分布するが，夜間はむしろ一部が 40 m 層まで沈降（下降）し[13]，ミズクラゲの幼生[24]と同じ傾向を示

した。このようにアカクラゲと近縁種の鉛直分布および移動例から，その範囲は沿岸性のミズクラゲよりはるかに深層に及ぶ可能性があり[25]，エフィラから成体型クラゲへと成長が進むにつれて，遊泳（運動）能力も増加し，その分布も大きく変化，拡大することが予察される。なお前記の他，最近（1999 年）の 4～5 月上旬に，山形県温海町沖[12] 300～500 m 水深帯で，アカクラゲと思われるクラゲが底曳網に大量に入網したという記録が報告されたが，おそらく放卵，放精後の衰弱した個体群が海底に沈降したものと思われる。

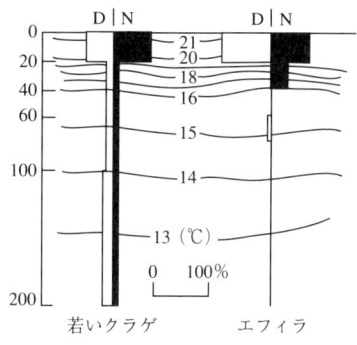

図94 ヤナギクラゲの一種の発育段階別昼夜移動と水温（1986 年 4 月 24 日～26 日南アフリカナミビア沖 3,350 m）（Pagés and Gili，1992 を一部改変）[13]

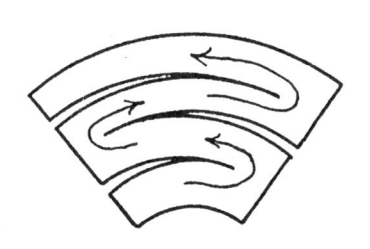

図95 アカクラゲの収縮波伝播の様子 [17]

6）**海中における遊泳行動**：沿岸のごく限られた水域内で生活している小型のオベリアクラゲ *Oberia* sp. や淡水産のマミズクラゲ *Craspedacusta sowerbyi* 等では，傘をすぼめて水を押しやり，その反動で前進するが，次に傘全体を一時的に広げて傘の中に水を取り込む。その時に減速するか，一時停止状態となるため，これらのクラゲの前進は，滑らかではない間欠的な運動となる[18]。

これに対して，アカクラゲ[17,18]では，次のような興味ある実験結果が得られている。本種の傘を扇形に切りとり，機械的または電気刺激を与えると，図 95 のように収縮波は必ず中央から傘縁方向に向かって伝わることが証明されている[17]。そのためアカクラゲは，ただ傘の開閉をするだけでなく，傘の形を中央部から除々に変えて，水の抵抗力を大きくするように傘をすぼめて水を押し出し，大きな反動力を得て進み，次はできるだけ水の抵抗を少なく受けるように，傘は中央から開きながら広げるので，少し減速するものの連続して滑らかに前進できるという[18]。本種の他，沖合性のオキクラゲ *Pelagia noctiluca* 等も同様な運動で，他のクラゲ類より遠方の広い範囲を泳ぐことが可能であると説明されている[18]。

その他，近縁種の *Ch. hysoscella* [14]では，海中から浮上してきた個体の傘が海面に出ると，直ちに反転して底層方向へ向かう行動が観察されている（図96→口絵参照）。アカクラゲは傘径により刺胞毒の強さが異なるので，今後，水温，塩分，照度，潮汐流等の異なった環境条件下で，本種のサイズ別の鉛直分布や遊泳行動に関する資料の集積が期待されよう。

7) **餌生物**：アカクラゲに魚類の幼稚魚が伴うことは，しばしば観察されるところであるが，本種の餌生物について具体的な内容の報告がない。しかし，近縁のヤナギクラゲの一種[1, 11, 15]では，次のことが明らかにされているので，今後の参考にしたい。

ポリプ[2]は，触手で捕らえた動・植物，例えばヨコエビ類の他，繊毛虫類，ヒモ虫類，珪藻類を含むデトライタス等全ての生物を餌として体内に取り入れるという。これに対して，成体型のクラゲ[3]では，幼稚魚や遊泳性のゴカイ類，時に昆虫の幼虫の他，クシクラゲ類の一種 *Mnemiopsis leidyi* が重要な餌生物と考えられている。室内実験では，魚類の肉片や生きた小魚類，切断したゴカイ類がクラゲの餌として使用されたという。特にチェサピーク湾では，このクラゲの出現量とカキ幼生や大型プランクトンを捕食するクシクラゲ類の一種の出現量とは密接な関係があり，クシクラゲが増加するとこの有毒クラゲも増加傾向を示したという[3]。

一方，北ヨーロッパ海域に出現する近縁種の *Ch. hysoscella* [10, 14]は，餌生物を捕食する場合に，触手や口腕を傘径の数十倍に延長して，管クラゲ類，クシクラゲ類，稚仔魚（全長25～35 mm），オヨギゴカイ類，矢虫類，時にミズクラゲ（傘径55 mm以下）も捕食することが観察されている。このうち，クラゲ類と矢虫類が主要餌料であるが，このクラゲは雑食性[10]ではないかと推察されている。

8) **傘径と成熟および寿命**：アカクラゲの傘径や体重（湿重量）について測定された資料は，筆者による小浜湾での結果が唯一のものである。図97は傘径（L）と体重（W）との関係を表したものであるが，両者の関係は $W = 0.1016 L^{2.814}$（相関係数 $R = 0.97$）で表すことができる。長い触手が切れやすいので，重量の値はやや低い値での関係式と

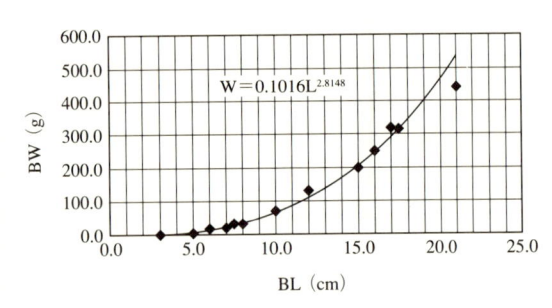

図97 アカクラゲの傘径（BL）と体重（BW）との関係（安田原図）

なったが，今後，海中における本種のビオマスや傘径に対する重量の相対成長[24]を推定する場合に，重要でしかも貴重な資料となるであろう。

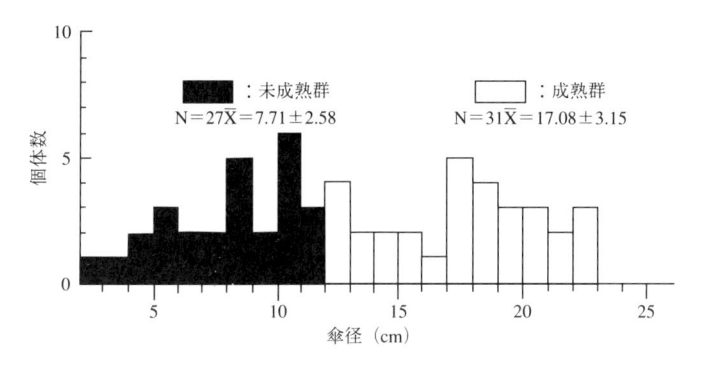

図98 アカクラゲの傘径組成（安田原図）

　傘径組成は，図98の通り2～22 cmの広範囲にあり，若狭湾または近接水域で発生したと考えられる2～12 cm，モード8～10 cm（平均7.71 ± 2.58 cm）の未成熟な小型群と，他の南方海域で発生して，成長しながら北上してきたと思われる12～22 cm，モード17 cm（平均17.08 ± 3.15 cm）の成熟した大型群の2群が確認された。傘径12 cm以上の個体の生殖腺は，すべて成熟状態にあったので，本種の生物学的最小形は12 cm前後とみてよく，浅虫地方[5]で春から夏に採集される成熟個体の最小傘径とほぼ一致する。

　ところで，アカクラゲの成長を調べた事例がないので，チェサピーク湾における近縁のヤナギクラゲの一種について測定された結果[3]を述べることにする。それによると，このクラゲの成長はきわめて速く，5月上旬に最初のエフィラ（4 mm）が出現した33日後に，傘径171 mmのクラゲが採集され，更にその40日後には傘径184 mm以上の個体が確認されている。これから本種は1日当たり最大で5 mm以上の成長をする可能性[3]が示唆された。

　そうして，8月29日以後に，このクラゲは全く採集されなくなった。アカクラゲの出現が詳しく調べられた青森湾[5,6]や若狭湾[23]でも9月上旬以後にこのクラゲが発見されたり，大量のクラゲが越冬したという事実が知られていないこと等と近縁のヤナギクラゲの一種の成長や出現状況も考え合わせると，本種は発生した年内に成熟して放卵，放精後は速やかに活力を失って死亡すると推察され，その寿命は，浮遊生活に入ってからおそらく5～6ヶ月以下の短期間内[25]に終わるとみてよいと思われる。

　9）他動物との関係：アカクラゲに幼稚魚が伴ったり，カツオ *Katsuwonus*

pelamis の来遊の指標 [6] となっていることやウチワエビのフィロゾーマ（甲長 53 mm, 甲幅 35 mm）[16] が傘径 104 mm のアカクラゲの傘上に付着していたこと以外に報告がないので，再び近縁のヤナギクラゲの一種について知られた知見を述べ，参考としたい．

ミノウミウシの一種 *Cratena pilata*（全長 6～18 mm）[3,15] は，数インチの距離からポリプを発見して，大型個体は，3 日で実に 500 個体以上のポリプを摂食し，その消化速度も速く，ある個体では 10 分間に 11 固体のポリプを消化する能力をもつという [3]．またタテジマイソギンチャク科の一種 *Diadumene leucolema* [3] が，活発にエフィラを捕食することが確認された．

魚類では，シマガツオに似た *Pepurilus alepidotus* [12,15] の幼魚は，このクラゲの触手や傘の一部を餌として利用し，大型魚の群はクラゲに近づくと数分以内でこのクラゲを食いつくすという．その他，カワハギ科の一種 *Alutera schoepfi* [2,15] の幼魚もこのクラゲを餌として利用する．

次の小魚類は，本種のポリプの生息場所をめぐって競争関係にあり，ポリプの付着を脅かすと考えられている．それらは，ウバウオ科の一種 *Gobiesox strumosus*, ニシキギンポ科の一種 *Chasmodes bosquiannus*, イソギンポ科の一種 *Hypsoblennius hentzi*, ハゼ科の一種 *Gobiosoma bosci* の 4 種 [2,15] であることが確認されている．

10) 利　用：瀬戸内海や若狭湾沿岸では，アカクラゲの傘を短冊型に切って，カワハギ類やタイ類などの釣り餌 [25] にとして用いられる以外に利用価値はなく，むしろその刺胞毒が強い [8,21] ので，遊泳者の刺傷事故の原因になったり，漁網に入ると漁業の操業上の隘路になり（第 2 章クラゲ類と産業活動で詳述する），乾燥するとその粉がクシャミを促し，ハクションクラゲ [25] の異名がある．チェサピーク湾沿岸では，この仲間のクラゲを"海のペスト"[15] と呼んで，漁業者やカキ養殖業者だけでなく海水浴にやってくる観光客からも嫌がられたり，子供達の間でも恐れられ，その出現については地域の大きな経済，社会問題までに発展して，その対策に苦慮しているのが現状であるという [1,15]．

文　献

1) Blair, E. T. (1970): A new attack on sea nettles. *Maryland, Conservationist*, 43 (1), 16～22.
2) Cargo, D, G, and L, P, Schultz (1966): Biology of the sea nettle, *Chrysaora quinquecirrha*, in Chesapeake Bay. *Ches. Sci.*, 7 (2) 95～100.
3) Cargo, D, G, and L, P, Schultz (1967): Further observation on the biology of the sea nettle and jelly fishes in Chesapeak Bay *Ches, Sci.*, 8 (4), 209～220.
4) Hirai, E. (1958): On the developmental cycle of *Aurelia aurita* and *Dactylometra pacifica*. *Bull, Mar, Biol., St, Asamushi*, 9(2), 81.

5) 柿沼好子（1961）：浅虫付近に見られる腔腸類，Hydrozo および Scyphozoa. 青森県生物学会誌, 4 (1, 2), 10～17.
6) 柿沼好子（2001）：大型クラゲの環境生物学．クラゲの大発生が問いかけるもの．西海ブロック漁海況研報, 9, 1～16.
7) 岸上鎌吉（1892）：アカクラゲ．動雑, 4 (45), 261～263.
8) 楠　深・他（1967）：毒水母類の研究．主として北海道サロマ湖を中心として．遠軽厚生綜合病院研報, 1～29.
9) 黒田一紀・他（2000）：日本海におけるサルパ類とクラゲ類の大量出現．水産海洋研究, 64 (4) 311～315.
10) Lebour, M, V. (1923): The food of plankon organisms II. *Jour, Mar, Biol, Assoc, U,K.* , 13 (1) 70～92.
11) Litterford, R, A, (1939): The life cycle of *Dactylometra quinquecirra* L. Agassiz in the Chesapeake Bay. *Biol, Bull.* , 77, 368～381.
12) 日水研環境部（1999）：日本海水産海洋研究推進レポート 1998. p.84.
13) Pages, F. and J. M. Gill (1992): Infuluence of the thermocline on the vertical migration of medusae during a 48h sampling period. *S. Afr., Tydskr, Dierk,* 27 (2), 50～59.
14) Russell, F. S. (1970): The medusae of the British IslesII. Pelagic Schyphozoa with a supplement of the first volume on Hydromedusae. pp, 1～283, Cambridge Univ., Press
15) Schultz, L. P. and D. G. Cargo (1971): The sea nettle of Chesapeake Bay. *Nat, Res, Inst, Univ., Maryland,* 1～8.
16) Shojima, Y. (1963): Scyllarid phyllosomas habit of accompanying the jelly-fish. *Bull. Soc. Sci. Fish.,* 29 (4), 349～353.
17) Tamashige, M. (1969): The marginal sense organ of the medusae. *Bull. Mar. Biol. St. Asamushi,* 13 (3), 211～214.
18) 玉重三男（1975）：クラゲの神経と運動．Marine Flowers. pp. 12～14, 松下電器, 大阪.
19) 谷村俊介・志村和子（1988）：水族館におけるクラゲ類の飼育展示．採集と飼育, 50 (8), 354～357.
20) 豊川雅哉（1995）：東京湾におけるクラゲ類の生態学的研究．博士論文, pp.1～110, 東京大学.
21) 内田　亨（1936）：日本動物分類，鉢水母綱, 3 (2), 1～94, 三省堂, 東京.
22) Uchida, T. (1954): Distribution of Scyphomedusae in Japanese and it's adjacent waters. *Jour. Fac. Sci. Hokkaido, Imp. Univ., Ser, VI., Zool.,* 12 (1・2), 209～219.
22) 安田　徹（1972）：福井県浦底湾におけるミズクラゲの生態-VII. 水中テレビと C ネット採集から推察した成体型の昼夜移動．日水会誌, 38 (11), 1229～1235.
23) 安田　徹（1974）：海産加害生物調査-XIV. 小浜湾ならびに近接水域におけるクラゲ類の分布について．福井水試資料, 69, 1～36（謄写印）.
24) 安田　徹（1979）：ミズクラゲの生態と生活史．pp.1～227, 産業技術出版, 東京.
25) 平野弥生・安田　徹（1997）：箱虫類．鉢虫類．無脊椎動物．日本動物大百科, 7, pp.28～31, 平凡社, 東京.

§2. エチゼンクラゲ　　*Nemopilema nomurai* Kishinouye

1) 形　　態：エチゼンクラゲは，わが国近海に出現する鉢クラゲ類の中で最大となるクラゲの一種[6, 17]であるが，出現の不規則性とその巨体から，形態についての詳細な記載は少ない。1995年10月上旬，島根県浜田と兵庫県浜坂沿岸で，海中における本種の外形と遊泳状態が，初めて詳しく記録された（図99A～D）[20]。これによると，傘は半透明の淡褐色か灰色，時にピンク色の半球状で，直径30～100 cm（稀に200 cm，150～200 kg）に達する（図99A）。傘の縁弁はよく発達し，感覚器の間に10～12枚見られる。口腕の末端部は，左右上方に向かって突出し，4～5区分されたシャープな三角形状を示す（図99C）。傘の中にある肩板もよく発達して16枚。下傘にある生殖腺下腔は，楕円形（長径25～30 cm）で，近縁のビゼンクラゲ *Rhopilema esculenta* やスナイロクラゲ *Rh. asamushi* に見られるコブ状の突起がない[17, 22]。肩板と口腕下方には淡褐色または灰色の細い紐状の触手があり，さらに口腕下方には触手の他にチョコレート色の長大な糸状付属器が多数あって，傘径の3

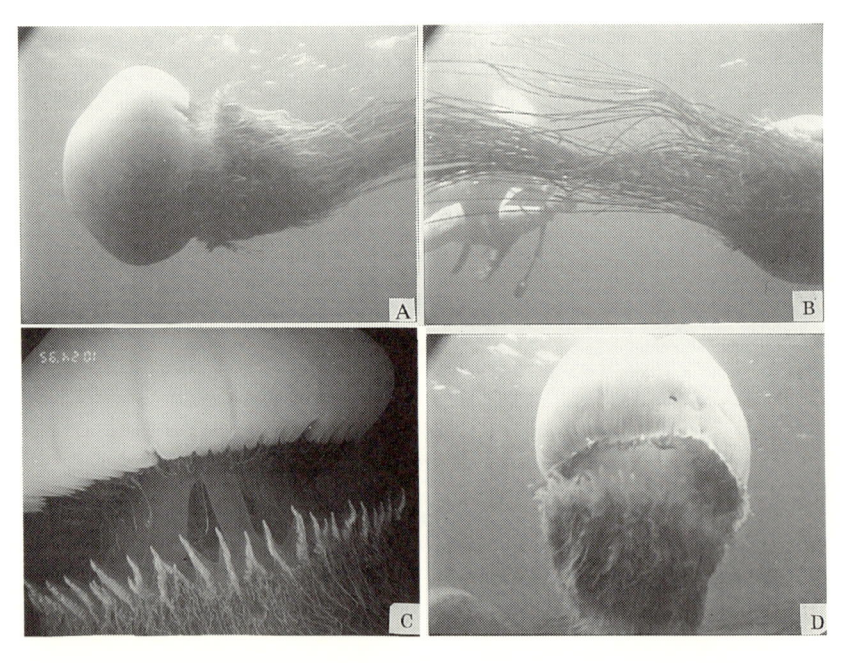

図99　海中を遊泳する巨大エチゼンクラゲ（A）と同クラゲの長大（5m以上）な糸状付属器（B），同クラゲのシャープな三角状をした口腕末端部（C），および傘が萎縮して糸状附属器を失った衰弱個体（D）。（A，B，DはNHK鳥取支局，Cは島根水産試験場1995年提供）。

〜5倍（3〜5 m）以上に達することが明らかとなった（図99B）[20, 21]。なお，兵庫県下で発見された別の個体では，従来描かれてきたとおり，糸状付属器はほとんど失われていたが（図99D），これは活力を失い，衰弱して死亡していく個体とみられる。

以上述べたように，本種の注目すべき形態的特徴として，正常な遊泳個体の糸状付属器は長大で，傘径の3〜5倍に達すると付け加えるのが正しく，従来示されてきたエチゼンクラゲの外形は[12]，図100のように訂正または修正されるべきであろう[21]。

2）**地理分布**：エチゼンクラゲの発生場所は，朝鮮半島南西沿岸や東シナ海沿岸海域とされ[9, 10, 15]，時々成長したクラゲが，日本海の長崎県対馬[7]を含む各県沿岸と沖合にも広く分布することがある（後述）[9, 10, 15, 18]。その他タイ，マレーシア，インドネシア等の東南アジア各沿岸からは，大型で食用となる鉢クラゲ類8種以上[14]が知られているので，本種も生息する可能性が高く，今後，専門家による種の同定結果が期待される。

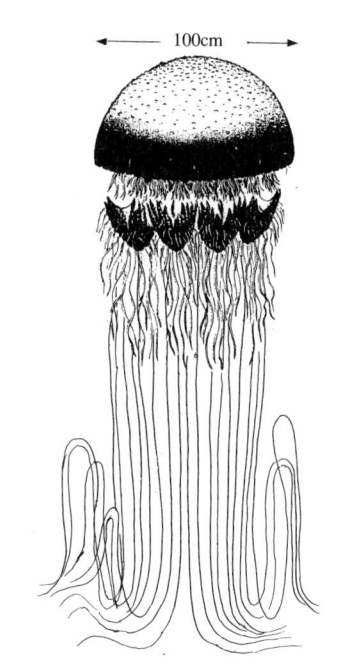

図100 エチゼンクラゲの外形
（西村・鈴木1971[12]を一部改変）

3）**繁殖と発生**：本種の発生場所は，前記の通りであるが，繁殖に関する記載は見当たらない。筆者は1995年の秋に，若狭湾沿岸に出現した成熟個体について調査する機会を得た。その結果を述べる。

傘径60 cm以上の個体はすべて成熟卵をもっていて，その繁殖期は1958年の秋〜冬に記録された結果[15]もあわせて，9〜12月とみられる。卵巣内には，大小の卵があり，ミズクラゲ[19]や近縁のスナイロクラゲ[22]の場合と同様であった。つまり一時に産卵するのではなく，繁殖期間中には数回にわたって放卵すると考えられる。受精卵は，0.2 mm前後で（図101A），近縁のスナイロクラゲ[22]のおよそ2倍であった。やがて，受精卵は楕円形または卵円形のプラヌラ幼生（図101A，B，C）に変り，更にソラマメ形をした幼生へと変態し（図101D），2℃で1ヶ月放置しても死亡しなかった[20]。

その後の生活史は現在不明であるが，近縁の *Stomolophus meleagris* [2]やビゼンクラゲ[3]，ビゼンクラゲの一種 *Rh. verrilli* [1]のポリプが共通して口柄部の突出した

—117—

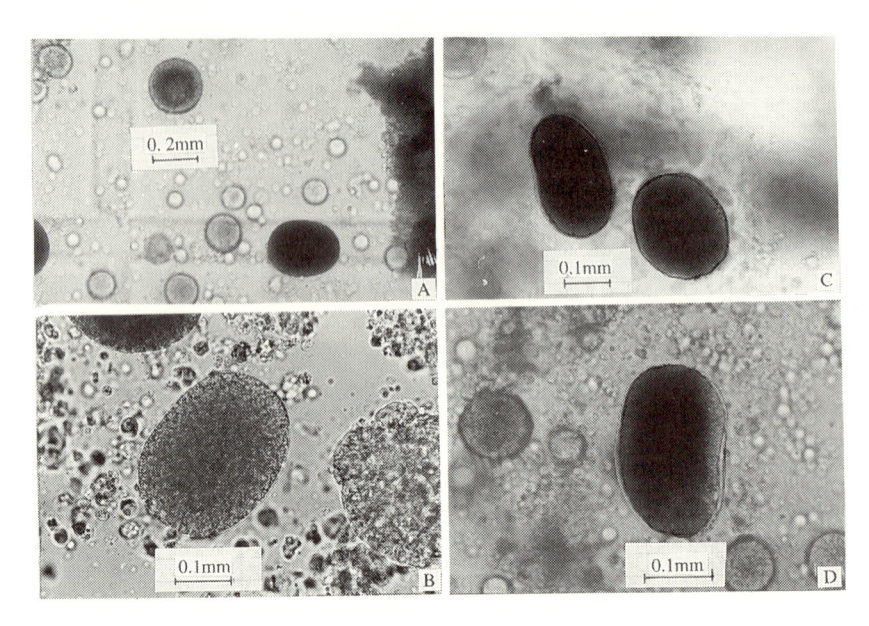

図101 エチゼンクラゲの受精卵とプラヌラ (A)，変態しつつあるプラヌラ (C)，拡大した変態中のプラヌラ (B)，変体を終了したプラヌラ (D)。

ドーム型になる特徴があり（図102a, b），横分体（ストロビラ）は，ビゼンクラゲ（盤の数は3～7枚）[3)] を除いた他の2種が，2～3枚とされているので（図102c, d, e, f）[1, 2)]，今後，本種のポリプや横分体が，どのような形態的特性を示すのかが注目されるところである。

 4) 出現期と水平分布：本種は1900年代に入って，日本海側で3～4回の異常出現した記録が残されている[15, 19)]。最も大量に出現した1958年と1995年，2002年の場合について，その出現期と水平分布を纏めたのが，図103[11, 15)] と104[21)]，105

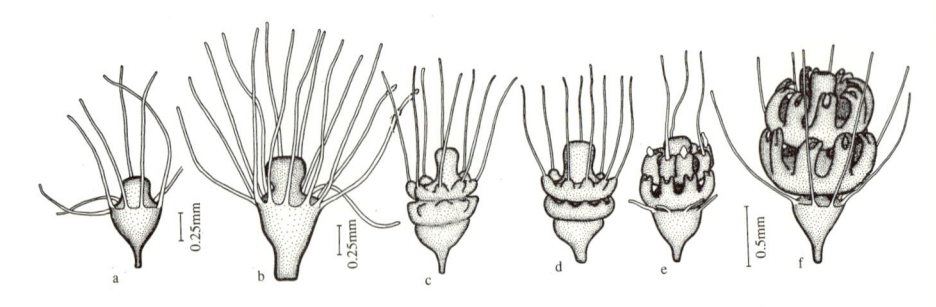

図102 近縁種 *Stomolophus meleagris* のポリプ (a, b) と横分体 (c～f)。

である．1958年の場合，8～9月上旬に日本海西部と沖合に至る広範囲に出現した巨大クラゲは，旬を追って一部が沿岸暖流に乗り，津軽海峡に達し，10月には沖合の群も加わって同海峡を通過，10月下旬には青森～宮城県の沿岸と沖合に達した．その後，12月下旬には房総半島周辺水域まで出現した後，消滅した．このため巨大クラゲの出現地方では，あらゆる漁業に被害が続出して，その被害は甚大であった（詳細につては，次章で述べる）[10, 11, 15]．

図103 1958年における巨大エチゼンクラゲの出現状況 [10, 14]

図104 1995年における巨大エチゼンクラゲの出現状況 [20]

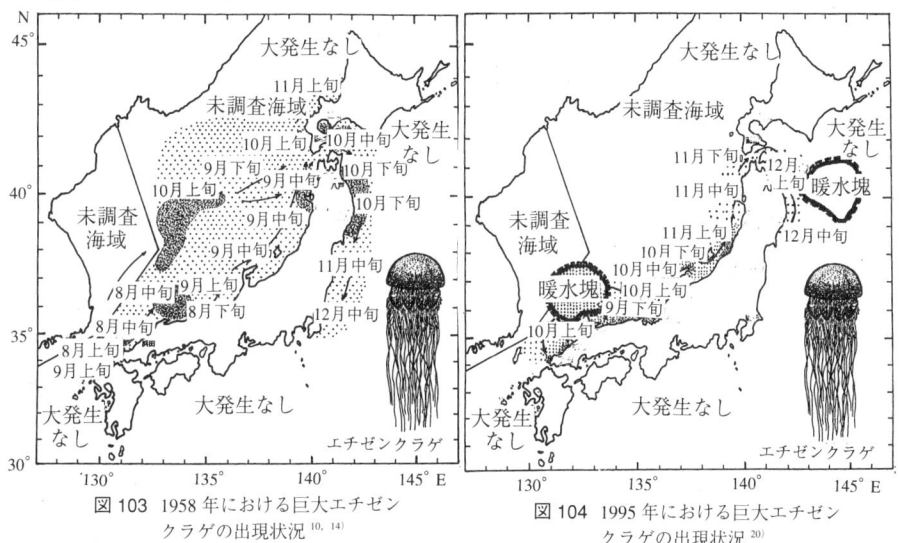

図105 2002年における巨大エチゼンクラゲの出現状況（安田，2003原図）

1995年の場合，8～9月，山陰沖に形成された直径250kmに及ぶ暖水塊内で成長したと考えられるエチゼンクラゲ（傘径60～100cm）が，9月下旬から10月上旬にかけて，山口から福井県までの西日本海に一斉に出現し，以後，沿岸暖流に乗って北上を続け，1958年の場合と同様に津軽海況を通過して，12月中旬には，岩手～宮城県沿岸に至るまで出現した．各県の主に定置網[8, 20]に被害が出たが，幸にも1958年ほどの被害には至らなかった．2002年の場合の出現と漁業被害は1958年に次ぐものであった

(詳細は次章で述べる)。なお,出現期に関連した本種の傘の運動と水温との関係では,下限が15℃,上限が30℃,最適温度は,ミズクラゲ[19]やビゼンクラゲの一種 *Rh. octopusu*[4] と同じ20℃以上と推察されている[20]。

5)**鉛直分布と遊泳行動**:図106は,1958年の秋に日本海全域に異常出現したエチゼンクラゲの鉛直分布状態を,魚群探知機が捉えた画像[15]である。これによると,巨大クラゲの正常な遊泳水深が,0～30 m(水温15～17℃以上)の暖流表層水であることが明らかである。その後,日本海側[9,10]では150～300 m,太平洋側[9,10]では200～800 mの水深帯から,底曳網によって本種が漁獲されたが,これは正常な活力を失って,衰弱またはへい死個体が沈降したためであろう。一方,1995年秋の場合[20],ごく沿岸の浅海帯では,水平移動を行うことが確認され(図99A,B),傘の運動は,アカクラゲ[16]の場合と同様に,滑らかでリズミカルな連続的開閉運動を行って,水平,鉛直移動することが初めて明らかにされた。今後,このクラゲの水平,鉛直移動の速度や方向と環境要因の測定結果が期待される。

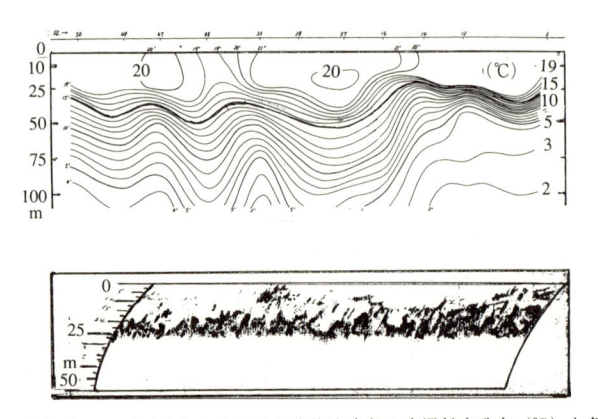

図106 1958年秋(9～10月上旬)における日本海中央部の水温鉛直分布(℃)と魚群探知機により記録されたエチゼンクラゲの出現状況[15]。

6)**餌生物**:本種が利用する餌生物を確認するため,口腕や触手および糸状付属器上の粘液をスポイトで採集して,実態顕微鏡下で観察したところ,珪藻類,原生動物有鐘類の *Tintinnopsis* sp. 小型カイアシ類の *Oithona nana*,フジツボ類のCypris幼生,二枚貝類の幼生,巻貝類の幼生等が確認された[5,20,21]。これらのプランクトンは,他の大型鉢クラゲ類のビゼンクラゲや *Stomolophus meleagris* で調べられた結果[14]とよく一致する。つまり,エチゼンクラゲは,雑食性の微小または小型プランクトン食性とみてよい。

7)**成長と寿命**:本種の成長については,1958年の秋に,長崎県沿岸から北海道

の石狩湾に至る日本海沿岸と一部沖合海域で調査された例がある[9, 10, 15]。それによると，8月上旬に長崎県下で傘径30 cmであったものが，8月下旬に隠岐島付近では70〜80 cmに，10月上旬に日本海中央部で50〜60 cmの群れが，11月には100〜150 cm（最大200 cm，重量150〜200 kg）に達したという。これから本種の成体型の成長がいかに速いかが容易に理解できよう。

初期の成長についての報告はないが，近縁のビゼンクラゲでは，エフィラ（1.5〜3 mm）も変態と成長が速く，2〜3ヶ月後に25〜45 cmのクラゲになったことが記録されている[5, 13]。これから，1995年の場合，8〜9月以前に山陰沖の暖水塊中で集積されていたエチゼンクラゲのエフィラまたは若いクラゲは急速な成長を遂げて，傘径60〜100 cmに達し，その後，秋から卓越する風流により，西日本海沿岸に一

図107　エチゼンクラゲとともに採集された魚類とエビ類（A, B）

斉に出現したと考えられる。この時期に多くの個体は既に成熟しており，放卵，放精を続けながら沿岸暖流に乗って北上，次第に傘径が縮小して，長大な付属器を失いつつ，水温の低下も加わって，漸次死亡したものと推察される。大量出現した1958年と1995年以後に本種が越冬したと思われる事実や証拠が全くないことから，この巨大クラゲの寿命は1年以内に終了するのであろう[20,21]。

8) **他動物との関係**：福井県の日向地方で，本種とともに採集された動物は，図107A，Bに示したとおりである。魚類ではマアジ，イシダイ，カワハギ，イボダイ，オキヒイラギ Leiognathus rivulatus 等であり，他にクラゲエビ Chlorotocella gracilis が少数確認された。これらの動物は，この巨大クラゲを隠れ家（庇護物）としている他，体の一部を餌としたり，魚類ではクラゲが集めた微小プランクトンも捕食，利用するとみられる。

9) **利　用**：エチゼンクラゲの厚い傘は寒天質に富み，塩と明バンで漬け込むと，中華料理の好材料となる。既に石川県や山口県で一部食品化に成功しており[5]，東南アジアや中国から輸入している食用クラゲ[13,14]の中にも含まれている可能性が高い。今後，日本海に分布する近縁で食用となるスナイロクラゲ[22]とともに食品として，また養魚の餌料としても有効に利用，活用すべきであろう。

文　献

1) Calder, D. R. (1973): Laboratory observations on the life history of Rhopilema verrilli (Scyphozoa:Rhizostomeae). *Marine Biology*, 21, 109〜114.
2) Calder, D. R. (1982): Life history of the cannonball jellyfish, Stomolophus meleagrisL. Agassiz, 1860 (Scyphozoa:Rhizostomida). *Biol.Bull.*, 162, 149〜162.
3) Ding, G. and J, Chen (1981): The life history of Rhopilema esuculenta Kishinouye. *Jour, Fish, China*, 5 (2), 93〜103, pl.1〜2.
4) Gatz, A. J. et al (1973): Effect on temperature on activity and mortality of the Scyphozoan medusa Chrysaora quinquecirrha. *Ches, Sci.*, 14 (3), 171〜188.
5) 平野弥生・安田　徹 (1997)：箱虫綱，鉢虫綱，無脊椎動物．日本動物大百科，7，pp. 28〜31，平凡社.
6) 岸上鎌吉 (1922)：エチゼンクラゲ．動物学雑誌，34 (401), 343〜346.
7) 久保田信・他 (1966)：対馬浅茅湾で初めて発見されたエチゼンクラゲ（刺胞動物門，鉢虫綱），南紀生物，38 (1), 55〜56.
8) 日水研環境部 (2001)：日本海水産研究推進レポート2000. pp.98〜99（タイプ印）.
9) 西村三郎 (1959)：エチゼンクラゲの大発生．採集と飼育，21, 194〜202.
10) 西村三郎 (1961)：同．補遺.同誌, 23, 194〜197.
11) Nishimura, S.(1965): The zoogeographical aspects of the Japan Sea. *Publ. Seto Mar. Biol. Lab.*, 13 (1), 35〜79.
12) 西村三郎・鈴木克美 (1971)：海岸動物. pp. 22〜23, pl.10, 保育社，東京.

13) 大森　信（1981）：食用クラゲの生物学と漁業（総説）．日プランクトン会報，**28**(1)，1～11.
14) Oomori M. and E. Nakano（2001）: Jellyfish fisheries in southeast asia. *Hydrobilogia*, 451, 19～26.
15) 下村敏正（1959）：1958 年秋，対馬暖流系水におけるエチゼンクラゲの大発生について．日水研報，(7)，85～107.
16) 玉重三男（1975）：クラゲの神経と運動．Marine Flowers. pp.12～14，松下電気．
17) 内田　亨（1936）：鉢水母綱．日本動物分類，3(2)，pp.1～94，三省堂，東京．
18) Uchida, T.（1954）: Distribution of Scyphomedusae in Japanese and its adjacen waters. *Jour. Fac. Sci. Hokkaido Univ.*, VI., *Zool*, 12(1・2), 209～219.
19) 安田　徹（1988）：ミズクラゲの研究．水産研究叢書，37，pp.1～136，日本水産資源保護協会．
20) 安田　徹（1995）：再びエチゼンクラゲの大発生．うみうし通信，(9)，6～8.
21) 安田　徹（2000）：1959 年秋から冬に異常出現した巨大エチゼンクラゲ．海洋沿岸域の環境変動とクラゲ類の大発生に関する研究集会要旨．pp.11～14.
22) Yasuda T. and Y. Suzuki（1992）: Notes on edible medusa, *Rhopilema asamushi* Uchida caught in Wakasa Bay, Japan. *Bull. Pl. Soc., Jap.*, 38 (2), 147-148.

§3．アンドンクラゲ　*Carybdea rastoni* Haacke

　アンドンクラゲは夏季の西日本沿岸に多数出現して，海水浴中にチクチクと刺すクラゲである．西日本では"電気クラゲ"や"イラ"などの俗称や地方名で呼ばれてよく知られている（図108→口絵参照）．刺された時の痛さだけでなく，刺傷箇所が痒く，ミミズ腫れ様の炎症まで起こし，折角の楽しい海水浴が台無しとなる．盆以降の西日本の多くの海水浴場が本種の多数出現により閉鎖されてしまう．

　アンドンクラゲはこのように"海水浴で刺すクラゲ"としてよく知られているが，その生態や生活史については殆ど分かっていなかった．これはアンドンクラゲの体が小型で殆ど透明で，また速く泳ぐために，一般によく知られているミズクラゲなどよりもはるかに見つけ難く，詳細な観察が困難なことによるようだ．海水浴で刺したアンドンクラゲを確認できなかったのは，本種がこの目立たないクラゲだからなのです．

　1) **地理分布**：アンドンクラゲはインド洋から太平洋の熱帯および亜熱帯沿岸海域に分布生息する暖海性の立方クラゲである[3, 13, 14, 24]．本種はわが国では沖縄県から北海道南部まで出現し，その出現分布は黒潮などの暖流影響域にほぼ一致し，親潮影響域には出現しない．このことから日本沿岸は西部太平洋沿岸域での本種の分布北限とみられる．

　少しミクロ的にみると，本種は東京湾奥部や瀬戸内海奥部の大阪湾や広島湾には殆ど出現せずに，外海に面した入江などの沿岸域に多く出現する．富栄養化した湾奥部は本種の生息に適さないようである．また本種は黒潮が影響する沿岸域に出現

するので外洋性のクラゲと思われがちだが,外海で採集されたことがほとんどなく,生息場所は沿岸域のごく狭い範囲であると考えられている。

2) アンドンクラゲの近縁種:日本沿岸にはアンドンクラゲを含めて2科5種の立方クラゲが生息している(表20)。このうち,Carybdea sivickisi は和歌山県田辺湾[5,15]や沖縄県阿嘉島[10]から報告された小型種である。一方,ヒクラゲは傘長が20 cmを超すこともある立方クラゲの最大種で,天草沿岸[15]や和歌山県田辺湾[15],また最近冬季の広島湾[18]で本種の出現が報告され,底曳網に混入して漁業者が刺傷するといわれている。ミツデリッポウクラゲも天草沿岸[15]から出現が報告されている。ハブクラゲは沖縄沿岸に生息する大型種で[10,23],その刺症により死亡者まで出ている[9]。

このように,一般に立方クラゲの刺胞毒は非常に強く,人間の社会活動に及ぼす影響も大きい。オーストラリア東海岸のグレートバリアリーフ域に生息し,ウミスズメ蜂(sea wasp)と怖れられている殺人クラゲ Chironex fleckeri も同じ立方クラゲの仲間である[23]。

表20 日本沿岸に出現する立方クラゲ類

アンドンクラゲ科	family Carybdeidae
1) アンドンクラゲ	Carybdea rastoni Haacke
2) (和名なし)	C. sivickisi Stiasny
3) ヒクラゲ	Tamoya haplonema Müller
ネッタイアンドンクラゲ科	family Chrodrophidae
4) ミツデリッポウクラゲ	Tripedalia cystophora Conant
5) ハブクラゲ	Chiropsalmus quadrigatus Haeckel

3) 刺胞毒とクラゲ刺傷事故対策:クラゲの刺胞は餌の捕獲のための道具であるとともに,捕食者から身を守る役割をしているといわれている。図108(→口絵参照)のアンドンクラゲの傘表面の白点は刺胞がたくさん集まった刺胞塊といわれるもので,護身の役割をしていると考えられる。のんびりと漂っているように見えるクラゲであるが,しっかりと自身の防備をしているのです。

表20の5種の立方クラゲのうち,日本沿岸でアンドンクラゲがその出現数からもっとも刺傷被害が多いとみられるが,その刺傷による死亡例の報告はない。しかし,アンドンクラゲの刺胞毒は化学的に分析され,その毒力は大変に強いといわれている[6]。沖縄地方に生息するハブクラゲではその刺胞毒により近年でも数件の死亡例がある[9]。ハブクラゲの刺胞毒はアンドンクラゲと比べて強くないが,太い触手上のより多数の刺胞から多量の毒が注入されることで死亡事故が起きたと考えられている[7]。

クラゲ刺傷対策の一番はクラゲに接触しないことであるが,刺された場合,付着している触手をすみやかに取り除き,それ以上刺されなくすることが大切である。刺傷患部をタオルや砂でこすることはさらなる刺胞の発射を促し,刺症を悪化させ

るので厳禁すべきである。

　4）出現期：7月初旬の夜間，漁港の外灯下に傘長数 mm の小型アンドンクラゲ個体が集群を形成することがある。これらの小型個体はポリプから遊離して間もない幼クラゲである。8月頃になると傘長3cm前後の成体に成長し（図109），下関地方では長くて翌年の1月まで出現が確認されている[20]。

　一般にアンドンクラゲは8月中旬の盆前後から出現し，秋には姿を消すといわれているが，これはアンドンクラゲの体が小さく，また殆ど透明で発見されにくいこと，また9月以降は海で泳ぐ人も少なくなり，刺されることが殆どなくなることからそのようにいわれているのだろう。

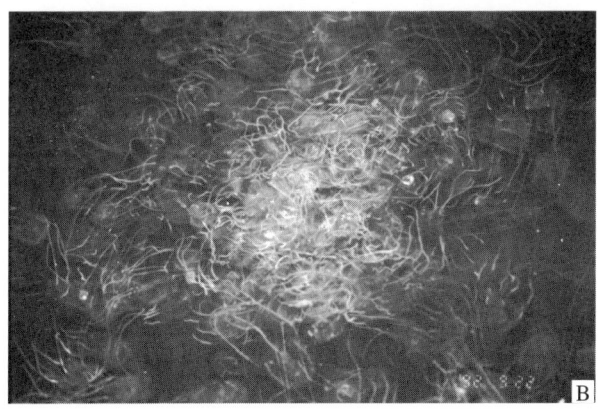

図109　下関市吉見漁港奥部でのアンドンクラゲの集群（A：昼間，B：夜間にライト照射）

上記のように本種の出現期は7月から翌年1月の約7ヶ月に限られるが，幼クラゲの出現時期が梅雨の多量の河川水の流れ込みや台風による暴風雨があると，1ヶ月ほど遅れたり，また早いときは11月中に消失することがある[20]。出現や消失の時期は海況や気候などの環境の影響を強く受けるようだ。

 クラゲ体としての出現期以外の時期はポリプとして生活していると考えられているが，まだ自然水域で本種のポリプは発見されていない。

 5）性　　比：アンドンクラゲが属する立方クラゲ綱のクラゲは雌雄異体である。1991年9月から11月の下関市吉見漁港における性比の平均値は1：1.2（雄：雌）と，やや雌が多い傾向にあったが，時に雌雄のどちらかが2倍以上に偏った出現をすることもあった[20]。

 6）繁　　殖：アンドンクラゲの体はほぼ透明なので，顕微鏡で生個体の卵巣卵を直接観察することができる。卵径が90μmを超える卵巣卵をもつ雌個体が9月初旬から消失直前の12月初旬まで20％以下の低頻度で出現し[20]，この期間に有性生殖が起きることが示唆される（表21）。実際にプラヌラ幼生がこの期間に採集された。また10月初旬に採集した個体を実験室で数日間飼育した水槽底に多数の泳ぎ回るプラヌラが観察された。これらのことから，アンドンクラゲは9月から12月の期間に有性生殖を行うと思われる。またこの時期の昼間に大きく成長したアンドンクラゲの集群が漁港奥のコーナーに見られることがあり（図109A），生殖活動との関係があるものと考えられる。

表21　1991年8月から12月の期間での下関市吉見漁港におけるアンドンクラゲの卵巣卵径の組成変化（上野・満谷[20]より改変）

月　日	卵巣卵径（μm）						計測個体数
	<10	10≦&<20	20≦&<40	40≦&<60	60≦&<90	90≦&<110	
8月 8日	100	0	0	0	0	0	10
19日	70	30	0	0	0	0	10
26日	35	45	16	4	0	0	100
9月 9日	0	20	20	30	10	20	10
23日	0	20	10	30	30	10	10
10月 7日	0	0	30	50	20	0	10
14日	0	0	50	30	10	10	10
11月 5日	0	10	30	30	30	0	10
11日	0	0	60	20	10	10	10
12月 2日	0	0	50	20	10	20	10

 7）成　　長：1991年8月初旬の下関市吉見漁港におけるアンドンクラゲの平均傘幅は6.2mmであった（図110）[20]。その後著しく成長して，9月中旬には平均傘幅が17.2mmまでに達し，20％近くの個体が傘幅20mm以上を示し，28.8mmの

超大型個体も存在した。9月中旬以降では，傘幅15 mm付近にモードをもつ傾向を保ちながら，その頻度分布にほとんど変動がなかった。

1992年では（図111），1991年と違って7月初旬からアンドンクラゲが出現し，7月初めの同漁港で平均傘幅は5.1 mmで，7月下旬まで傘幅の増大は殆どみられなかった[20]。しかし，8月上旬には平均傘幅は9.9 mmまで増大した。その後，8月下旬と9月上旬には平均傘幅は6～7 mmまで減少した。8月後半に2つの台風が来襲し，強い波浪や多量の降雨が何らか関係して成長が阻害されたと考えられる。このことは天候や海況がアンドンクラゲの個体群に強く影響することを示唆している。しかし，9月下旬には平均傘幅が11.9 mmまで回復した。その後11月まで，1991年と同様にサイズ組成に顕著な変動はみられなかった。

以上の結果からアンドンクラゲは7月以前にポリプから遊離して，7月から9月までの僅か3ヶ月で最大サイズにまで成長をするとみられる。その成長速度は8～9 mm／月と算出された。アンドンクラゲによる刺傷が8月以降に限られるのは，7月の傘幅10 mm以下の小型個体では刺胞の刺傷能力が未だ不十分なことによると思われる。また前述したように9月には有性生殖が行われるので，十分な栄養を摂取するために刺胞の活性が高まることも示唆される。ちょうどこの時期は海水浴シーズンであり，アンドンクラゲが餌を捕獲する海域と人間の遊泳域が重なることが本種の刺傷事故を多くし，このために本種が"海水浴で刺すクラゲ"となっているようだ。

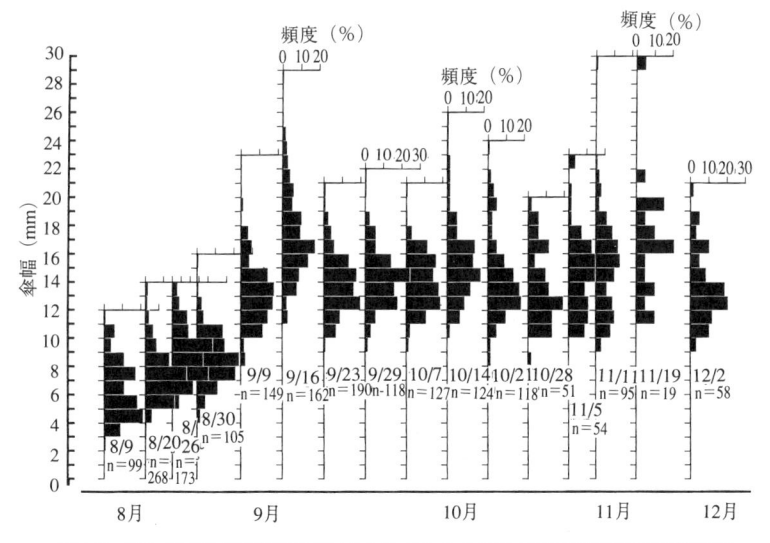

図110 1991年下関吉見漁港におけるアンドンクラゲの傘幅の頻度分布の季節変化（上野・満谷[20]より改変）

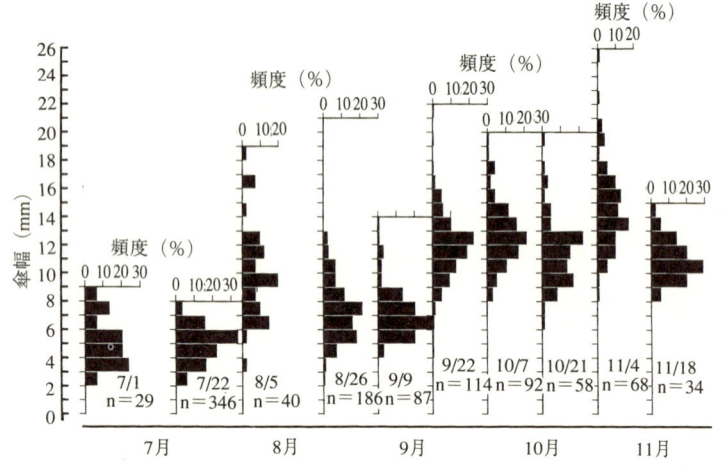

図 111　1992 年下関吉見漁港におけるアンドンクラゲの傘幅の頻度分布の季節変化
（上野・満谷[20]）より改変）

8）平衡石の微細輪紋からの日齢の推定：アンドンクラゲは4本の触手基部の中間に4個の感覚器をもち，1つの感覚器には6個の眼とその先端部に1個の平衡器がある（図112）。平衡器には硫酸カルシウム（$CaSO_4 \cdot 2H_2O$）を主成分とするクラゲとしては比較的大きい0.5 mm 前後の平衡石が1個存在する。

魚類の耳石と頭足類の平衡石では日成長輪が既に発見され[4, 11]，イカについては池田[2]による分かりやすい研究紹介もある。また，刺胞動物では一部のサンゴ虫類でその硬組織の日成長輪が報告されている[21]。しかしクラゲの平衡石については分類学上の形質として取り扱われるにとどまっていた。

ここでは，アンドンクラゲの平衡石中に微細な輪紋をクラゲで初めて発見し，日成長輪の可能性を示唆した Ueno ら[16]と，輪紋を日成長輪と仮定して算出した平衡石の推定形成日が大潮日付近に得られたこと，また濃密な輪紋が小潮日付近に見出されたことから，間接的に日成長輪を証明するとともに，日成長輪形成が潮汐の影響を受けることを指摘した Ueno ら[17]の2研究を簡単に纏め紹介する。

　i）**平衡石の成長**：平衡石は楕円体状で，内側

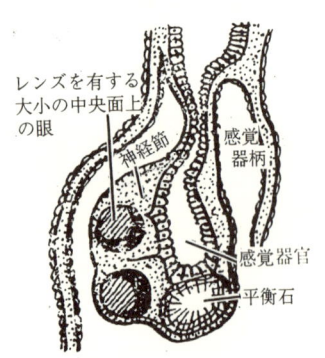

図 112　アンドンクラゲ属の感覚器の断面図　下端に平衡器，左にレンズをもつ2個の眼。（谷津[24]より）

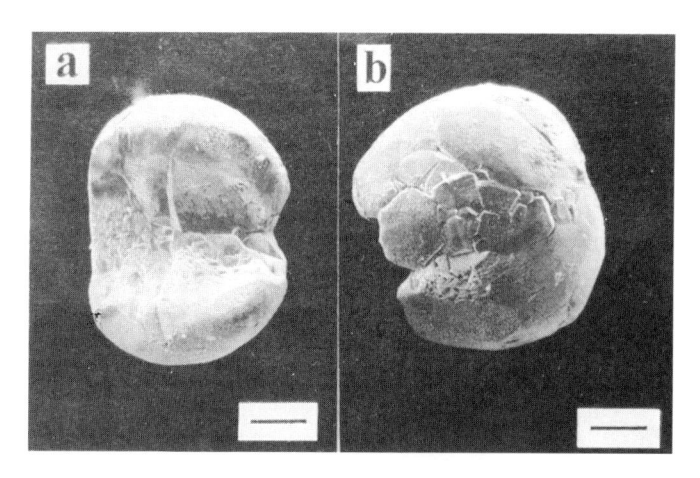

図 113 アンドンクラゲの平衡石の走査型電子顕微鏡写真
a：内側面，b：外側面（スケール：100μm）（Ueno ら[16]）

には長軸に垂直な V 字状の凹みがあり，長軸長は 0.5 mm 前後である（図 113）。平衡石長と傘長の間に有意な正の相関関係がえられた（SL＝3.5×BL＋394, n＝40, r＝0.52, p＜0.001, SL：平衡石長, BL：傘長)[16]。このことはクラゲ体の成長に伴い平衡石が成長することを示唆している。相関係数がやや低いのは，硬組織の平衡石に対して，クラゲ体が餌不足などで収縮しやすい肉質部からなることによると思われる。

　ii）微細輪紋とその形成：アルミナ粒子（粒径：0.3μm）で平衡石を研磨して，その研磨面に多くの同心円状の微細輪紋を発見することができた（図 114)[16]。拡大した研磨面（図 114b）には 102 本の微細輪紋が計数できる。輪紋の間隔は 0.5～2.7μm の範囲にあった。研磨面の大小の亀裂は研磨時にできたもので，劈開しやすい硫酸カルシウム結晶の性質による。

　輪紋数と平衡石長との間にも有意な正の相関関係がえられた（NR＝0.34×SL－72, n＝13, r＝0.77, p＜0.005, NR：輪紋数, SL：平衡石長)[16]。このことは平衡石の成長とともに輪紋が日毎に形成される日成長輪であることを示唆している。

　iii）微細輪紋数から推定したアンドンクラゲの遊離時期：アンドンクラゲではクラゲへの遊離直前のポリプがまだ発見されていないので，クラゲ体のポリプからの遊離時期は不明である。前述したミツデリッポウクラゲとネッタイアンドンクラゲ科の一種のポリプでは平衡石は遊離直前に形成され[1, 22]，アンドンクラゲにおいても同じく遊離直前に平衡石形成されるので，その平衡石中の輪紋を日成長輪と仮定して，輪紋数がクラゲ体の遊離時期を推定することを試みた。

35個体から採取した平衡石で輪紋数は59本から141本の範囲にあった[16]。このうちの28個体の平衡石について，輪紋数と採集日から算出したクラゲ体の遊離日（実際は平衡石の形成開始日，以下便宜上遊離日と表現する）は5月8日から8月23日の間で得られた（図115）。実際に，7月はじめに傘幅2 mm未満の稚クラゲが採集されている[20]。

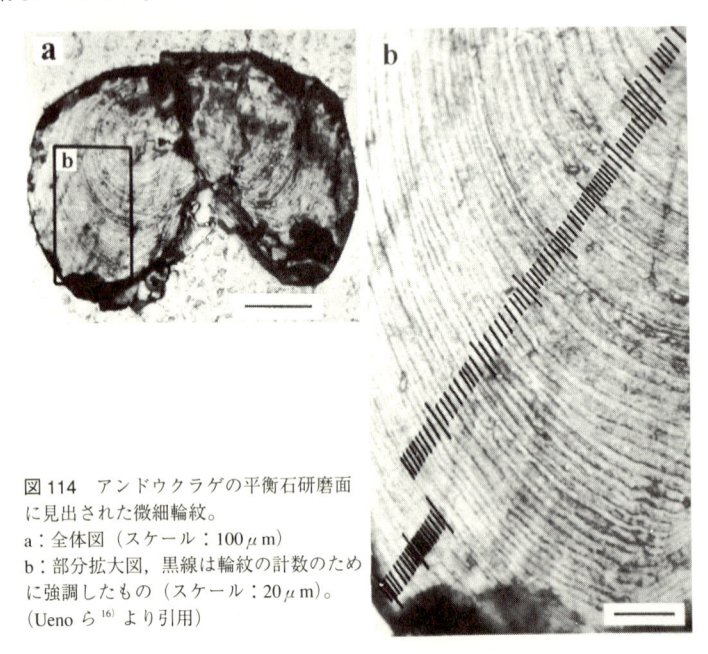

図114　アンドウクラゲの平衡石研磨面に見出された微細輪紋。
a：全体図（スケール：$100\mu m$）
b：部分拡大図，黒線は輪紋の計数のために強調したもの（スケール：$20\mu m$）。
（Ueno ら[16]より引用）

　iv）ポリプからの遊離および輪紋形成と潮汐の関係：クラゲ体の遊離日は満月と新月の大潮日付近にかたよって得られ（表22）[16]，このことは本種の遊離が潮汐の影響を強く受けることを示唆している。また平衡石研磨面に時々みられる濃い輪紋（図117）は大潮日よりも小潮日付近に偏って得られ（表22）[17]，日成長輪の形成にも潮汐が強く影響することを示唆している。
　以上の研究では，日成長輪の形成を直接的に証明していない。魚類稚仔の耳石などで用いられている生体染色の手法を適用して，直接的証明が今後の課題として残されている。また日成長輪形成に潮汐が影響することが示唆されたが，その他の影響要因（餌料，水温，および生殖活動など）について今後の研究の発展が考えられる。
　軟らかいクラゲの体中で唯一の硬組織である平衡石に詰め込まれている豊かな情

報を今後も引き出していきたいものである。

9) **生活史**：アンドンクラゲの生活史は，まだその全容が明らかにされていないが，今までに得られた知見から，下関地方での生活史を纏めると以下のようになる。

まず，ポリプからクラゲへの遊離は，幼クラゲの出現から判断して6月下旬くらいから7月までの期間と，一方，平衡石の微細輪紋数から5月初旬から8月下旬の期間と，それぞれ推定された。幼クラゲの出現期と微細輪紋から推定した遊離の時期が多少ずれているが，遊離が生活史の一つの時期に短期間集中してなく（遊離が大潮日前後に集中する傾向はあるが），初夏から盛夏のやや長期間にわたってポリプからクラゲ体の遊離が起きているだろうことは興味深い。

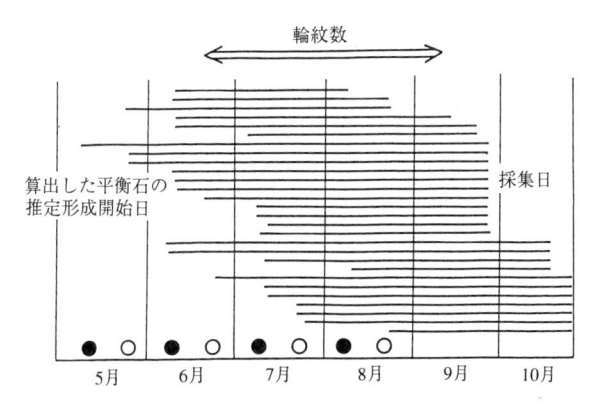

図115　アンドンクラゲの輪紋が1日に一つ形成されると仮定して，採集日と輪紋数から算出されたアンドンクラゲ28個体の平衡石形成開始日（横線の左端）。○：満月　●：新月（Uenoら[17]より改変）

表22　図115で得られた平衡石の輪紋形成開始日と大潮日および小潮日との日数のずれ（Uenoら[17]より改変）

	日数のずれ							
	0	1	2	3	4	5	6	7
	輪紋数から算出した平衡石開始日のずれ日数の頻度							
大潮日	7	12	5	1	2	1	0	0
小潮日	0	0	0	2	0	7	10	9

表23　濃密輪紋が得られた日と大潮日および小潮日との日数のずれ（Uenoら[17]より改変）

	日数のずれ								
	0	1	2	3	4	5	6	7	8
	輪紋数から算出した濃密輪紋のずれ日数の頻度								
大潮日	4	4	8	7	11	16	17	14	1
小潮日	12	14	20	11	8	8	5	4	0

本種は9月には最大サイズまで成長し，12月頃までその体サイズは大きな変動をしない。この9月から12月までの期間に性成熟個体が現れ，有性生殖による再生産活動が行われると思われる。このことは，卵巣卵サイズとプラヌラの出現から判断された。その後，クラゲ体は水温の低下とともに代謝活動を低下させ，へい死すると推察される。

　プラヌラは数日内に水槽底に付着し，3本の触手をもつ初期ポリプとなる。この初期ポリプは付着力が弱く，移動する。そのために，ガラス容器での飼育中に飼育水の流れで簡単にはがれる。今までもこの初期ポリプまでは比較的容易に飼育できているが，これ以上の飼育に成功していない。

　以上が，今までに判明しているアンドンクラゲの生活史であるが，アンドンクラゲ属の基準種である *Carybdea marsupialis* の生活環が明らかにされているので[12]，図116に示した。これによると，移動能力をもつ初期ポリプの触手は8本まで増加し，その後12本の触手をもつ頃には移動しなくなり，その後24本の触手をもつ成熟ポリプとなるといわれている。受精から76日後に成熟ポリプが得られている。12本触手期のポリプの側面から新しいポリプの出芽が始まり，二次変態期のポリプで出芽が完了して新ポリプが誕生する。この新ポリプは出芽を繰り返して，無性的にポリプが繁殖する。三次変態期のポリプの先端部にはクラゲ体が識別できるほどに形成され，五次変態期を最後にポリプからクラゲ体が1個体遊離する。成熟ポリプからクラゲ体が遊離するまでの期間はわずか10日間と短い。遊離した幼クラゲの成長は速く，45日後には性成熟した。

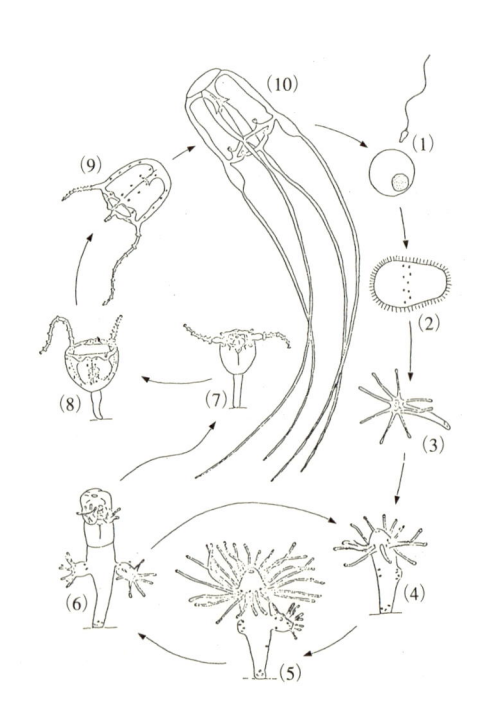

図116　アンドンクラゲ属の基準種である *Carybdea marsupialis* の生活環。(1) 精子と卵，(2) プラヌラ幼生，(3) 8本触手期の匍匐ポリプ，(4) 12本触手期のポリプ，(5) 24本触手期の成熟ポリプ，(6) 二次変態期のポリプ，(7) 三次変態期のポリプ，(8) 五次変態期のポリプ，(9) 遊離後15日目の幼クラゲ，(10) 成体クラゲ　(Studebaker[12] より改変)

アンドンクラゲの生活環も *C. marsupialis* に類似していると思われる。*C. marsupialis* のポリプは，プエルトリコのマングローブが生い茂った汽水域の二枚貝殻上から発見されており[12]，アンドンクラゲのポリプも漁港などの汽水域に生息していると推察される。また，堀田[1]は水族館の水槽に発生したネッタイアンドンクラゲ科の一種のポリプを飼育して，わが国で初めて立方クラゲを遊離させることに成功し，遊離直後の幼クラゲの形態について報告しており，わが国においても立方クラゲの生活史について次第に知見が蓄積されてきている。

アンドンクラゲの初期ポリプ以降から，クラゲ体への遊離（変態）までの生活形について早く明らかにしたいものである。

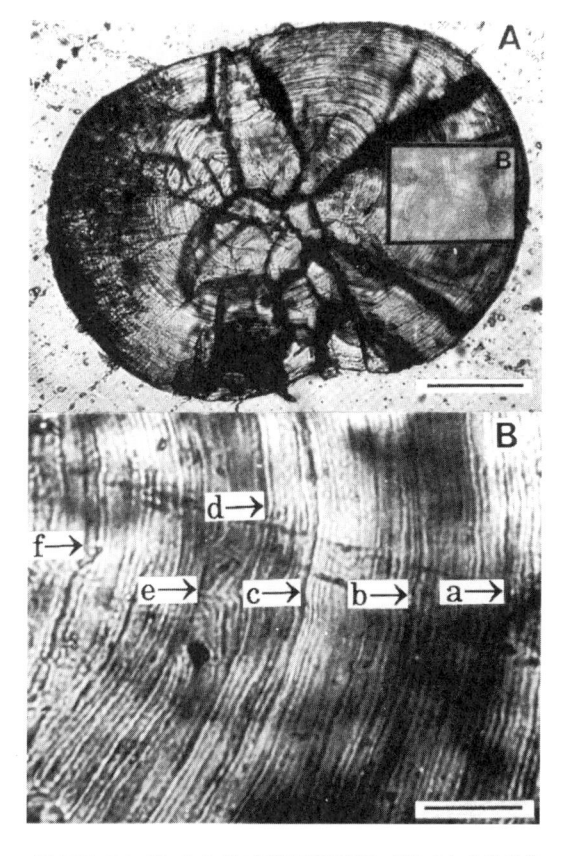

図117 アンドンクラゲの平衡石研磨面に見出された濃度輪紋。：全体図（スケール:100μm）(Ueno ら,[16]) B：拡大図（スケール：25μm）(Ueno ら,[16])

10) 遊泳行動（障害物の明暗がアンドンクラゲの遊泳行動に及ぼす影響実験）：
速く遊泳するアンドンクラゲは，漁港などの障害物が多い水域に生息しているが，堤防や停泊漁船に衝突する直前に遊泳方向を変えて，衝突を回避する行動がしばしば観察される。これは本種がレンズを有するよく発達した眼をもつことから[24]，視覚的に障害物を認知して衝突を回避していると推察される。しかしながら，水槽でアンドンクラゲを飼育すると，水槽壁へ頻繁に衝突し，これが主原因で衰弱して1週間以上の飼育が困難である。自然では衝突を回避するが，飼育水槽中で回避できない謎を解明し，アンドンクラゲを水槽で長期間飼育する方法の開発のために行っ

た実験の結果[19]を簡単に紹介する。

 i) **黒色シートをはり付けた水槽壁面への反応**：大多数のアンドンクラゲは黒色シートを貼付けた壁面に向かっていた遊泳を壁面の約 10 cm 前で止め，旋回して壁面から遠ざかる行動を示した。その結果，多くの個体が水槽中央部に集まって旋回遊泳を続けた。

表24　飼育水槽の内面に貼った明度が相違するカッティングシートのアンドンクラゲの15分間の衝突頻度（上野ら[19]より改変）

シート	明度 ($\mu M/s/m^2$)	実験-1 (%)	実験-2 (%)
白	0.13	8.1	8.3
明灰	0.10	21.6	25.0
灰	0.05	35.1	45.8
暗灰	0.03	29.7	16.7
黒	0.00	5.4	4.2
衝突回数		37	24

シート	明度 ($\mu M/s/m^2$)	実験-3 (%)	実験-4 (%)	実験-5 (%)
白	0.13	37.0	—	—
明灰	0.10	—	31.9	—
灰	0.05	63.0	—	83.3
暗灰	0.03	—	68.1	—
黒	0.00	—	—	16.7
衝突回数		46	72	36

シート	明度 ($\mu M/s/m^2$)	実験-6 (%)	実験-7 (%)	実験-8 (%)
白	0.94	35.0	—	—
明灰	0.57	—	37.5	—
灰	0.30	65.0	—	75.0
暗灰	0.24	—	62.5	—
黒	0.05	—	—	25.0
衝突回数		20	16	12

シート	明度 ($\mu M/s/m^2$)	実験-9 (%)	実験-10 (%)	実験-11 (%)
白	16.80	37.1	—	—
明灰	10.00	—	30.7	—
灰	5.80	62.9	—	68.4
暗灰	3.25	—	69.3	—
黒	0.42	—	—	31.6
衝突回数		35	26	19

ii）明度が異なるカッティングシートへの反応（表24）：高明度と低明度のシートに低い衝突頻度が，一方，中間明度のシートに高い衝突頻度が，実験室の明るさに関係なく得られた。また中間明度のうちより，低明度のシートで高い衝突頻度が得られた。以上の結果は，アンドンクラゲが高明度と低明度のシートを認知して衝突を回避し，中間明度で認知できずに衝突することを示唆している。

上記の2実験での高明度と低明度のシートへの反応から，堤防，停泊漁船また浅海底などにアンドンクラゲが遊泳接近すると，遊泳方向を変え，衝突を回避しているのは光量の減少または増加を感知しての逃避行動と推察される。一方，中間明度のシートへの高頻度な衝突は，アンドンクラゲが中間明度の障害物を認識していないことを示唆している。アンドンクラゲが沿岸の浅海域で最も普通に遊泳する水平方向の明度は中間明度である。

また，本実験結果は飼育水槽壁を白または黒にすることで，アンドンクラゲの長期飼育の可能性を示唆している。内壁面が黒い水槽では，アンドンクラゲが壁面に衝突する頻度は著しく減じ，多くのものが水槽の中央部分に集まって泳ぐ行動を示した。実際に，ポリエチレン製黒色シートを内面に貼った水槽で，アンドンクラゲを2ヶ月間飼育することができた。これらの結果の適切な応用により，アンドンクラゲだけでなく今まで困難とされている他の立方クラゲの長期飼育も可能となるだろう。

11）**生態的希有例**：アンドンクラゲの生態に関して，今まで観察されていない非常に珍しい2つの事例について報告を纏め記述した[9]。

i）入れ子状態のアンドンクラゲ（図118）

1998年9月神奈川県柴崎海岸の5m沖，水深3mの水面近くで入れ子状態の2個体のアンドンクラゲが発見された。この入れ子状態で2個体を採集でき，水槽中でその行動の詳細を観察した。2個体は葉状体を重ね合わせるようなはまり方で密着し，外側の個体は拍動がなく，内側の個体の拍動により遊泳した。採集した多数のアンドンクラゲを小さな水槽に高い密度で収容した場合，このような入れ子現象は時々観察されることから，自然での密集状態で起きた非常に希な事例と思われる。

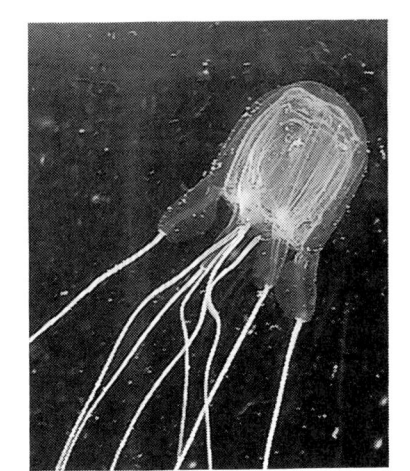

図118 入れ子状態のアンドンクラゲ（大石ら[8]（1999）の図から引用：水中写真家大石博人氏撮影）

ii) 体全体が赤色のアンドンクラゲ（図 119）：1991 年 10 月山口県川棚漁港の最奥部，水深約 2 m の表面近くで体全体が真っ赤にそまった 1 個体のアンドンクラゲが発見された。採集して，飼育後徐々に色があせ始め，3 時間後には無色になった。

採集地点のそばに小規模な漁獲物水揚げ場と魚類解体工場があり，そこから流れ出た魚類の血液を多く含む内臓や肉片など（肝臓，心臓，血合い肉など）を捕食したアンドンクラゲが消化中に着色したと推察される。これと類似した現象が，色素を多く含む稚魚やゴカイなどを飼育下でアンドンクラゲに投与したときに胃腔や放射嚢が黄色く着色し，時に自然水域でも同様な薄い着色は観察されることであるが，本個体ほどに鮮明に着色した事例はきわめて珍しい。

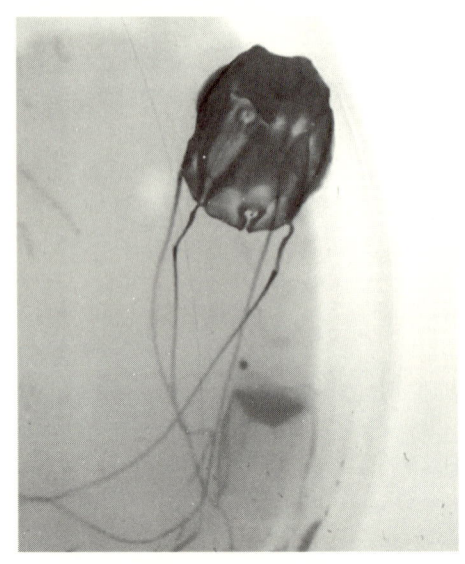

図 119 体全体が赤色のアンドンクラゲ（大石ら[8] より）

文　献

1) 堀田拓史（1990）；水槽内に出現した立方水母のポリプとその変態について．動水誌，31，6～10．
2) 池田　譲（1998）：平衡石から探るイカの暮らし．うみうし通信，19，8～9．
3) Kramp, P. L. (1961) Synopsis of the medusae of the world. *J. mar. biol. Ass. U.K.*, 40, 7-469.
4) Kristensen, T. K. (1980): Periodical growth rings in cephalopod statoliths. *Dana*, 1, 39～51.
5) 久保田　信（1998）：田辺湾周辺海域の腔腸動物立方水母目（刺胞動物門，立方クラゲ綱）．瀬戸臨海実験所年報，11，33～34．
6) Nagai, H., Takuwa, K., Nakao, M., Ito, E., Miyake, M., Noda, M. & Nakajima, T. (2000)：Novel proteinaceous toxins from the box jellyfish（sea wasp）*Carybdea rastoni. Biochem. Biophys. Res.*, 275, 582～588.
7) Nagai, H., Takuwa, K., Nakao, M., Oshino, N., Iwanaga, S. & Nakajima, T. (2002)：A novel protein toxin from the deadly box jellyfish（sea wasp, habu-kurage）*Chiropsalmus quadrigatus. Biosci. Biotechnol. Biochem.*, 66, 97～102.
8) 大石博人・永井宏史・久保田　信・上野俊士郎（1999）：野外で見られたアンドンクラゲ

（立方クラゲ綱，アンドンクラゲ科）の生態的希少例．南紀生物，41，49〜50．
9) 大城直雅（1999）：ハブクラゲ刺症による死亡事例．平成10年度海洋危険生物対策事業報告書．
10) 大城直雅・岩永節子（2000）：沖縄の危険な海洋生物．みどりいし，11，12〜14．
11) Pannella, G. (1971): Fish otoliths: daily growth layers and periodical patterns. *Science*, 173, 1124〜1127.
12) Studebaker, J. P.（1972）:Development of the cubomedusa, Carybdea marsupialis. A thesis for the degree of Master of Science, Univ. of Puerto Rico, 60p, 5 plates.
13) Uchida, T. (1938): Medusae in the vicinity of the Amakusa Marine Biological Station. *Bull. Biogeogr. Soc. Jpn.*, 8, 143〜149.
14) Uchida, T. (1955): Scyphomedusae from the Loochoo Islands and Formosa. *Bull. Biogeogr. Soc. Jpn.*, 16〜19, 14〜16.
15) Uchida, T. (1970) Revision of Japanese Cubomedusae. *Publ. Seto Mar. Biol. Lab.*, 17, 289〜297.
16) Ueno, S., Imai, C. and Mitsutani, A. (1995): Fine growth rings found in statolith of a cubomedusa *Carybdea rastoni*. *J. Plankton Res.* 17, 1381〜1384.
17) Ueno, S., Imai, C. & Mitsutani, A. (1997): Statolith formation and increment in *Carybdea rastoni* Haacke, 1886 (Scyphozoa: Cubomedusae): evidence of synchronization with semilunar thythms, p.491〜496. In: *Proceedings of the 6th International Conference on Coelenterate Biology* (*ed. den Hartog, J. C.*). Nationaal Natuurhistorisch Museum, Leiden.
18) 上野俊士郎・河村真理子・佐々木克明・久保田 信・山口麻美（2000）：最近のヒクラゲ（刺胞動物：立方クラゲ綱）の出現と若干の生物学的観察．2001年度日本海洋学会春季大会口頭発表．
19) 上野俊士郎・光森心一・野田幹雄・池田 至（2000）：障害物の明暗がアンドンクラゲの遊泳行動に及ぼす影響．水産大学校研究報告，48，255〜258．
20) 上野俊士郎・満谷 淳（1993）：響灘沿岸域におけるアンドンクラゲの生態と生活史．1993年度日本海洋学会春季大会口頭発表．
21) Well, J. W. (1963):Coral growth and geochronometry. *Nature*, 197, 948-950.
22) Werner, B., Cutress, C. E. & Studebacker, J. P. (1971): Life cycle of *Tripedalia cystophora* Conant (Cubomedusae). *Nature*, 232, 582〜583.
23) 山口正士（1982）：立方クラゲ類とその生活史．海洋と生物，4，248〜254．
24) 谷津直秀（1918）：アンドンクラゲの解剖．動物学雑誌，351, 24-27．

第2章　クラゲ類と産業活動

I. クラゲ類による被害

　クラゲ類が産業および人類に直接与えた損害または事故の実態について，著者の知る限りの記録をまとめてみた。

§1. 漁業被害

　表25a, b はわが国で現在までに記録された中，大クラゲ類の出現と漁業被害および水生生物被害を加えて整理したものである[31, 66]。これによるとクラゲ類による漁業被害は，1920（大正）年代から確実に生じており，最近に至るまで少なくとも30例以上に達し，近年になって次第に増加傾向にあることが明らかである。主な漁業被害の中で，特に，巨大エチゼンクラゲ（最大傘径1～2 m，重量150～200 kg）による被害[39, 40, 53]は注目されよう（図120, 121→口絵参照）。

　本種は1920～24年にかけて富山，福井両県下で主にブリ対象の大型定置網に損害を与えた他，1958年の8月上旬～10上旬に日本海の沿岸から沖合海域にかけて大発生し，大型小型定置網，旋網，刺網および底曳網等を始め，あらゆる使用漁具に大損害を与えた（第1章　エチゼンクラゲ，図103参照）。

　つまりこの巨大クラゲの入網によって各種の網漁具を破損させたり，網の目詰まりを起こして魚群の入網が阻止され，揚網が困難となり，さらには魚体の損傷を招き，鮮度を著しく低下させるに至った。その後，この巨大クラゲは，津軽海峡を通過中に浮遊機雷と誤認されて，青函連絡船の夜間運航を中止させたり，北海道の噴火湾では，サバ定置網に損害を与えた後，10月下旬には三陸沿岸に南下して，ここでもサンマ棒受網の漁船に大損害を与えた。その時，サンマ 375 kg に対して，エチゼンクラゲは3倍以上も混入したため，網を切断した船が続出したという。その後，11月下旬には，福島県の底曳網漁船を一斉に休漁に追い込み，12月上旬には，鹿島灘に出現して，旋網漁業の操業を停止させるに至ったことが記録されている[39, 40]。

　ズワイガニを対象とする日本海側の底曳網漁業者達には，その後も被害が続き，この巨大クラゲが12月以後海底に沈降，集積しはじめ，その結果，曳網不能となり，更に網の損傷や漁獲量の著しい減少を招いて，新潟県の関係者は県へ経済援助の陳

—139—

情をするという事態にまで発展し，当時のクラゲによる被害の大きさと漁民の窮状がいかに切実なものであったかが十分に窺える[39, 40]。

図122　ミズクラゲの漁業被害とその対応に追われる漁業者
A, B, C：1971年7月福井県敦賀半島西部沿岸の菅浜～丹生地域定置網に入ったミズクラゲとその排除作業の状態（山川文男氏提供）
D, E：　1981年7月熊本県八代海の三角地域壺網，羽瀬網に入った同種クラゲ
　　　　（平田　満・村上博夫両氏提供）

その後約40年を経過した1995年の9月下旬～10月上旬に，再び巨大クラゲは，山口～福井県若狭湾沿岸に至る海域に一斉に出現し，以後北上して1958年の場合と同様津軽海峡を通過し，12月には岩手～宮城県北部沿岸に達した（第1章　エチゼンクラゲ，図104参照）[67]。主に定置網，小型底曳網および旋網漁業等に被害を生じて，1操業当たり100～200個体以上が流入して，揚網不能，網の破損，漁獲物の減少を招いたが，幸にも1958年程の被害に至らなかった。

　ところが，このクラゲは，7年後の2002年に4度目の異常出現を示し，8月から玄界灘～山陰沿岸に突然現れた（図105参照）。その後，成長しつつ9～10月上旬にかけて京都，福井，石川3県および富山湾の沿岸と一部の沖合に至る海域に一斉に出現，分布し，以後北上を続けて10月下旬には既に秋田，青森県沿岸に達した[12, 37]。このため大型・小型定置網，旋網等に1操業当たり200～500個以上，エビ，カニ

図123　小浜湾口の定置網に入ったアカクラゲとミズクラゲによる被害
　　　（AとB）（1997年6月下旬　小浜漁港　著者の撮影による）

類対照の小型底曳網でも 5～10 個以上のクラゲが入網し，漁獲量の減少や漁獲物の著しい鮮度低下を招いた。このため，被害金額は福井県の旋網漁業，島根県の定置網漁業だけでも，それぞれ 1 千万円以上と見積もられ，漁民の深刻な問題となっている[12, 13, 37]。日本海全沿岸と沖合漁業が受けた被害金額は，予想をはるかに上回る厖大な金額に達するものと推察されているが，詳細については機を改めて述べることにしたい。

次に，局所的ではあってもミズクラゲによる漁業被害[66]も決して小さなものではない。1948 年以後，特に 1970 年代から現在に至るまでにミズクラゲの被害が頻繁に生じ，最近はむしろ増加，拡大傾向にある。被害内容は，エチゼンクラゲの場合と同様で，主に定置網や底曳網等に大量に入網して，ブリ，イワシ，アジ，サバ類等の浮魚類やエビ，カレイ類等の底魚類の漁獲量を減少させると共に，鮮度の著しい低下を引き起こし，時には揚網不能となって，網を切断せざるを得なくなり，休漁を余儀なくされたことである。1971～72 年の福井県，1976～77 年の京都府の場合，あまりにもクラゲの量が多すぎて操業ができなくなり，対策の陳情が相次ぎ，京都府では沿岸漁民の大半が数十日もクラゲ消滅のための祈祷を続けたという[66]。

その後，岡山県下における被害の他，熊本県八代海では，1980～85 年まで，5～7 月にかけて毎年本種の異常発生が見られ，主に小型定置網に被害が続出して，水揚量が例年の 1/3 以下となり，漁民の深刻な問題となった（図 122A～E）[66]。その後

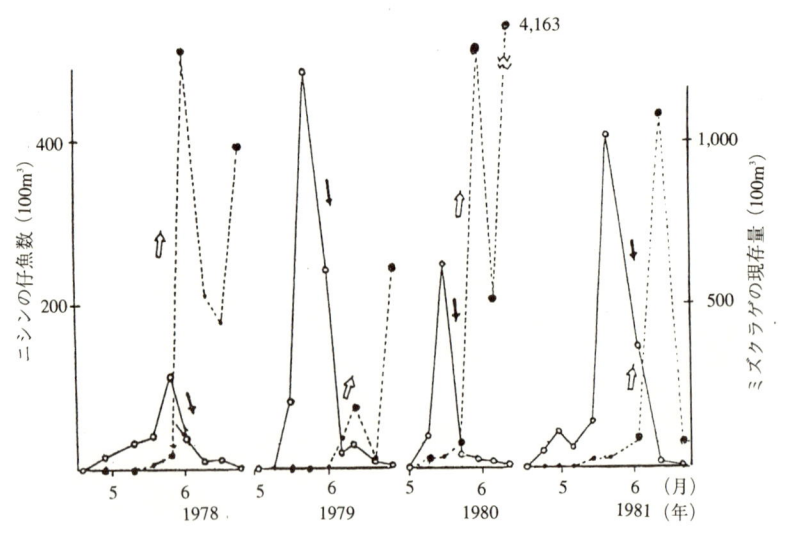

図124 キール湾におけるニシン稚魚数（白丸と実線）とミズクラゲ現存量（黒丸と点線）との関係（矢印は両者の増減状況を示す）[36]

1990年代に入ると，後述する刺胞毒の強いアカクラゲ（図126b-A）[45]やヨウラクラゲ *Agalma okeni*（図126a-B）[51]，生殖腺の発光で知られるオワンクラゲ *Aequorea coerulescens* [46]が加わった複数種による被害に変り，更にサルパ類や時にゾウクラゲ類も加わって，日本海沿岸を中心にその被害水域は，次第に拡大していく傾向が明らかである（表25）[30, 31, 66]。

その他，1950年秋田県八郎潟と石川県七尾湾の場合には，ミズクラゲの他サルパの一種 *Salpa fusiformis* の異常出現により，魚類のへい死やこれを捕食した水鳥類の大量へい死，更には藻類の枯死を招いた事例[52]さえある。また，ミズクラゲの被害は外国でも古くから知られており，バルト海のニシンやタラ用のトロールに本種が多量に混入して網を破損し，操業不能となって漁場の移行[44]をせざるをえなくなったり，カマス用の蓄養網に入って，へい死率を急激に高める原因[15]になったことが知られている。2002年8月には，スコットランド島の沖合にある養魚場に，クラ

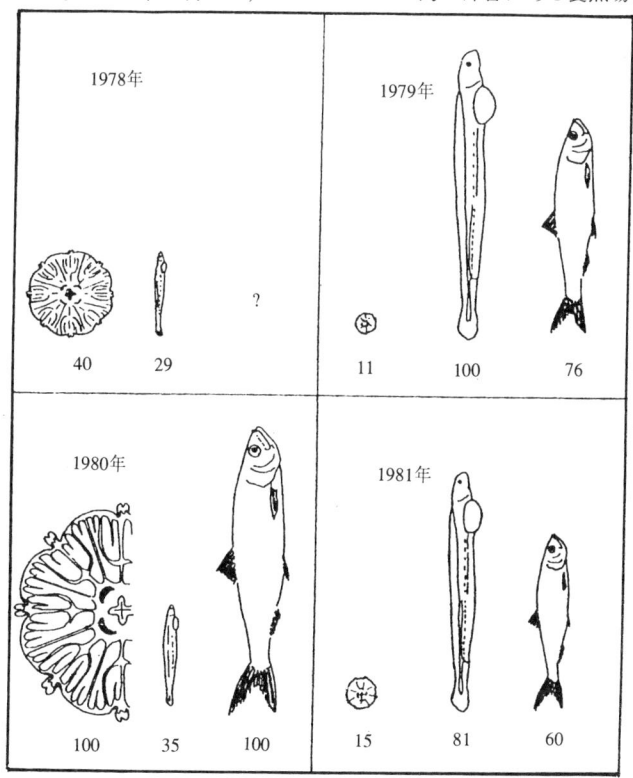

図125 キール湾における若いミズクラゲの出現量とニシンの一種 *Clupea harengus* の稚魚数および成魚漁獲数との関係（図中の数字は各3群の最大数を100とした場合の出現比を示す）[36]

表 25a　クラゲ類による漁業被害（安田 1988 [66] と黒田2000 [31] に追加）

発生年月	海　域	被害漁業または水産生物	種　名
1920年10～12月	富山県・富山湾	ブリ大型定置網，地曳網，手繰網	エチゼンクラゲ
	福井県・若狭湾沿岸	同上	エチゼンクラゲ
1922年11月	福井県・若狭湾音海沿岸	大型・小型定置網	エチゼンクラゲ
1924年？	福井県・若狭湾沿岸	大型・小型定置網	エチゼンクラゲ
1935年？	秋田県	ハタハタ建網	エチゼンクラゲ
1937年7月－1938年1月	青森県・大畑	各種網漁具	エチゼンクラゲ
1938年？	日本海沿岸	－	エチゼンクラゲ
1942～43年？	青森県・深浦	－	エチゼンクラゲ（？）
1948年？	福井県・若狭湾沿岸	定置網，小型底曳網	ミズクラゲ（？）
1950年7～9月**	秋田県・八郎潟	シラウオ，サヨリ，クロダイ，シジミ，水鳥の異常へい死，淡水藻類の枯死	ミズクラゲ
	石川県・七尾湾	イシモチの異常へい死	ミズクラゲ
	福井県・若狭湾沿岸	大型・小型定置網	ミズクラゲ
1950年10月	青森県・深浦	手繰網	エチゼンクラゲ
1951～52年？	新潟県・能生，小泊	－	エチゼンクラゲ
1952年7～8月	京都府，福井県・若狭湾西部沿岸	大型・小型定置網	ミズクラゲ
1953～55年？	石川県・金石	－	ミズクラゲ
1955～56年5～8月，10～12月	石川県，輪島，宇出津		
	富山県・富山湾沿岸	大型・小型定置網	エチゼンクラゲ
	石川県・内浦，輪島　福井県・高浜	同上	エチゼンクラゲ
1957年4～6月	青森県・大畑　山形県・酒田	小型定置網，小型底曳網	ミズクラゲ
	京都府・宮津湾	同上	オワンクラゲ（？）
1957年10～11月	山形県・加茂　福井県・小浜	同上？	エチゼンクラゲ
1958年8～12月	本州日本海全域，八戸，三陸沖，鹿島灘	大型・小型定置網，底網，底建網，巾着網，刺網，地曳網，延縄，小壷網，棒受網	エチゼンクラゲ
1968年6～12月	富山県・富山湾，石川県・七尾湾	小型底曳網，桁網	ミズクラゲ
1971-72年6～10月	福井県，京都府・若狭湾西部沿岸	大型・小型定置網，小型底曳網，桁網	ミズクラゲ
1975年5～9月	福井県・若狭湾西部沿岸	同上	ミズクラゲ
1976年4～7月	京都府・宮津湾，舞鶴湾	小型定置網，底曳網，刺網	ミズクラゲ
1980年5～8月	熊本県・八代海沿岸	小型定置網，壷網，羽瀬網，流網	アカクラゲ
1981年5～8月	福井県・内浦湾	刺網	ミズクラゲ
	岡山県沿岸	小型定置網，底曳網	ミズクラゲ
1981年5～8月	熊本県・八代海沿岸	壷網，小型定置網，羽瀬網，流網	ミズクラゲ
	沖縄県・北谷沿岸	建干網	ハブクラゲ
1983～85年5～8月	熊本県・八代海沿岸	壷網，小型定置網，羽瀬網，流網	ミズクラゲ
1985年8～9月	京都府・栗田湾	刺網，小型定置網	ミズクラゲ
	福岡県・古賀市花見浜	－	エチゼンクラゲ
1994年秋～冬	兵庫県・香住	－	エチゼンクラゲ
	福岡県・玄海沿岸	－	
1995年7～8月	千葉県・館山湾	刺網	アカクラゲ
9～12月***	日本海全沿岸（青森，山口県）	大型・小型定置網	エチゼンクラゲ*
	岩手県・釜石	同上	エチゼンクラゲ
1997年3～6月***	日本海沿岸（山形-島根県）	大型・小型定置網，小型底曳網，刺網，延縄，一本釣	ミズクラゲ／アカクラゲ*

表 25b　クラゲ類による漁業被害（安田 1988 [66] と黒田 2000 [31]）に追加

発生年月	海　域	被害漁業または水産生物	種　名
1998年5～12月	福井県・若狭湾沿岸	大型・小型定置網, 小型底曳網	ミズクラゲ
	兵庫県・竹野沿岸		ヨウラククラゲ
1999年4～8月**	日本海沿岸（山形, 福岡県）	大型・小型定置網, 小型底曳網 刺網, 延縄, 一本釣	ミズクラゲ アカクラゲ, 一部オワンクラゲ*
	瀬戸内海全沿岸	同上（？）	ミズクラゲ
2000年3～8月**	日本海全沿岸（青森-山口県）	大型・小型定置網, 小型底曳網 刺網, 延縄, 一本釣	ミズクラゲ アカクラゲ, 一部オワンクラゲ*
8～10月	福井県・丹生～西小川, 京都府・若狭湾西部沿岸	養殖漁場	ギンカクラゲ*
2002年8～12月	日本海全沿岸（青森～福岡県）	大型・小型定置網, 巻網, 大型・小型底曳網	エチゼンクラゲ*

*　　　著者の同定による
**　　サルパ類（主にトガリサルパ Salpa fusiformis）
***　サルパ類の他, ゾウクラゲ類（主にハダカゾウクラゲ Pterotrachea cornata）を含む。

ゲ（おそらく本種）の大群が侵入して, 90万尾のサケ（ギンザケと思われる）が全滅, 被害金額は, 実に3億6千万円に達したという [11]。次に, ミズクラゲによる魚類資源への影響を量的に証明した事例を紹介しておきたい。ドイツのキール湾 [36] は, 例年3～4月にニシン科の一種 Clupea harengus の重要な産卵場の一つとして知られている。ここでは, ニシン発生量とミズクラゲの出現量および刺網によって漁獲される親魚数との関係 [36] が調べられ, 極めて重要な興味ある結果が報告されている（図124, 125）。

それによるとキール湾の26定点で, 1978～81年の4～5月の間に, 大型プランクトンネット（口径1 m, 網目0.5 mm）で週毎に採集されたミズクラゲとニシン仔魚の出現量には図124, 125に示されたように密接な関係があり, 前者の量が増加すると後者は著しく減少することを明らかにした。当然のことではあるが, ミズクラゲが多くて仔魚発生量が少なかった1980年の翌年は親魚数が少なかった。これに対してニシン親魚の数と仔魚の発生量との直接的な関係は不明瞭であったと述べられている [36]。　このように, 本種の魚類プランクトンに与える食害の影響も資源量推定の際に重要な問題を提起しているといえる。

その他の例としては, 沖縄県北谷沿岸でのハブクラゲ Chiropsalmus quadrigatus（図126 a-D）の建干網の被害 [63] や福井県内浦湾と千葉県館山湾におけるアカクラゲ（図126 b-A）による刺網の被害 [66] もあるが, これら2種のクラゲは, 操業困難を引き起こしただけでなく, 刺胞毒が強いため健康上の被害も併発した事例である。最近では前述したように, アカクラゲはミズクラゲと混合して出現するようになった

のが特徴である（表25a, b, 図123 A, B）。その他の特異な漁業被害として，2000年8～10月に若狭湾西部沿岸，特に西小川～丹生地域のマダイ，トラフグ養殖場に，突然多数のギンカクラゲ *Porpita pacifica*（図126 a, c）[46]が漂着した。毒性の強いヒドロ虫類の一種と判断されたので，その刺胞毒が魚体に及ぼす影響を考慮し[54]，生簀内に流入したクラゲの排除作業がなされた。今回のような本種の多量出現は，極めて稀な事例と思われる。

図126 a　有毒クラゲの外形
A：カツオノエボシ（フロート20～30 cm，主触手10 m以上。キール大 Th. Heeger 助教授提供）
B：ヨウラククラゲ（群体の長さ20～30 cm。椎野，1969を修正引用[51]）
C：ギンカクラゲ（フロートの直径3 cm。キール大 Th. Heeger 助教授提供）

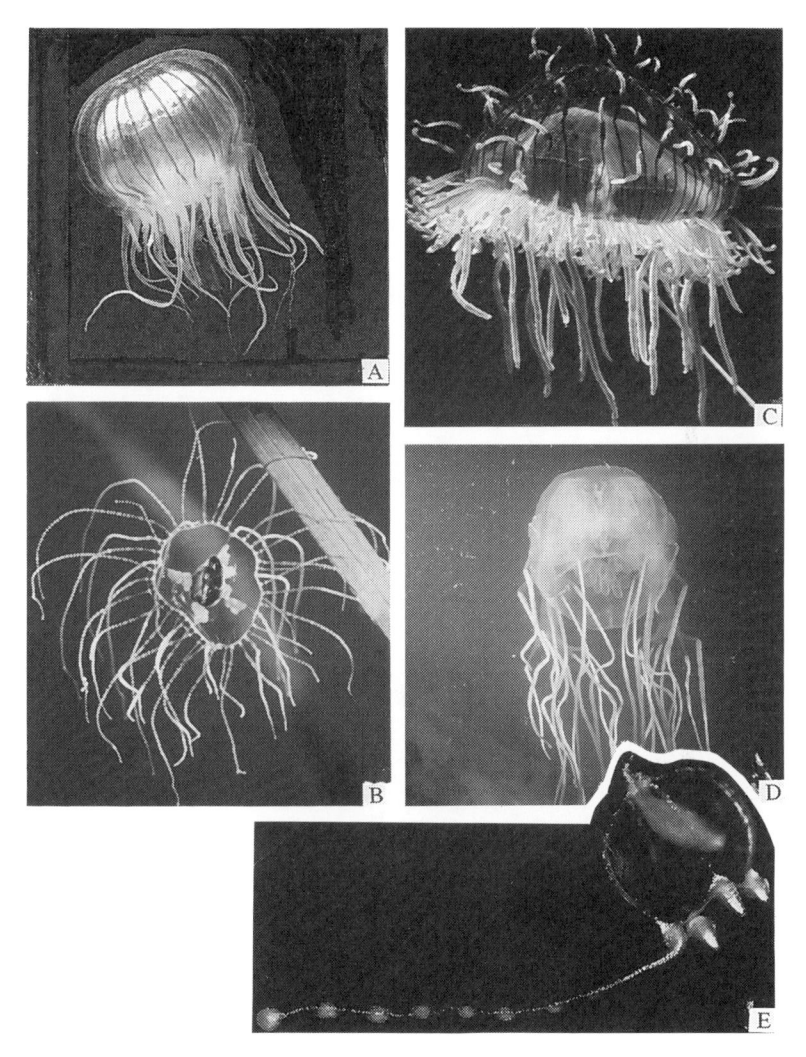

図126b　有毒クラゲの外形
A：アカクラゲ（傘径 12 cm。アクアコミュニティ提供）
B：カギノテクラゲ（傘径 1.5 cm。東京シネマ新社提供）
C：ハナガサクラゲ（傘径 10 cm。東海大田中洋一氏より[61]）
D：ハブクラゲ（傘径 10 cm。琉球大山口正士教授提供）
E：カタアシクラゲ（傘径 2 mm，傘高 4 mm。アクアコミュニティ提供）

§2. 臨海工業の被害

近年の臨海工業の発展は目覚しいものがあり，特にわが国各地の沿岸には火力，原子力発電所が次々と建設されている。ここでは冷却用に大量の海水が用いられるが，新聞やテレビでしばしば報道されるように，クラゲの流入による事故が後をたたない。事故の大半は，クラゲ類の流入によって防塵用ロータリースクリーンが閉鎖し，出入側に落差，圧力差が生じ，シャーピン，チェーン，軸受け等が破損する場合が最も多く，その結果，復水器冷却用海水の取水量を制限または停止せざるを得なくなり，これによって発電機の負荷制限，最悪の場合には発電停止に至るというケースである[34, 66]。

表26はクラゲ類による年度別の事故事例を，著者の手元にある資料のみについてまとめたものである。これによると1962年から現在までに生じた発電所の事故は実に140回以上に達し，そのうち発電量の出力制限または発電停止に至った事故は78回以上にも及んでいる。そうして当然ながら建設地が拡大して発電所数が増加する

図127 ミズクラゲの臨海工業被害とその対応に取り組む人々
A： 1973年7月愛知県E火力発電所の取水路に集積されたミズクラゲ群
B： 同所での排除作業状態（森本義寿氏提供）
C, D： 1967年兵庫県B火力発電所の取水口付近で水揚げされた同クラゲ群とその排除作業状態（松枝功喜氏提供）

と，事故件数もまた次第に増加傾向にある。主な事故の中で，1963年5～9月，東京湾沿岸5カ所の火力発電所の事故は32回にも達し，次いで1967年5～9月，兵庫県姫路と大阪府多奈川の火力発電所では16回，1973年6～8月愛知県渥美の原子力発電所では10回以上の発生があり，日本海側でも1971年6～10月の間に福井県敦賀の原子力発電所で9回に及ぶ事故記録がある[66]。事故回数こそ少なかったが，1972年7月19日の正午前，東京湾西部の火力発電所の取水口に，約200トンのクラゲが押し寄せて突然停電となった際には[33]，東京都内の一般家庭30万世帯の他，

図128　大型鉢クラゲ2種による臨海工業の被害
A：　1973年8月静岡県浜岡の原子力発電所取水口で水揚げされたビゼンクラゲ
　　　（傘径30～40cm。森本義寿氏提供）
B：　1984年8月香川県高松の火力発電所取水路に出現したユウレイクラゲ
　　　（傘径20～30cm。伊藤宏氏提供）

交通機関のほとんどが麻痺し，都内約 1,000 カ所の交通信号も停止して車が各所で立往生し，マンションやビルではエレベーターに缶詰め状態になる人が続出，手術

表26 クラゲ類による臨海工業被害（安田 1988 [66] に追加）

発生年月日	発電所所在地	被害状況	事故回数	種名
1962年1月	神奈川県・東京湾：横須賀	出力制限	1 (1)	ミズクラゲ
1963年5～9月	神奈川県・東京湾：横須賀, 横浜, 川崎　千葉県・東京湾：千葉, 五井	ロータリースクリーン破損, シャーピン破損, 出力制限	32 (25)	ミズクラゲ
1964年4～7月	同上	同上	7 (1)	ミズクラゲ
1964年6～7月	大阪府・大阪湾：多奈川	ロータリースクリーンチェーン外れ, シャフト折損	1 (0)	ミズクラゲ
1964年？	三重県・伊勢湾：四日市, 尾鷲	出力制限	1+ (1+)	ミズクラゲ
1964年？	香川県・播磨灘：高松	出力制限	1+ (1+)	ミズクラゲ
1965年6～8月	大阪府・大阪湾：多奈川　兵庫県・播磨灘：姫路	ロータリースクリーンシャーピン破損, 発電停止	4 (1)	ミズクラゲ
1966年5～7月	神奈川県・東京湾：横浜, 川崎　千葉県・東京湾：千葉, 五井	ロータリースクリーンシャーピン破損, 出力制限	7 (1)	ミズクラゲ
1966年4～8月	大阪府・大阪湾：多奈川, 堺	ロータリースクリーンシャーピン破損, 復水器逆流, スクリーン網損傷, 出力制限, 発電停止	8 (3)	ミズクラゲ
1966年？	徳島県・紀伊水道：新徳島	出力制限	1+ (1+)	ミズクラゲ
1966年？	富山県・富山湾：富山	出力制限	1+ (1+)	ミズクラゲ
1966年？	福岡県・玄界灘：若松	出力制限	1+ (1+)	ミズクラゲ
1967年5～9月	大阪府・大阪湾：多奈川　兵庫県・播磨灘：姫路	ロータリースクリーンシャーピン折損, チェーン切断, 回転不能, 出力制限, 発電停止	16 (7)	ミズクラゲ
1968年6～8月	兵庫県・播磨灘：姫路	ロータリースクリーンシャーピン折損, 出力制限	3 (3)	ミズクラゲ
1971年6～7月	愛知県・遠州灘：渥美	ロータリースクリーンシャーピン折損, 出力制限, 発電停止	7 (5)	ミズクラゲ
1971年6～10月	福井県・敦賀湾：浦底	ロータリースクリーン軸受破損, チェーン切断, 出力制限	9 (5)	ミズクラゲ
1972年7月	神奈川県・東京湾：横浜	ロータリースクリーン回転不能, 発電停止	1+ (1+)	ミズクラゲ
1972年6～7月	愛知県・遠州灘：渥美	ロータリースクリーンシャーピン破損, チェーン切断, 出力制限	5 (3)	ミズクラゲ
1972年6～8月	富山県・富山湾：富山	出力制限	1+ (1+)	ミズクラゲ
1973年6～7月	愛知県・遠州灘：渥美	出力制限	10 (7)	ミズクラゲ
1973年8月	静岡県・遠州灘：浜岡	出力制限（？）	1+ (1+)	ビゼンクラゲ*
1975年5～9月	福井県・内浦湾：高浜	出力制限	3 (3)	ミズクラゲ
1983～84年8～11月	香川県・播磨灘：高松	出力制限	4 (4)	ユウレイクラゲ*
1997年6月	島根県・鹿島	出力制限	1-2+	ミズクラゲ
6～7月	福井県・若狭湾：高浜, 大飯	出力制限	1-2+	ミズクラゲ
1999年6～7月	新潟県・柏崎	出力制限	1-2+	ミズクラゲ
9月	福井県・若狭湾：白木, 浦底	出力制限	1-2+ (1)	ミズクラゲ, アカクラゲ*
2000年2月	福井県・若狭湾：白木	出力制限	1+	ミズクラゲ
2000年6～8月	福井県・若狭湾：大飯, 白木, 浦底	出力制限	6+	ミズクラゲ*

事故回数の（ ）内は発電停止, 出力制限　　*著者の同定による

中の病院では消防庁に発電機の緊急要請がなされ，更に給水場の送水ポンプが止まって断水を生ずる等の大混乱を生じた例がある[33]。その他，1967年5〜8月の間に瀬戸内海，播磨灘北部と大阪湾に面した3カ所の火力発電所で水揚げされたクラゲは，712〜1,774トンにも達し，この排除作業に社員，関係業者および漁業者合わせると896〜2,149人が動員され（表27），防，排除施設用器材のみで，実に2億円以上の費用を要し[24, 25]，その被害がいかに甚大であったかが十分理解できる（図127A〜D）。その後，近年になってクラゲ類による事故は，次第に日本海側を中心に増加，拡大してきており，しかも事故は，今まで春〜夏または秋の間に生じていたのに対して，若狭湾沿岸の敦賀半島北部，白木に建設されたD発電所では，2000年の厳冬，2月にもクラゲによる流入事故[47]が発生した点は注目されよう。

以上のように，臨海工業面でも，今後クラゲ類の出現とそれによる事故発生の可能性は高く，避けて通ることのできない重要課題になりつつある。発電所での事故を引き起こすクラゲ群の殆どが，ミズクラゲによるものであったが，1973年8月，遠州灘に面した静岡県浜岡原子力発電所の取水口に出現した食用種のビゼンクラゲ *Rh.esuculenta* [45, 66]，1984年8月，香川県高松の火力発電所で，ユウレイクラゲ *Cyania nozakii* [45, 66]の流入によって事故が発生した場合もある（図128A〜C）。したがって，発電所建設地の周辺水域に出現するクラゲ類の種類とその動態には，今後も長期にわたる十分なモニタリングの実施と継続が望まれる。

表27 ミズクラゲによって引き起こされた事故の際に記録されたクラゲ水揚量とそれに動員された人員数の事例[24]

発電所名	播磨灘北部B発電所			播磨灘北部C発電所			大阪南部D発電所		
	クラゲ水揚げ量（トン）	所要人員		クラゲ水揚げ量（トン）	所要人員		クラゲ水揚げ量（トン）	所要人員	
		社員	業者および漁業者		社員	業者および漁業者		社員	業者および漁業者
1967年5月	131	40	108	183	35	274	0	—	0
1967年6月	321	136	258	473	87	429	504	—	476
1967年7月	98	5	215	692	94	740	208	—	420
1967年8月	333	75	392	426	83	407	0	—	0
合計	883	256	973	1,774	299	1,850	712	—*	896

*動員された社員数は記録に含まれていない。

§3. 保健，衛生上の被害

クラゲ類の中には触手の刺胞毒が強烈で危険な種類があり，これに触れると激しい痛みや吐き気，時に呼吸や歩行困難となって卒倒し，更に最悪の場合には死亡することがある[5, 42, 54]。また，仮に一命をとりとめても，刺傷後の後遺症が長く続く場合がある[42, 63]。著者の知る限りの記録[66]を参考までに表28に掲げた。

これによると1961～2000年の間にクラゲ類による刺傷事故は22例であるが，これは氷山の一角にすぎない。というのはほぼ毎年のように初夏～秋にかけて軽度のクラゲ刺傷事故が後をたたないからである。表示した中で，主な事故は，1961～63年の7～8月，北海道サロマ湖で水泳中の小，中学生が，主に小型のキタカギノテクラゲ *Gonionema oshoro*（図126b～B）[46, 66]によって175名が被害を受け，うち重症患者が90名に達した。1961年6月下旬鎌倉市の由比ヶ浜では，カツオノエボシ *Physalia physalis*（図126a～A）[46, 54]により15,000人もの海水浴客が刺され大騒動

表28　クラゲ類による刺傷事故例（安田1988[66]に追加）

発生年月日	海域	被害者	人数	種名
1961～63年7～8月	北海道，津軽，サロマ湖	一般水泳者，小・中学生	175（重症88）	キタカギノクラゲ，アカクラゲ
1961年6月	神奈川県・鎌倉市由比ヶ浜	一般水泳者	15,000	カツオノエボシ
1967年7～8月	福井県・鷹巣沿岸	一般水泳者，小・中学生	数十名	アカクラゲ
1970年7月	新潟県・岩礁域	一般水泳者，海女	数十名（重症1）	キタカギノテクラゲ
1976年7～8月	京都府・舞鶴湾	海上保安学校生	約300（重症20）	アカクラゲ
1978年7月	兵庫県・香住沿岸	一般水泳者，小・中学生	数十名	アンドンクラゲ*，カギノテクラゲ*
1979年7～8月	福井県・鷹巣沿岸	一般水泳者，漁業者	数十名（死亡1，重症3）	アカクラゲ*
1979年7月	長崎県・佐世保市沿岸	小・中学生，自衛隊員	数十名（死亡1，重症5）	ハナガサクラゲ
1979年9月	沖縄県・金武村沿岸	小学生	（重症1）	カツオノエボシ
1981年夏	沖縄県・北谷沿岸	漁業者	?	ハブクラゲ
1981年9月	沖縄県・本黒沿岸	小学生	（重症1）	ハブクラゲ
1982年5月	神奈川県・茅ヶ崎，藤沢海岸	一般水泳者	40	カツオノエボシ
1982年5月	神奈川県・鎌倉市七里ヶ浜，藤沢市辻堂海岸	一般水泳者	400	カツオノエボシ
1983年7月	京都府・舞鶴湾	海上保安学校生	約200（重症10）	アカクラゲ
1983年7～9月	新潟県・岩礁域	一般水泳者，海女	数十名	カギノテクラゲ*，アンドンクラゲ*
1984年6～8月	福井県・河野，甲楽城	漁業者	数十名（重症1）	アカクラゲ*，カギノテクラゲ*
1995年7～8月	福井県・高浜～三国	一般水泳者，漁業者	数十名（重症3）	ヨウラククラゲ*
1997年3～6月	日本海沿岸（島根～山形県）	同上	数百名以上（?）	アカクラゲ
1998年7月	兵庫県・竹野町	一般水泳者，漁業者	50名以上	ミズクラゲ，ヨウラククラゲ，カギノテクラゲ
1999年4～8月	日本海沿岸（福岡～山形県）	一般水泳者，漁業者	数百名以上（?）	アカクラゲ
2000年7～8月	福井県・小浜湾鯉川	一般水泳者	数十名以上（?）	カタアシクラゲ
	福井県・丹生～菅浜	漁業者	3名（重症1）	ヨウラククラゲ

* 著者の同定による

となった事件や 1976 年と 1983 年の 7～8 月に舞鶴湾で水泳訓練中の海上保安学校生 200～300 人が，アカクラゲ（図 126b-A）[45, 66]に刺されてパニック状態となり，20 名の重症患者出た例等は特筆すべき事例であろう．その他，人数こそ少ないが，福井県鷹巣沿岸で漁業者がアカクラゲによって死亡したこと[66]が伝えられており，長崎県沿岸でも小学生がハナガサクラゲ *Olindias formosa*（図 126b-C）[46, 66]によって死亡したことが報じられている．また，著者の聞き取り調査によれば，福井県河野村，甲楽城の漁業者はほぼ毎年 1～2 名の毒クラゲによる入院患者が出ているとのことであり，新潟県下の海藻類やアワビ採集の海女達の間でも，古くから同様な事例[42]が知られているが，これらはカギノテクラゲ[46, 66]によるとみられる．沖縄県本島沿岸では更に刺胞毒の強烈なハブクラゲ（図 126b-D）[63]によって小学生が意識不明になったことがあり，石垣島でもこのクラゲよる刺傷事故が記録され[63]，更に死亡事例もあるという（第 1 章アンドンクラゲの項参照）．

その他，最近では，1998 年の 7 月，兵庫県竹野町沿岸でミズクラゲの他にヨウラククラゲ（図 126a-B）[46, 51]と藻場ではカギノテクラゲ（図 126b-B）が異常出現し[1]，一般遊泳者と漁業者も含め，50 名を超える人達が刺傷を受け[1]，更に，2000 年 7～8 月，福井県敦賀半島西部沿岸の丹生～菅浜で，ヨウラククラゲと思われるクラゲに接触した漁業者 3 名中 1 名が重症となって入院した（国立福井県嶺南病院私信）．

以上有毒クラゲ類による事故と犠牲者について述べたが，実際には表示した事例をはるかに上回る数に達することは確実で，今後もさらに増加していく可能性が高く，特に日本海沿岸では漁業被害とも合わせて出現種の動態に十分注意していく必要がある．

一方，海外においては，オーストラリア北東部のクィーンスランド州砂浜海岸およびニューギニア沿岸では，"Sea Wasp"と呼ばれる立方クラゲ類の一種 *Chironex fleckeri* によって，少なくとも 50 名以上の死亡犠牲者が知られ，死亡の多くは幼児や子供ばかりではなく，成人も含まれていたこと[5, 63]が報告されている．その他の外国における刺傷事故の詳細と応急手当および治療方法等については，この分野の成書[5, 54]や著者のパンフレット[65]を参照していただきたい．

なお，他に有毒クラゲ類の出現が，保健，衛生上の問題だけではなく，地域の観光産業や経済に及ぼした影響事例もある．北アメリカのメリーランド州にあるチェサピーク湾では，古くから"Sea Nettle"と呼ばれるヤナギクラゲの一種 *Ch. quinquecirrha*[2]が，春～夏期に出現することが知られている．その出現状況は，地域の経済問題と深く関連しており，異常発生した際には海水浴客が急激に減少するため，例年の地元収益の 30～50 % 以上の減収となり，控えめに見積もっても，一観光業者がこのクラゲの防除，排除のために 4 万ドル以上の支出[2]を余儀なくされたという．更にスケールの大きい事例も紹介しておきたい．

毎年春〜夏に，ヨーロッパ南部から地中海沿岸を訪れる一般観光客は，約10億人と推定されており，ここに面したギリシャ，イタリア，ユーゴスラビア，スペイン，フランス等の国々の大きな収入源につながっている。ところが，いずれの国も"Summer Pest"と呼ばれるオキクラゲの一種 *Pelagia noctiluca* やミズクラゲを含む4〜5種のクラゲ類[6]の出現には非常に神経をとがらせており，1976年5月以降，前記クラゲ類の大量発生が見られた場合，国際連合の環境部に被害対策の援助を求めるとともに，地中海各沿岸のクラゲのモニタリング，気象，海況等の環境調査，クラゲ刺傷治療対策および情報連絡会議開催用の総予算額として，毎年3億ドル以上[6]が準備されたという。

　わが国でも最近のレジャーブームの反映とストレスからの開放を求めるため，海辺で休養をとる人々が年毎に増加しているので，前記のように有毒クラゲ類が，単にわれわれの健康，保健上の問題と関連するにとどまらず，地域の観光産業や経済問題にまで発展していく可能性が十分考えられる。事実，2000年7〜8月，福井県小浜湾の鯉川に新設されたテトラポット囲いによる海水浴場内に，小型ヒドロ虫類の一種カタアシクラゲ *Euphysa bigelowi*（図126b-E）が，30個体／*l* の密度で発生した。そのため海水浴中の刺傷者が続出し，正体不明の有害生物として恐れられ，民宿の宿泊者は次々に帰宅するとともにその情報が広がって，予約のキャンセルが相次ぎ，地域の著しい減収を招いた事件となったことがある。

II. 対　策

§1. 出現予測

　クラゲ類の出現量と気象，海況等の環境要因との関係について連続した経年の資料は乏しいが，東京湾[60]で記録された事例に若干の考察を加えて，今後の参考に提供したい。図129は，1962〜66年の間，同湾の品川から横須賀および対岸の五井に至る5カ所の火力発電所で，ミズクラゲの来襲によって生じた事故年の水温の変化と気温，雨量および風速等の気象条件の平年差または比を表わしたものである。この場合，1963年は事故日数が最も多く37日にも達し，1964年と1966年は夫々10日と11日でほぼ同じ程度，1965年は皆無であった。事故日数がミズクラゲの出現量を表わすものとして，出現に関する条件（要因）を整理してみた。

　1）水温と気温：図からクラゲの多い年は，最も少なかった1965年に比較して春から夏の水温は1〜5℃高く，気温も1966年の6月を除いて1〜2℃高温であったことが明らかである。同様の傾向は，古く秋田県の八郎潟[52]や瀬戸内海の姫路地方[17,24]でもみられ，クラゲの水揚げ量が3,000トンを超えた1967年の春から初夏にかけて，例年より水温と気温が1〜2℃以上高かったことが報告されている。また，別種

の巨大エチゼンクラゲでも，異常発生年時の気象条件[53]として，夏期の日照りと水温，気温の高温が指摘されている。前章で既に述べたように，温度とクラゲの拍動数との関係を見ると，30℃以下では0℃から温度を徐々に上昇させると，拍動数

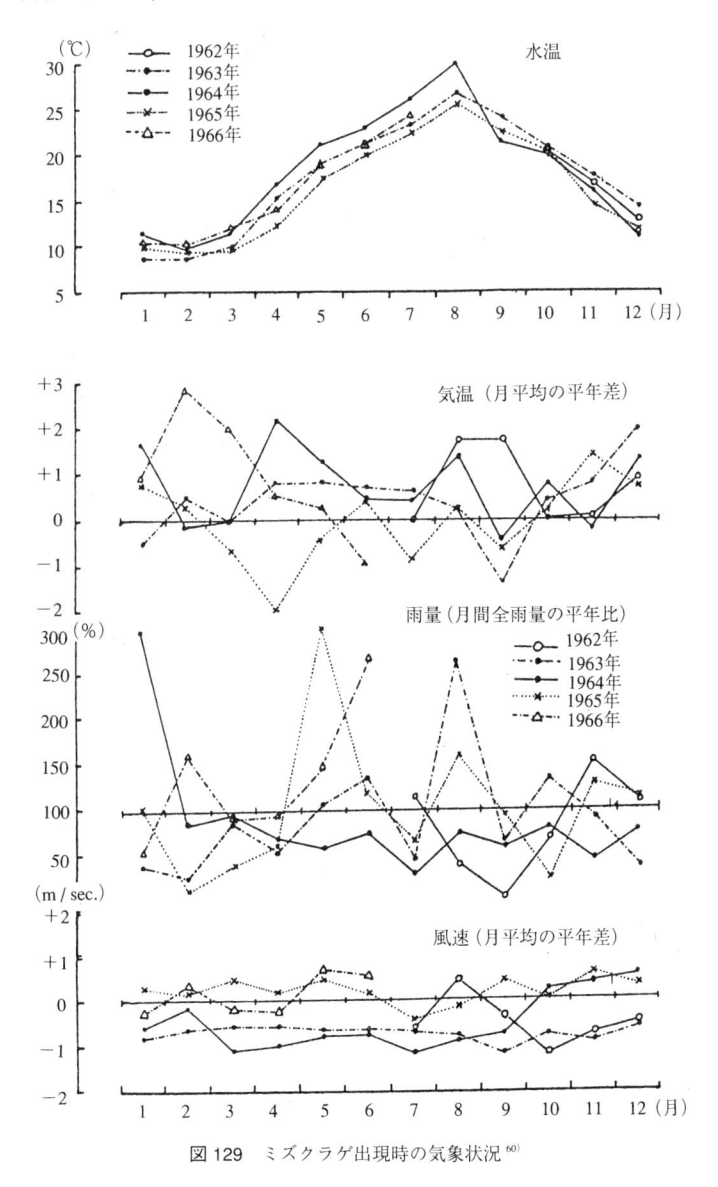

図129 ミズクラゲ出現時の気象状況[60]

もそれに比例して増加した事実（第1章図75参照）から，水温，気温が高めに経過する年は，クラゲの運動も活発となり，水平，鉛直分布範囲も拡大するとともに，成長も促進される等の生息条件が非常に有利になると考えられる。

一方，付着生活をしているポリプ群は，わが国沿岸の埋め立てや護岸工事の拡大，生活排水等による富栄養化の進行[23]に伴ってその個体数も次第に増加していくであろう。日本海側の若狭湾や各地の港湾でも，プラヌラーエフィラの直接発生群を上回るポリプ群の増殖，定着がなされるかもしれない。ポリプの横分裂を生ずる温度条件とエフィラから成体型クラゲへの成長について，フィールド[35, 62, 64, 66]と室内実験結果[21, 64, 66]から考慮すると，冬期に20℃以下の水温が例年より長期化し，その後，春から夏期にかけての水温が急激に昇温する年は，ミズクラゲの発生と成長のサイクルに最も有利な温度条件となるであろう。

2) 雨　量：クラゲの多かった年は，1964年の1月を除いて，雨量が平年比を下回るケースが多く，秋田県八郎潟のクラゲ異常出現の年は小雨であったし[52]，エチゼンクラゲでも大発生の年は，やはり空梅雨か小雨であったという[53]。ミズクラゲのポリプは，砂礫，海藻類，貝殻の他[66]，時にウチワエビの腹面[71]にも付着するが，水槽に泥水が流入した場合に全ての個体が死亡したことが確認されている[71]。また，図130はチェサピーク湾におけるヤナギクラゲの一種の出現個体数[50]について，1960年以来11年に及ぶ観察結果を示したものである。これから個体数のピークは7〜8月で，その数の増減は，5年毎の周期を示すように思われる。この増減の理由として，水温変化の他,砂泥が僅か0.3 mmの厚さでポリプを覆った場合でも高い死亡率を引き起こしたことから，雨量が関連していると推察されている[50]。ミズ

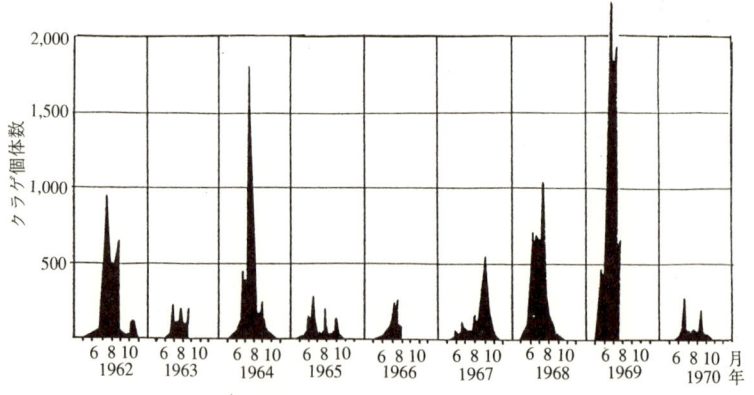

図130　チェサピーク湾の臨界実験所付近で5〜12月に観察されたヤナギクラゲの一種 *Chrysaora quinquecirrha* の個体数の年変化[50]

クラゲの場合も，降雨や降雪によって，河川水が運ぶ砂や泥の流入が，プラヌラやポリプの付着場所である海産植物繁茂地帯を縮小，制限して死亡率を高め，その年のクラゲ発生量に影響を与える可能性は十分考えられよう。なお，降雨によって海面または表層水が低塩分水で覆われた場合，クラゲは容易に海面へ浮上できないから（第1章 図60下段参照），雨量の増加がクラゲの出現量を左右する大きな要因になるとみられる。この事例として，海面で漁獲されるビゼンクラゲ類は，降雨量の増加によってしばしば不漁[29]を招いたことが報告されているからである。

　3）風速，波浪，潮汐および台風：クラゲの出現と風速や波浪の関係について，著者の観察した限りでは，波浪階級0～2の範囲内では，クラゲの鉛直分布に殆ど影響しない[64,66]と思われたが，東京湾北東部[60]では，波浪4以上の場合にクラゲ群が発見されなかったとされており，来襲の少なかった1965年には台風（平均風速8 m／sec., 雨量50 mm以上）の回数が6回以上と最も多かったことが記録されているので，このような条件下では，ユウレイクラゲやビゼンクラゲの一種[3]でも知られているような深層への移動，沈降がなされ，その結果クラゲの来襲量や頻度も制限されたのかもしれない。これとは反対に，クラゲの来襲があった年の風速は平年を下回る傾向にあり，姫路地方[17,24,25]でもクラゲによる事故が最も多かった1967と68年における5～8月の風速は，平均2～4 m／sec.以下の微風か，無風状態が続いたという。

　潮汐との関係では，上げ潮とともに深夜にかけて出現するケースが多く[34,60]，鹿児島湾[35]でも同様であった。姫路地方[17,24,25]では，潮汐により西流から東流に転換する1時間前と転流後の2時間後の出現が多く，特に干満差が最大となる時に，発電所の取水による流れと相乗してクラゲの来襲が多くなるという[17,34]。これらの現象は，ビゼンクラゲの一種の昼夜移動事例から推察されるように[44]，海水流動がミズクラゲの傘の拍動を刺激して鉛直，水平移動を活発化さることと深く関連していると考えられる。なお台風による成体型クラゲへの影響は前記の通りであるが，沿岸海水の攪乱や深層から生ずる内部波の接岸による水温，塩分の急激な変化は，ポリプの出芽や分裂を促進したり[23,35]，横分裂を引き起こす刺激となる可能性もあるので，今後検討すべき課題として残されている。

　4）生物との関係：前記した要因以外に，ポリプを食害するミノウミウシ類[2,50]やクラゲを捕食する魚類，ウミガメ類の出現や捕食状況[68]，餌料となるプランクトン，魚卵および稚仔魚[36]の発生量等の生物的要因もクラゲの出現量に深い関連性をもっているものと考えられる。更に第1章でも述べたように，プラヌラは母体から離れて浅海の砂礫，岩礁，海藻繁茂地帯[64,66]および最近では埋め立て地における護岸等[23]に沈降して付着した場合にのみ，幼型クラゲのエフィラ形成が可能となるので，プラヌラの付着場所への沈降の良否もまた，ミズクラゲ成体型の発生や出現量

の年変動を大きくしている一因なのであろう[66]。最近, 付着基盤の一つとなるムラサキイガイのろ水速度[19]が, プラヌラの付着に影響を及ぼす可能性も知られている。

5) その他: 最近, ミズクラゲの出現量予測について, 東京湾ではポリプ期の生態から見た大量発生の予測が検討されている[18]。つまり, 秋以降の成熟個体の出現量とそれによるポリプの付着や生残率との関係から, 翌年のクラゲの発生量を予測する方法である。しかし, 著者はクラゲの発生量推定のより的確な方法として, 次のような調査を実施すべきと考えている。即ち, 第1章で述べたプラヌラやポリプの付着場所, つまり, クラゲの再生産がなされる場は, 敦賀湾の場合[64,66], 図131に示した20 m以浅の浅海帯であることが既に明らかにされている。東京湾[18]の場合には過去40年以来行われてきた埋め立てによって, ポリプの付着基盤となる水域は, 図132であるという。このような水域におけるポリプやその横分体の出現状況による間接的な出現予測ではなく, 定期, 定量的なエフィラ, メテフィラのネット採集により, 当年および翌年のクラゲ出現量はより正確に予測可能と考えている。エフィラから小型クラゲおよび成熟クラゲとなる成長の速さや期間は, わが国各地の水域で明らかにされており[35,62,64,66], 発育段階別の減耗状態もフィールドの現状が, 既に把握されているからである (第1章Ⅳ.繁殖と発生, 表7参照)[66]。現在, 大内ら[43]が実施している丸稚ネットの図132付近における定期的な水平, 傾斜曳きの継続した結果が大いに期待されよう。

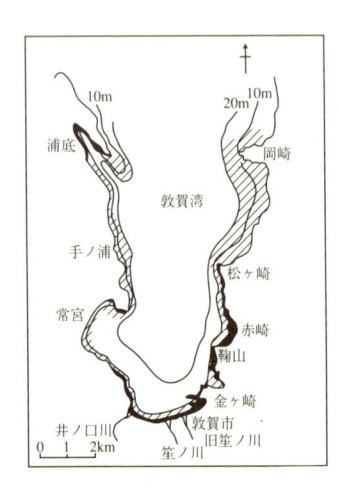

図131 初期エフィラの出現状況と底質図から推定したミズクラゲの発生場所 (黒地部分は再生産の行われる主要水域を示す[66])

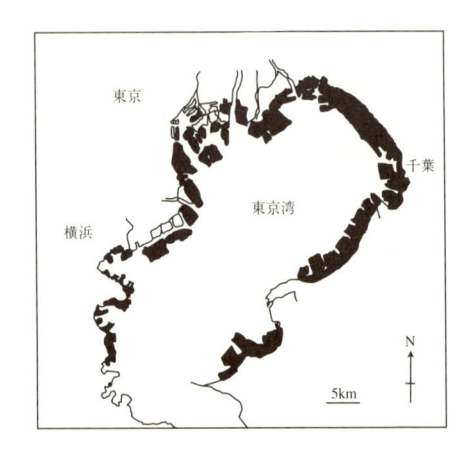

図132 1947〜1988年までの埋め立て地とポリプの付着基盤水域[18]

6) **主なクラゲの出現期と分布の特性**：現在までに行われたクラゲ類に関するフィールド調査と各県から寄せられた情報および飼育,生理実験結果等から,主なクラゲ類の出現期と分布特性を考察すると,次のようになる（図133参照）[30, 31]。

 i) ミズクラゲは,ほぼ周年出現するが傘の拍動は 15～20 ℃以上から活発になるので,5～10 月下旬までは確実に出現するだろう。出現期のピークは海域による水温の相違と水温上昇期のずれに左右されるが,およそ5～8 月になるケースが多い[30, 31, 68]。北海道の 8 月の主な出現種は,近縁のキタミズクラゲ Aurelia limbata [45] とみられる（図133）。

 ii) ミズクラゲは鉛直的に 30 m 層まで確実に分布し,薄明時に表層へ移動するので,水中照度が低下する秋には,晴天下の日中においても表層に多量出現し,春～秋の夜間には底層へ移動,沈降するとみられる。冬には日中夜間ともに低層で越冬すると思われる [64, 66]。ただし,若狭湾では 2 月の日中に浮上して被害を生じた場合[47]もあったので,クラゲの多産水域では今後,冬でもその出現や分布に関する動態に注意が必要であろう。

 iii) アカクラゲは,4～9 月上旬（盛期4 月下旬～7 月下旬）に出現[23, 68]し,多くは傘径5～20 cm で,南方発生群と地先発生群が混在する。6～7 月に 10 cm 以上の個体は下傘や口腕にプラヌラ幼生が付着しているので,繁殖は夏期を中心に行わ

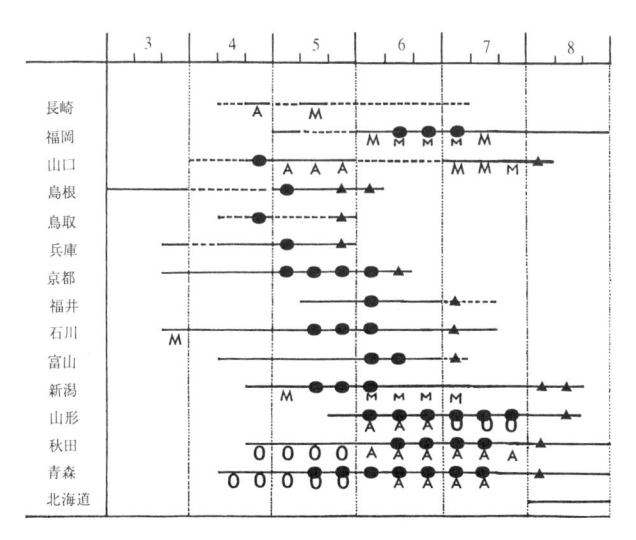

図 133　長崎県～北海道の各道府県地先におけるクラゲ類の月別出現状況 [30]
実線は出現期間を,点線は確定される出現期を示す。
A：アカクラゲ,M：ミズクラゲ,O：オワンクラゲを示し,その旬に優占出現が確認された種を示す。黒楕円印は出現盛期を,黒三角印は出現の減少あるいは消滅を示す。

れるとみられる。本種は放卵,放精後ミズクラゲよりはるかに速く衰弱して,8月下旬または9月上旬以後には表層から消滅するだろう（図133）[30, 31]。

本種は地方名でイトクラゲと呼ばれているように,触手はが長く2m以上に達し,その刺胞毒は強烈で,小型個体のほうが強いので注意が必要である。

iv）アカクラゲにオワンクラゲが混在した場合,後者は4月中旬〜7月下旬に出現し,秋田,青森県等日本海北部の出現が注目されよう（図133）。

v）アンドンクラゲは5〜8月を中心に急激な成長を示し,傘高3〜4cm以上に達する。10月下旬（山口県以南では翌年1月）まで沿岸水域に群泳するだろう。水平移動が速く,しかも波打際まで出現する。刺胞毒が強いので,刺傷事故の発生に注意してほしい（詳細は,アンドンクラゲの項参照）。

vi）エチゼンクラゲ,スナイロクラゲ,ビゼンクラゲの3種は食用種として知られている[41, 66]。スナイロクラゲとビゼンクラゲ（傘径10〜40cm）の2種は,大量に出現した事例は少なく,7〜12月中旬まで,沖合系水の影響する沿岸,内湾水域で散発的に見られるだろう（後述,有効利用の項参照）[68]。

エチゼンクラゲは,1920〜22年,1958年[39, 53]および1995年[67]と約40年毎に異常出現したが,7年後の2002年にも異常発生して,あらゆる漁業に大きな損害を与えた[12, 13, 27]。出現期は8〜12月中旬とみられ,月を追って日本海沿岸を北上して津軽海峡を通過した後,太平洋側沿岸を南下して千葉県房総半島沖合に至る範囲の水域に出現した。15℃以下となる1〜2月には200〜300m以下の海底に沈降して,エビ,カニ,カレイ類対照の底曳網に入り,鮮度低下[56],漁獲量の減少[67]などの漁業被害を引き起こす原因になるだろう。

この巨大クラゲによる被害は甚大なため,その出現状況に十分注意し,情報の集積が望まれる。今後,発生海域の護岸工事の拡大と富栄養化が進行するにつれて,おそらく従来よりも短い周期で異常発生し,暖流に乗って成長しながら北上して,再三にわたりわが国の沿岸から沖合海域に来襲するだろう。

vii）オビクラゲ（体長50〜100cm）とウリクラゲ（体長3〜10cm）は,有櫛動物のクシクラゲ類であり,刺胞をもたない[68]。後者は少なくとも春〜晩秋（4〜11月下旬）には確実に出現するだろう。沿岸から沖合にかけて均一に広く分布し,鉛直的には20m層までに出現する[68]。体が崩れやすいので,漁業被害は少ないが,一般動物プランクトン,魚卵稚魚や有用動物の幼体類を大量に捕食するため,重要資源に大きな影響を与えた事例[8]がある。定量は難しいが,今後,分布範囲や出現量に関する情報の集積が必要であろう。

§2. 具体的な対策
1）漁業と保健および衛生上の被害対策

i）クラゲ類の網漁具（例えば底曳網や桁網等）への混入を防ぐためには，網口を改良するか，クラゲ類防除用の網を付加，工夫するしかない。ミズクラゲの多産水域で春～初秋に操業する場合，大型の越冬群（傘径 15～30 cm，多くは 20 cm 前後）が主に混獲される [64, 66]。したがって，防除用網の網目は 10 cm 前後を目安にすれば十分であろう [68]。

ii）クラゲ類の口腕や触手には多数の刺胞が並んでおり，混獲されたクラゲ類に接触した魚体には，全て刺胞から毒液が注入されて活力を失う。更に，クラゲ類の粘液は，魚体温度を 3～4 ℃以上も高める [56] 働きがある。これらの相乗作用によって，魚の鮮度は急速に低下する。そのため，水揚げされたクラゲ類と魚体は速やかに隔離して，正常海水による魚体の水洗いを丁寧に実施するように心がける必要がある [68]。

iii）網漁具の操業時に混入したクラゲ類の触手や口腕の破片が，魚の狂奔によって飛び散り，眼や口，鼻，皮膚の炎症を引き起こすことがある [42, 54]。このような場合には，風防メガネを着用する [53, 68] のも一つの方法だろう。皮膚に付着した場合には，刺胞毒により激痛や掻痒を感じたり，時に卒倒したりすることもある。このような場合には，速やかに患部の異物を取り除き，清潔にして食用酢を薄めたもの [54, 63]，またはレモン果汁の塗布と氷による冷湿布 [65, 68] が有効である。この応急手当によって，治療期間が著しく短縮された事例が知られている（1990 年沖縄県立中部病院私信）。クラゲ毒には抗体ができず，刺される度に強く反応する所謂"過敏症" [42, 54] になるので，十分な注意が必要である。

iv）日本近海で，刺胞毒が強く危険なクラゲ類には，前記した鉢クラゲ類のアカクラゲ（傘径 5～20 cm）[45, 65]，立方クラゲ類のアンドンクラゲ（傘高 3～4 cm）[45, 54, 65] とハブクラゲ（傘高 10 cm）[63] の他，ヒドロ虫類では，次の 5 種がある。カツオノエボシ（気胞体の長さ 10～30 cm）[46, 54]，ハナガサクラゲ（最も美しい五色のクラゲで，傘径 10 cm）[46, 54, 65]，ヨウラククラゲ（長さ 10～30 cm，最近，日本海の海水浴場に多く，ガラス様の透明体で確認できないことが多い）[46, 51, 68]，カギノテクラゲ（傘径 1～2 cm，藻場に多く，小さいので確認しずらい）[46, 54, 68]，カタアシクラゲ（傘高 3～4 mm，最近，テトラポットで囲まれた海水浴場で集中的に出現し，小さいので確認できないことが多い）[46]。これらのクラゲ類に刺された場合には，時に重症（卒倒したり，歩行困難，七転八倒等）に至ったり [42]，死亡例 [5, 54, 63] もあるので，出現種の情報には十分注意するとともに，一見美しく見えたり，奇妙な形をしている浮遊動物には，打ち揚げられていた場合でも，直接素手で触らぬよう注意すべきであろう（図 126a，b 参照）[54, 65]。

v）中・大型クラゲ類の多くは昼夜移動を行い，薄明時刻の夕刻か朝方に傘の拍動が活発となり，表層または海面に浮上するケースが多い [64, 66]。したがって，刺傷事故にあわないためには，このような時間帯の水泳は避けることが望ましい。またク

ラゲの多い海岸では，日中でも天候が曇天下や小雨の場合には，クラゲが海面に浮遊していることが多いので[64]，泳がない方がよいだろう。

更に，晴天下でもゴミや流れ藻が多数集まっているような場所は，危険な条件を備えていることが多く，近寄らないよう注意すべきであろう。このような場所には，クラゲも多数集まっている可能性が高いからである[54]。

2) **臨海工業上の被害対策**：来襲したクラゲの群れをただちに回避させたり，消滅させることは，現時点では不可能ではあるが，フィールドにおける群れのビオマスや水平，鉛直分布特性[32,64,66]や光[57]，音[57]，電流[70]に対する生理実験結果等（第1章 図79，80，81，82，83，84）から，次のような対策を講ずることが可能と思われる。

i) **レイキ付バースクリーンの機能**：クラゲ群のビオマスは，若狭湾の肢湾である浦底湾水域で，最大の帯状群では5.6〜9.2トン，楕円状群で7.5〜13トンと推定された。この水域で操業している原子力発電所では，当時毎秒20 m^3 の海水を深層から取水していた。

もし湾内に出現した帯状群が取水口側に取り入れられたとすると，この群れの容積は720 m^3 であったから，僅か36秒で6〜10トン，楕円状群の容積は2,041 m^3 として，1.7分間に約8〜13トンのクラゲがそれぞれ流入することになる。

一方，東京湾北東部の火力発電所では，1〜6号機を含めると，毎秒59.4 m^3 の海水を取水している。最も大きい楕円状群は314,000 m^3 で，これに含まれるクラゲのビオマスは1,073トンと推定されるの

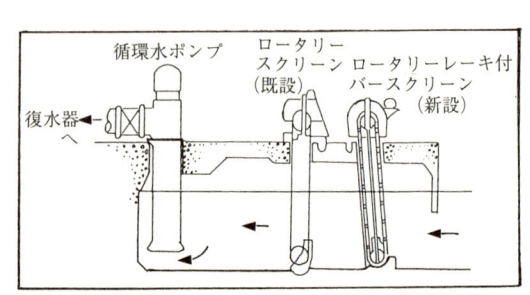

図134 ロータリースクリーンの設置状態[34]

で，流入は1時間強続くことになる。分布密度が最も高かった帯状群の容積は5,000 m^3 で，この中に98トンのクラゲが含まれ，それが1分30秒で流入することになる[32]。現在わが国の主な火力，原子力発電所では図134のようなレイキ付バースクリーンを設置して流入クラゲの水揚げを行っているが，その効率は，最大の場合でも来襲量の50％以下しか処理できなかったという[24,25,34]。したがって，クラゲ防，排除対策の施設として，前記したビオマスを短時間に処理できる機能や構造をもつ規模のもの（例えばバケット型スクリーン等）[20]を検討する必要があろう。

ii) **冷却用海水の取水層**：ミズクラゲの鉛直分布や昼夜移動については，第1章

出現と分布の項で詳述したとおり，典型的な薄明移動を行い，季節的な変化も明らかにされた[64, 66]。

例えば夏期の晴天下では，日中と夜間に，秋期では主に夜間に中，底層へそれぞれ移動，沈降する。また，潮汐の大きい海域では，満潮の前後に浮上して沿岸に来襲するという。わが国の発電所では殆どの場合，深層取水方式を採用しているが（図 135 上および下の 3 層取水図の最下段）[66]，前記の移動状態からクラゲの流入時刻の予測が可能であろう。また，クラゲの分布しない層からの取水，つまり，層別取水方式を検討し，他に水中テレビ，魚群探知機等のモニタリングを併用すれば，クラゲ流入事故をはるかに軽減できると考えられる（図 135 下段）。この他，音[57]，光[57]，電極[70] に対する傘の反応実験を応用して，図 135 上および下段（左）のように，夜間はクラゲの拍動数を最大にする赤色光 10^3 Lux 台の照度または点滅，10〜100 Hz の音波[57] 等により表層へ浮上させ，中・底層から取水を行う。昼間は気泡発生装置によるエアーバルブカーテン[17, 34] により浮上させた群れを，フィッシュポンプ[59] により強制移動する（後述）。または 400〜1,000 V 電圧の放電[70] により，クラゲを沈降させるか，10〜100 Hz の音波[57] により底層へ誘導させて，クラゲの分布していない表層からの取水方式（図 135 下の右）も検討してみる価値があると思われるので，ここに提案しておきたい。

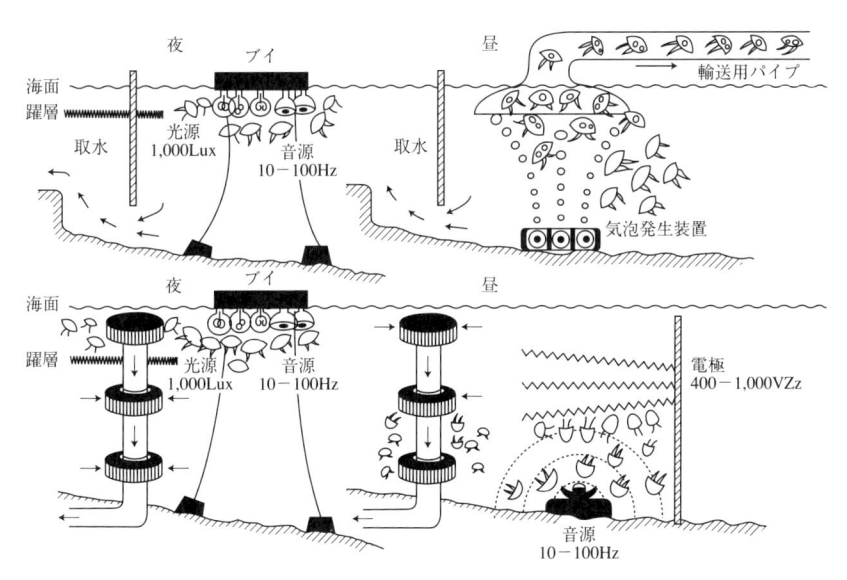

図135 光，音，エアーカーテン及電極を応用した取水方式
　　　（上：カーテンウォール方式，下：層別取水方式，安田・吉田原図）

3) 防除ネットと気泡および水流発生装置：1970年台から発電所の取水口にクラゲ用防除ネットを張り，これにエアーバルブカーテン発生装置を併用することによって，クラゲの侵入を防ぐ方法がとられてきた（例えばK電力の火力，原子力発電

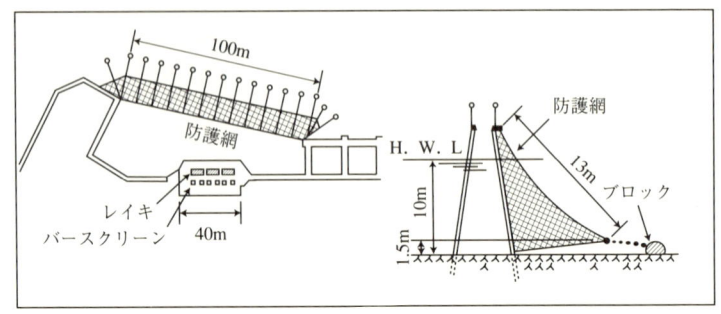

図136　クラゲ防除用ネット[24, 34]

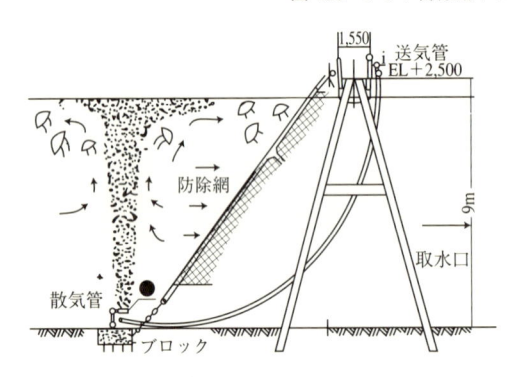

図137　エアバブリング発生装置[17, 24, 25]

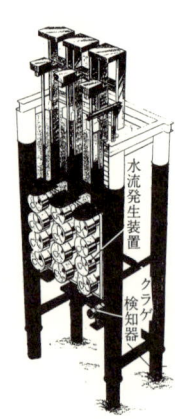

図138　水流発生装置

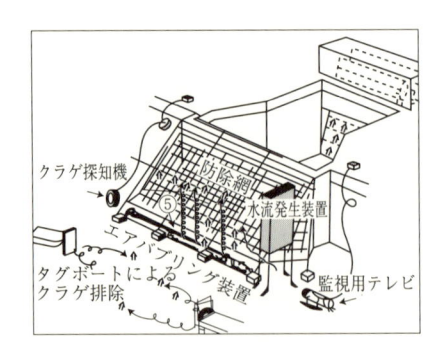

図139　取水口の概略[48]

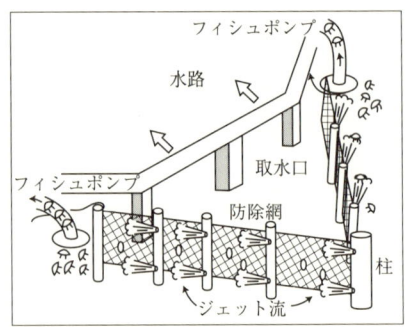

図140　クラゲ防除用ネット[16]

— 164 —

所[34,24)]やT電力の火力発電所等)(図136, 137)[48)]。しかし大量のクラゲが来襲した場合に，この方法では網の下方からクラゲが侵入して，完全な防除には至らなかったという[34,60)]。そこでT電力では3翼プロペラ（外径840 mm，攪拌能力100 m³／min.)[48)]を12個備えた水流発生装置（図138）とタグボートの先端に同じプロペラ9個を取り付けた同装置により，クラゲ群の強制移動を行い，事故防止に効果を上げているという（図139)[48)]。国外ではおそらく例のないわが国独自のアイデアを取り入れたクラゲ排除方法であり，今後，コストの問題と機能向上に向けて，その改良が大いに期待される。なお防除ネットの設置方法については図140に示したような三角形とし，各支柱から下流方向へジェット水流を作り，集積されたクラゲ群を，フィッシュポンプ（後述）で吸い上げて移動させる考えもあり[16)]，実用化へ向けての可能性が高い案として十分検討の余地があるだろう。

4) **ポンプによる移動**：水揚げされたクラゲは，放置すると腐敗して悪臭を放ち，そのままでは海中に投棄できない（1988年12月1日MARPOL条約)[59)]。つまり生きたまま海中で移動させる方法が最善の方策と考えられている。水産の養殖業で用いられている活魚移動用のフィッシュポンプ（ボリュート型，R201-5S-DE型，ディーゼル式，回転数1000／min., K社）（図141)[59)]を用いて，ホース内の流速を1.2 m／sec.にしたところ，クラゲの損傷は見られなかったという。最近クラゲ流入防止対策グループ（福井県敦賀市商工会議所)[9)]が，浦底湾奥部で同様の器材ジェットポンプ（MJPI50型）により，若狭湾産のミズクラゲ約200個体（傘径20 cm）を用いて50 mのホース移動試験をしたところ好結果を得た。この場合，著者の指導によりクラゲの活力判定には傘の1分当たり拍動数を記録[66)]，比較して生存への影響の有無の指標とした。

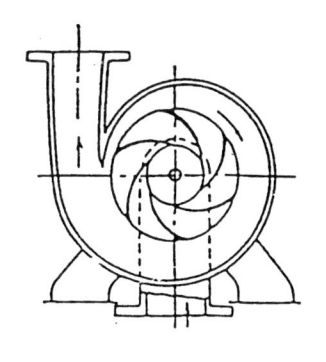

5) **水揚げされたクラゲの処理**：網漁具類や発電所の取水路に流入したクラゲ群の完全な処理方法は，現在未解決であるが，主なものをここに紹介しておきたい。

先ず，著者が行った温度と塩分濃度に対する耐性実験[66)]では，傘径8.5, 14, 22 cmの各クラゲを15℃から35℃へ移した場合，全ての個体は35分，40℃では10分で死亡した。塩分濃度については徐々に低下する塩分によく耐えるが，水温17℃,塩分32.8‰の通常海水から10.8‰の稀釈海水へ投入すると2時間，7.3‰では35分で死亡し，しかも触手や口腕の一部が分解するのを確認した。したがって，高温水が利用できれば，前記

図141 ボリュートポンプ[59)]

の温度値と致死時間を保つことや，淡水池がある場合には35分前後の浸漬で，クラゲを完全に死滅させることができよう。35℃以上の高温淡水中であれば，その死亡時間は更に短縮されるにちがいない。

次に熱や各種の薬剤（1-2 N）に対するミズクラゲの反応[26, 28]を，表29と30に示した。

i) **熱処理**：ミズクラゲの体成分は，95%以上の水分を含むが（後述）[28]，熱処理では天日（気温28～30℃）[26]で減重に効果がみられたものの，クラゲが重なると更に長時間を要し，その間臭気が著しくなる欠点が残った。熱海水[26]では淡水との差はなく，殆ど70℃で効果がみられ，15～20分後に92～93%の減重が確認された。ただ臭気が少し残ることと，残渣が粘りつく欠点があった。蒸気加熱による70～90℃の試験[49]では，81℃で10分間加熱すると，1/500以下に縮小されることが判った。これを利用して1時間当たり10トンのクラゲを処理するシステムを開発し，埋め立て場の縮小と臭気抑制による環境保全が達成できたという[49]。

ii) **化学薬剤処理**：コラゲナーゼ[26]は，減重に著しい効果がみられるが，臭気が残ることと高価なため実用性に問題が残った。アルコール類と食塩[26, 28]では，減重に長時間を要するため，不適当と判断された（表29, 30）。酸類[26]も減重に時間がかかり，しかも残渣の回収がしずらいという欠点がみられた。また，タンパク質を

表29 各種の薬剤に対するミズクラゲの反応[28]

薬品名	処理前重量 (g)	処理後重量 (g)	縮小率* (%)	状態の観察
熱	6.69	0.79	88.2	全体に縮小していく
アルコール	7.45	1.82	75.5	原型のままで白い沈殿あり
硝酸	5.1	0.2	96.1	原型がくずれ紙のように縮小，色が白色から淡黄色となる
硫酸	5.70	0.25	95.6	色が白色から淡黄色となる
塩酸	4.65	0.5	89.2	色が白色から淡黄色となる。少し縮小が弱い
酢酸	4.45	0.69	84.5	
硫酸アンモン	8.4	4.2	49.1	12時間で原型はくずれない。24時間で原型はくずれ沈殿する。縮小率は小さい。
食塩	6.21	3.8	38.8	〃
硫酸ソーダ	7.5	3.8	40.3	〃
硫酸銅	8.25	0.6	92.7	原型のままかなり縮小して沈殿
塩化第二鉄	7.3	0.45	93.8	〃
黄血カリ	9.88	0.44	95.6	〃
ピクリン酸	8.1	0.5	93.8	〃
苛性ソーダ	7.0	0.81	88.4	12時間で全体に細かく散乱し，24時間でそれが沈殿。

$$* \quad \frac{処理前重量 - 処理後重量}{処理前重量} \times 100$$

凝固し沈殿することで知られる硫酸銅（2N）[28]は，原形のまま 1/10 に縮小することが判った。アルカリ性の苛性ソーダ（水酸化ナトリウム）[26,28]は，短時間でクラゲを固定し 6 時間で 100 % の減重となり，12 時間後には細乱状になることが明らかとなった[26,28]。その他の薬剤では，漁網防汚剤として用いられる有機スズ化合物（ビストリブチルスズオキシド）[28] 30 % にオレイン酸銅 10 % を配合して，キシレン 60 % を溶剤として 1 時間浸漬した後，2 日間風乾した漁網では，クラゲが 4 分間接触すると死亡し，水槽の底に沈殿した。三重県尾鷲湾で，ミズクラゲの来襲時にこの試験を試みたところ，その直後にクラゲは網一面に付着したまま死亡しており，2 日後には殆ど溶解することが確認された[28]。

この画期的な方法はクラゲのみならず，他の付着性汚損生物にも有効であったという。但し 1987 年 2 月 12 日，全漁連と全国かん水養魚協会では，有機スズ系漁網防汚剤の全面使用禁止に踏み切ったので，これに代る防汚剤の開発が期待されよう。

以上薬剤による処理は，その効果が極めて大きいが，処理後中和等の汚水対策問題が残されている。また使用方法や量を誤ると他生物への影響，例えば有用動植物

表 30 予備試験でのクラゲ減重量（%）の時間変化[26]

項　目	開始時	1 時間後	6 時間後	24 時間後
海水（コントロール）	0.0	12.1±1.9	37.2±7.5	100.0±0.0
淡水（蒸留水）	0.0	13.4±1.8	33.7±5.7	86.3±14.0
熱淡水（50℃）	0.0	51.4±5.0	94.2±2.5	96.5±1.5
熱淡水（70℃）	0.0	93.7±3.3	98.0±1.2	98.1±1.1
熱淡水（90℃）	0.0	73.2±16.4	97.0±1.8	99.7±0.2
熱海水（50℃）	0.0	39.9±5.2	87.6±4.1	94.7±2.3
熱海水（70℃）	0.0	83.3±5.0	95.6±8.5	97.7±0.3
熱海水（90℃）	0.0	86.4±9.8	98.4±1.1	99.8±0.2
コラゲナーゼ（10 ppm）	0.0	11.0±2.4	51.8±14.0	100.0±0.0
コラゲナーゼ（100 ppm）	0.0	17.8±4.9	87.5±11.7	100.0±0.0
アルコール（エタノール）（70%）	0.0	23.6±1.5	44.5±3.6	55.4±2.8
アルコール（エタノール）（95%）	0.0	26.8±2.3	45.6±1.7	57.9±2.4
硝酸（1N）	0.0	23.6±9.3	63.3±14.3	98.5±0.4
硫酸（1N）	0.0	27.7±19.8	54.3±8.9	96.5±1.5
塩酸（1N）	0.0	13.3±7.9	38.4±18.9	90.1±8.0
酢酸（1N）	0.0	16.7±1.8	57.3±12.0	96.5±1.6
食塩（粉末）	0.0	36.8±11.7	56.8±6.8	76.2±5.5
ピクリン酸（飽和溶液）	0.0	21.2±5.7	56.7±10.0	95.5±2.8
水酸化ナトリウム（1N）	0.0	31.9±4.6	100.0±0.0	100.0±0.0
天日乾燥	0.0	28.9±3.7	83.2±5.8	99.3±0.8

注：表中の数字は（平均値±標準偏差）を示す

表31　ミズクラゲによる珪藻類の増殖例[7]

a. 培養13日後のNitschiaの密度とクラゲ量との関係

クラゲの傘片（g）	0	1.25	2.5	5
Nitzchia細胞の数／0.029 ml	1	91	116	155

b. クラゲの傘片（2g）を添加した場合のChaetoceros密度の変化

1925年7月	3	4	5	6	7	8	9	10	11（日）
Chaetocerosの細胞数／0.029ml	0	0	22	139	213	225	151	87	143

表32　ミズクラゲ食品化の処理方法[55]

a. A商店による処理方法

工程Ⅰ	水洗と最初の塩漬
	淡水（？）でクラゲを洗浄，塩＋ミョウバン溶液1＊：クラゲ10の比で4～7日間浸漬，時々傘の上皮を除去。
工程Ⅱ	2回目の塩漬
	工程Ⅰの溶液を流し出す。残ったクラゲ1：上記溶液20の比で4～5日間浸漬。
工程Ⅲ	3回目の塩漬
	工程Ⅱの溶液を流し出す。残ったクラゲ1：上記溶液40の比で4～7日間浸漬。
工程Ⅳ	濃塩水（ミョウバンを含まず）で残ったクラゲを洗浄。丈夫な容器に貯蔵。
	（最初のクラゲの水分は70％以上脱水される）

＊塩とミョウバンの比は規定されていない。

b. 谷川（1971）[58]による処理方法

工程Ⅰ	最初の塩漬
	冷海水に8～10時間浸漬して粘液を除去。クラゲ量の20％に相当する溶液（塩14g：ミョウバン75g）で上皮を除去し流し出す。2～3日間浸漬。
工程Ⅱ	水洗と最終塩漬および貯蔵
	工程Ⅰのクラゲ浸漬溶液を流し出す。水洗してクラゲ量の20％より少ない上記溶液で保存する。

c. B会社による処理

工程Ⅰ	口腕や生殖巣の部分を除去して傘の部分のみ使用する。傘を広げ，縁辺部を整える。採集後6時間以内に塩漬とする。24時間以内はpH4に保つ。溶液は海水1l，ミョウバン40g，生石灰2g，漂白剤0.7gの比にして使用後捨てる。
工程Ⅱ	工程Ⅰのクラゲを下記溶液（pH＝4）で48時間浸漬する。淡水1l，塩100g，ミョウバン20g，生石灰1g，漂白剤0.4gの比として使用後捨てる。
工程Ⅲ	工程Ⅱのクラゲを下記溶液（pH＝4）で96時間浸漬する。淡水1l，塩150g，ミョウバン10gの比とし，この溶液はろ過して再使用可。
工程Ⅳ	工程Ⅲのクラゲを下記溶液（pH＝4）で96時間浸漬する。淡水1l，塩150～180g，ミョウバン10gの比とし，この溶液はろ過して再使用可。
工程Ⅴ	濃塩水（ミョウバンを含まず）にクラゲを96時間浸漬する。
工程Ⅵ	冷所で30cmより低い程度にクラゲを山積みにして液を流し出す。液が完全に流出してから0℃で保存する。

のへい死を招いたり，入網した魚介類の可食部へ移行して，人体に影響する恐れもあるため，予備的な試験を反復して慎重に検討したうえで利用すべきであろう[66]。

iii) その他の処理：クラゲに 0.1～2 kg／cm^2 の荷重を加えたプレス脱水[26]を試みたところ，5 分後に 90 ％以上の減重となった。更にこの残渣に約 3 倍の生石灰を加えたところ，10 分後に 130 ℃に昇温したが，クラゲは小さい破片となり，95 ％以上の減重効果がみられた。臭気も殆どなく，クラゲ処理の応急処置として有効な方法[26]と考えられている。但し流入するクラゲの量は大きいので大量の生石灰の確保と準備が課題となろう。

その他クラゲを 3～5 mm に破砕して加圧し，更にそれらを 30μm にして水分 30％としてから，焼却処理するシステム（1 日当り 50～60トン処理可能）[38]が開発されている。また最近ではカッター付のポンプ[10]でクラゲを破砕してから，ある種の凝集剤でクラゲの水分と固形分を分離し，脱水して元の重量の実に 1 ％以下の減重に成功したという。この処理により従来の処理費用を 1／4 以下に削減した事例も報道されている[10]。

§3. 有効利用

1) 植物プランクトンの培養：カナダの Passamaquoddy 湾[7]では，毎年

表 33　ミズクラゲの体成分分析結果[28]

水分	傘	96.13	(％)
	口腕	94.51	(％)
	全体	95.56	(％)
灰分	傘	1.26	(％)
	口腕	2.89	(％)
	全体	2.12	(％)
脂質	全体	0.012	(％)
タンパク質	全体	1.71	(％)
炭水化物（糖質）	全体	0.91	(％)

表 34　熱処理ミズクラゲの体成分分析結果[49]

検査項目		結果値	検査方法
水分		95.9％	常圧加熱乾燥法
灰分		0.7％	500～600 ℃灰化法
脂質		0.1％	エーテル抽出法
タンパク質		2.8％	セミミクロケルダール法
炭水化物		0.5％	―
エネルギー		14 kcal / 100 g	―
塩分	(NaCl)	0.7％	$AgNO_3$ 滴定法
カルシウム	(Ca)	10.9 mg / 100 g	原子吸光光度法
総リン	(T-P)	19.6 mg / 100 g	モリブデンブルー法
ビタミン B_1	（チアミン）	0.01 mg / 100 g	ケイ光光度法
ビタミン B_2	（リボフラビン）	不検出	ケイ光光度法

備考　エネルギー換算計数
　　　タンパク質：4.22　脂質：9.41　炭水化物：4.03
　　　不検出とは：0.01 mg / 100 g 未満

夏の終わりに，放卵，放精後のミズクラゲの大量へい死が見られ，その後に珪藻類の急激な増殖が起こるので，クラゲの海中における分解がこれに関連していると推察されている[7]。ちなみに，本種の傘の一部を7月15日に海水に加えて，*Nitzschia* の数との関係を13日後に観察したところ表31aの通り，加えたクラゲの量が多ければ，*Nitzschia* の数もまた増加していることが判った。なお一定量のクラゲ（2 g）を加えて *Chaetoceros* の増殖状態を見たところ，表31bのように1週間後にその数は最大に達した[7]。これらのことから，ミズクラゲは今後，ある種の珪藻類の大量培養基として十分利用可能と考えられている。

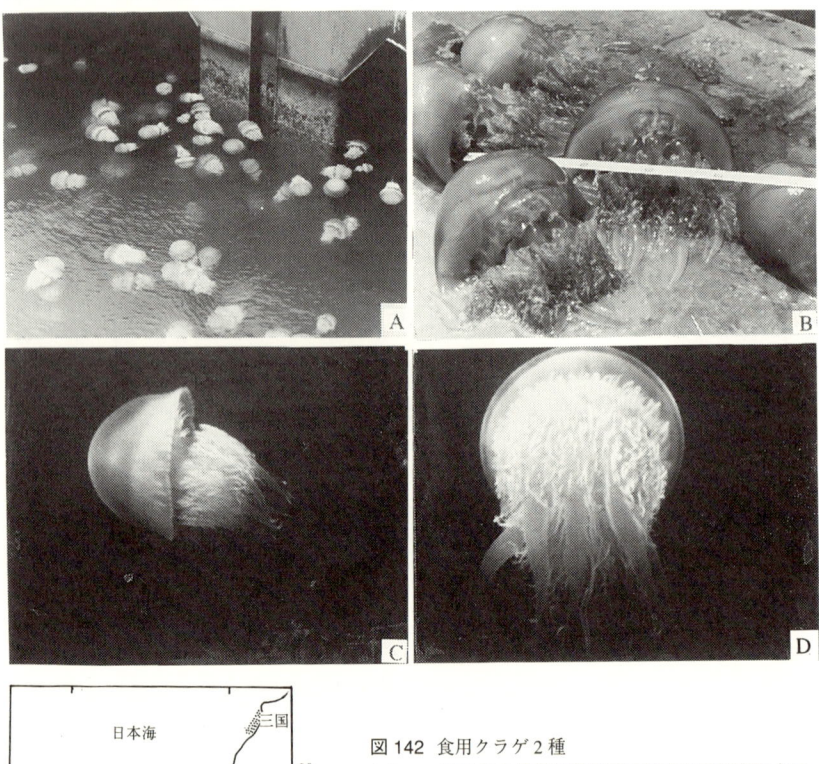

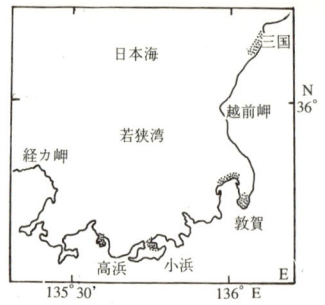

図142 食用クラゲ2種
A： 1973年8月静岡県浜岡の原子力発電所取水口に出現したビゼンクラゲ
B： 同所で水揚げされたビゼンクラゲ（傘径30～40 cm．森本義寿氏提供）
C,D： 1975年8月福井県三国沿岸に出現したスナイロクラゲ（傘径20 cm　石橋敏章氏提供）
E： 1972～75年8～9月の福井県沿岸におけるスナイロクラゲの出現水域[66]

2) **食品としての利用**：クラゲ類のうち，エチゼンクラゲ（→口絵参照）[66]，ビゼンクラゲ[41,66]，スナイロクラゲ[68,69]（図142）の3種は食用となり[41,66,69]，ビゼンクラゲを対照とした中国のクラゲ漁業は古く，実に1700年以上の歴史をもっている[41]。わが国では備前（岡山県）がよく知られていたが，現在では佐賀県の有明海に一部のクラゲ漁業が残っているにすぎない[41]。加工は塩とミョウバンの漬け込みによるいくつかの工程が紹介されている（表32a, b, c）[55,58,66]。沿岸水域に多産するミズクラゲの生鮮個体と温水加熱処理をした残渣の分析結果は，表33[28]と34[49]に示した通りである。これによるといずれの場合もほぼ95％以上の水分があり，他に灰分やタンパク質も含まれ，処理したクラゲのタンパク質は3％以下であった。また脂肪は極めて微量であるが，他にカルシウムとリンが10〜20 mg／100 g含まれ，ビタミンB_1も検出されているのが特徴である（表34）。

近年，カナダのバンクーバー島付近のTrevenen湾とOkeoverの入江で，すくい網と地曳網により，約3トンのミズクラゲを採集して食品化の試験を行った事例[55]

表35 各種の処理法によるミズクラゲの食品加工結果 [55]

a. A商店による処理方法

月日	加工重量 (kg)	処理	塩漬日数 工程Ⅰ〜Ⅲ	塩漬日数 工程Ⅱ〜Ⅲ*	備考
8.17	100	口腕，生殖巣除去。一昼夜	13	12	良好
8.17	50	口腕，生殖巣除去。一昼夜	—	—	良好
9.10	120	採集直後に処理	8	—	不良**
11.7	240	採集直後に処理，口腕，生殖巣のまま溶液1：重量15	7	—	不良**

＊工程ⅢはⅣを含む　＊＊pH 4.6以上となったことが不良の原因

b. 谷川（1971）[58] による処理方法

月日	加工重量 (kg)	処理 溶液：クラゲ	工程Ⅰ 塩・ミョウバン	工程Ⅱ 塩・ミョウバン	工程Ⅲ 塩・ミョウバン	製品重量 (kg)	備考
9.20	10	1：5	10：1	20：1	40：1	1.0	良好
9.20	10	1：5	10：1	20：1	40：1	1.1	良好
9.20	10	1：5	10：0.53	100：1	1000：1	0.8	不良
9.20	10	1：5	10：0.53	100：1	1000：1	0.9	やや良好

c. B会社による処理

月日	加工重量 (kg)	処理	塩漬日数 工程Ⅰ〜Ⅲ	塩漬日数 工程Ⅱ〜Ⅲ	備考
9.30	60	海水溶液に24時間浸漬（大型容器）	2	4	良好
9.30	60	海水溶液に24時間浸漬（小型容器）	2	4	良好
10.21	150	口腕，生殖巣除去。淡水洗浄後海水溶液に24時間浸漬	5	7	良好
10.24	540	口腕，生殖巣除去。淡水洗浄後海水溶液に24時間浸漬	7	7	良好

がある。用いられた工程は表32の通りで，これにより表35のような結果が得られた。これから，B社の方法は全て良好な結果を得たが，A商店の方法では，工程の日数，谷川[58]の方法では，塩に対するミョウバンの比が，それぞれ製品の良否に影響していることが示唆されている。これらの工程により，クラゲ1kg当り約2,000円で生産された。加工したクラゲのタンパク質含有量は表36の通りで，最高で3%，凍結乾燥したもので6%であった。この値は，まだ水分が多量に残存した結果と推定されている[55]。

これに対してバンクーバーで販売されている加工ビゼンクラゲは45~85%のタンパク質が含まれていたという。更に食品としての価値を検討したところ，弾力性に乏しく，食用クラゲ特有の"歯ごたえ"がないためバンクーバー中華料理関係者の間ではビゼンクラゲの代用品として採用されるには至らなかった[55]。しかしこの加工したミズクラゲは，フグやカワハギ類の養魚餌料として十分使用可能と考えられるし[66]，ある脱水酵素をクラゲ重量の1~2%添加して24時間放置後，食塩を加えて水切りしたものは弾力性に富み[27]，1970年1kg当り200円で食品加工業者が引き取り，雲丹クラゲの原料としてビゼンクラゲと同様に使用できたことが伝えられている（1970年，松枝私信）。

わが国の食用クラゲ需要量は，年間6~8,000トンに達し，その大部分をタイ，インドネシア，フィリピンなどの東南アジアおよび中国から輸入しており，輸入価格は70億円以上と推定されている[41]。したがって，今後の製造方法の改善や検討の仕方によってはミズクラゲがむしろ未利用の有用水産動物資源として，食用ならびにフグ，カワハギ類の養魚用餌料としてもわが国各地の沿岸で広く活用される日が遠くはないものと著者は信じている[66]。

なお，食用種であるビゼンクラゲやスナイロクラゲの種苗生産や放流技術開発事業についても，日本栽培漁業協会が中心となって早期に検討すべき時期にきているのではないだろうか。というのは，中国の寧波(ニンポー)や青島(チンタオ)付近の沿岸では，ビゼンクラゲのエフィラをすでに量産して放流している。

表36 加工したミズクラゲのタンパク質含有量[55]

品　名	処理	(%)
生クラゲ (30~40 g)	凍結乾燥	4.0~6.0
A商店による加工クラゲ	空気乾燥*	2.1~3.0
谷川 (1971)[58] による処理方法	空気乾燥*	0.5~0.9
B会社による加工クラゲ	空気乾燥*	0.2~0.4

＊多量の水分が残存

3) その他の利用

i) 水産業，海水浄化および赤潮の抑制：カワハギやウマズラハギ漁業を行う場合，

袋網に入れる集魚用の餌としてミズクラゲが用いられる。釣りの場合には，しばしばアカクラゲの傘が用いられる。エチゼンクラゲやユウレイクラゲの傘部も，短冊型に切って，マダイ，イシダイ，イボダイ等の釣り餌として用いられることが多い[30, 66]。

ミズクラゲやアカクラゲ等ほぼ全てのクラゲ類の外傘には，多数の粘液分泌細胞が並んでおり，分泌された粘液は海中で傘と接触する全ての懸濁物質やプランクトンを絡めとる[22, 23]。餌とならない不要の浮遊物は，粘液に絡めて体外に排出され，やがて沈殿していくので，海水浄化に大いに寄与していることになる。ちなみに，サカサクラゲ Cassiopea sp.[22] を入れた円筒型水槽に，煤，墨，シルト（粘土）を入れると，クラゲの拍動と粘液の分泌により，やがて比重の軽い煤はまとまって薄膜状となり，水面上に浮かんだが，墨とシルトは水槽底部に沈降した（図143）[22]。更に傘の中に小型藻類の一種である Symbiodinium sp. が共生しているタコクラゲ Mastigias papua（図144）やサカサクラゲは，光合成を行うと海中に大量の酸素

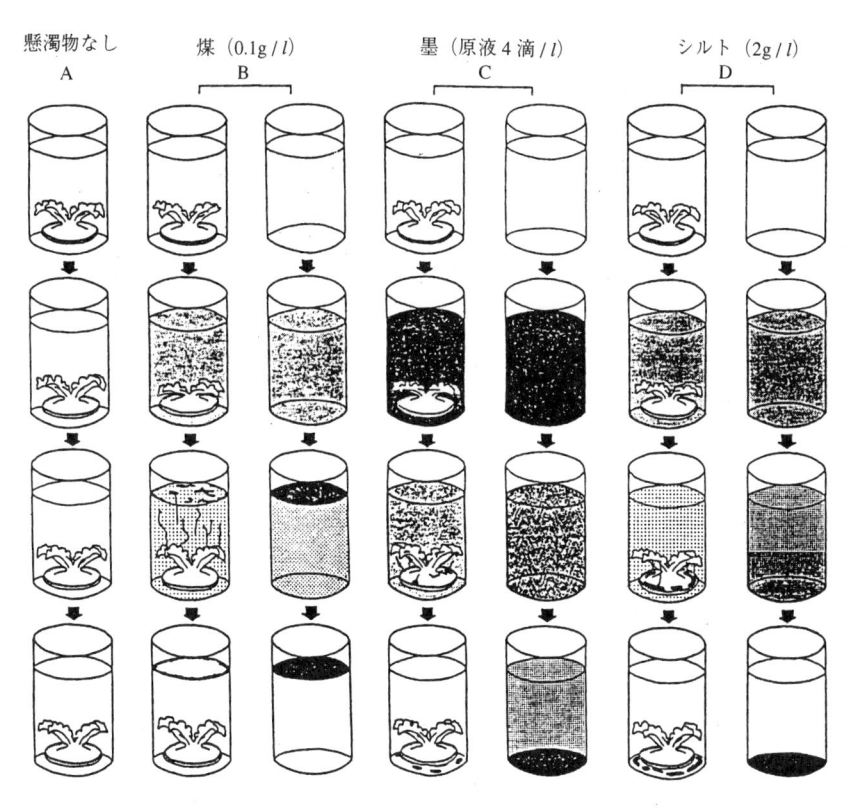

図143 サカサクラゲによる懸濁物の浄化[22]

(O_2) を放出し，炭酸ガス（CO_2）を消費するため有機物の浄化，つまり生活排水処理の活性汚泥法と同じ働きを，自然条件下で果たしていると考えられている．今後，生物を利用した海水浄化に，ある種のクラゲは重要なヒントを提供しているという[23]．これに関連して，最近，ミズクラゲの溶解液から有害赤潮生物の代表種 *Heterosiguma* sp. の増殖を抑制する物質が発見され，今後の成果が期待されている（1998年，Nテレビ，日本大，広海ら）．

図144　パラオ諸島の海水湖におけるタコクラゲの群れ（キール大 Th. Heeger 助教授提供）

ⅱ）**医薬用有効物質の抽出**：中国ではかなり古くから，ミズクラゲや刺胞毒の強いアカクラゲ，カツオノエボシ等の刺胞より中枢神経系に作用する薬物[4]が抽出されている．その他，最近，成人病の予防や脳神経機能の発現に重要な働きをもつ DHA（ドコサヘキサエン酸），IPA（イコサペンタエン酸）が注目されているが，瀬戸内海産ミズクラゲの脂肪酸を抽出したところ，DHA と IPA はその組成の3.1～17.9％であり，この値はサンマと同じ程度の比率を示すことが明らかにされた．更に必須脂肪酸であるアラキドン酸も3.6～19.3％の高率であったという．これからミズクラゲの群れ（最大ビオマス1,000トン）から，前記の重要脂肪酸を効率よく回収できるのではないかと考えられている（1966年，広島大　福田・長沼私信）．

一方，中国では食品化されたビゼンクラゲを，高血圧，気管支炎，胃潰瘍および甲状腺等の治療用薬物[4,41]としても使用している．ミズクラゲも食品化の技術開発

が進めば，ビゼンクラゲと同様な幅広い医薬品の原料としての価値が出てくる可能性も考えられよう[66]。その他，オワンクラゲの発光物質を利用したがん細胞マーカーへの利用[23]，戦国時代に忍者が使用したとされているアカクラゲの粉末によるクシャミ誘発剤[23]としての利用がある。またミズクラゲを含めた中，大型クラゲ類の刺胞毒を用いたアレルギーやアナフィラキシー病理の解明や新薬の開発[23]，ポリプの特性を利用した臓器移植の際の拒絶反応の解明や研究等[23]に利用，応用が大いに期待されている。

終わりに，ミズクラゲの変わった利用方法として，ノルウェーのサンデーフィヨールド地方での方法は興味深い。ここにある温泉施設では，神経痛やリューマチの苦痛がミズクラゲによって治癒されるという[44]。つまりクラゲの上傘部分を痛んでいる部分に接触させるとマッサージ作用を引き起こして，その苦痛が速やかに取り除かれたのである。この意外な使用方法は，時に著しく優れた効果を現すとされている[44]。ミズクラゲの寿命は1年以上であるから（第1章V.栄養と成長，およびVI.生活史の項参照），クラゲの飼育や管理の仕方によっては，周年治療用として利用できよう。

文　献 (クラゲ類と産業活動)

1) 朝日新聞（1998）：クラゲふわふわ人散々．福井兵庫で大発生（8月7日）．
2) Blair, E. T.（1970）: *Maryland Conservationist*, 43 (1), 16～22.
3) Chas, W. and G. T. Hargitt（1910）: *Jour. Morph.*, 21 (2), 217～263.
4) 中国科学院南海研（1978）：南海海洋生物．pp.1～153, 科学出版社，北京．
5) Cleland, J, B. and R. V. Southcott（1965）: *Aust. Nat. Health Med. Res. C. Special Rep. Ser.*, (12), 1～282.
6) Cruzado, A.（1984）: *The Siren*, (25), 24～30.
7) Davidson, V. M. and A. G. Huntsman（1926）: *Trans. Res. Soc. Can.*, 20, Sect. V., 119～125.
8) Fraser, J.（1970）: *Jour. Cons. Int. Explor. Mar.*, 33, 149～168.
9) 福井新聞（2001）：クラゲ回収技術開発へ共同実験（8月25日）．
10) 福井新聞（2002）：クラゲ処理費用4分の1に減（2月16日）．
11) 福井新聞（2002）：養殖場へクラゲ．90万尾サケ被害（8月9日）．
12) 福井新聞（2002）：巨大クラゲ漁業直撃（9月24日）．
13) 福井新聞（2002）：イワシ高嶺の花．クラゲのため旋網1200万円損害（10月29日）．
14) 福井水試（2002）：浜へのたより，(133), 1～4.
15) Hela, I.（1951）: *Suomal. Elain-ja Kasvit. Seur. Van Tieden*, 6, 71～78.
16) 日立造船株式会社（1996）：クラゲ防除資料1～7（コピー印）．
17) 飯嶋訓司・川辺充志（1990）：クラゲ来襲条件とエアーバブリングによる防除対策．クラゲの生態と防除対策セミナー予稿集．pp. 15～41, 名古屋．
18) 石井春人（2001）：日本プランクトン会報，48 (1), 55～61.
19) 石井春人・渡部朋子（2002）：付着生物研究，19 (2), 121～128.

20) 石井素文（1990）：取水口の防塵装置によるクラゲ防除対策．クラゲの生態と防除セミナー予稿集．pp.79～86，名古屋．
21) 柿沼好子（1961）：青森県生物学会誌，4（1・2），10～17．
22) 柿沼好子（1990）：クラゲによる水質浄化能力．クラゲの生態と防除対策セミナー予稿集．pp.87～95，名古屋．
23) 柿沼好子（2001）：大型クラゲの環境生物学．クラゲの大発生が問いかけるもの．西部ブロック漁海況研究報告，(9)，1～16．
24) 関電技研（1968a）：クラゲ防除に関する研究（第1報）．クラゲ来襲と気象要因について．pp.1～14（タイプ印）．
25) 関電技研（1968b）：火力発電所におけるくらげの来襲とその対策について．pp.1～21（同印）．
26) 川端豊喜（1990）：ミズクラゲの減容試験．クラゲの生態と防除セミナー予稿集．pp.96～102，名古屋．
27) 川辺充志（1990）：ミズクラゲの食品化．クラゲ対策に関する文献．pp.1～4（コピー印）．
28) 近大農学部（1970）：クラゲの生態と防除に関する研究．中間報告．pp.1～28（タイプ印）．
29) 洪恵声ら（1978）：海蜇，pp.1～70，科学出版社，北京．
30) 黒田一紀（2001）：第55回日本海洋技術連絡会議議事録．pp.60～70（タイプ印）
31) 黒田一紀ら（2000）：水産海洋研究，64（4），311～315．
32) 桑原　連ら（1969）：日水会誌，35（2），156～162．
33) 毎日新聞（1972）：首都停電マヒ．交通大混乱クラゲが原因（7月20日）．
34) Matsueda, N.（1969）：*Bull. Mar. Biol. St. Asamushi*, 13（3・4），187～191．
35) 三宅裕志（1988）：ミズクラゲの生物学的研究．博士論文，pp.1～421，東京大学．
36) Möller, H.(1984)：Daten zur Biologie der Quallen und Jungfish in der Kieler Bucht. pp1～182, Kiel Univ., press, Germany.
37) 日本海新聞（2002）：エチゼンクラゲ異常発生．漁業に打撃（11月1日）．
38) 日刊工業新聞（1992）：クラゲ焼却処理システム．脱水微粉砕．含水率30％（1月31日）．
39) 西村三郎（1959）：採集と飼育，21，197～202．
40) 西村三郎（1961）：同　誌，23，194～197．
41) 大森　信（1981）：日本プランクトン会報，28（1），1～11．
42) 大鶴正満（1980）：皮膚病診断，2（5），447～450．
43) 大内一郎（2000）：海洋沿岸域の環境変動とクラゲ類の大発生に関する研究集会．要旨 pp.19～20．
44) Russell, F. S.（1970）：The medusa of the British Isles. vol. 2. Pelagic Scyphozoa with a supplement to the first volume on Hydromedusae. pp.1～283, Cambridge Univ., press London.
45) 内田　亨（1936）：日本動物分類．鉢水母綱．3（2），pp.1～94，三省堂，東京．
46) 内田　亨（1988）：腔腸動物．ヒドロ虫綱．新日本動物図鑑．Pp.167～229，北隆館，東京．
47) 産経新聞（2000）：冬の日本海．困ったクラゲ達（2月29日）．
48) 佐藤喜芳（1990）：水流発生装置の開発について．クラゲの生態と防除対策セミナー予稿集．pp.42～58，名古屋．
49) 坂田　進・吉信直俊（1992）：火力・原子力発電，43（2），85～91．
50) Schultz, L. P. and D. G. Cargo（1971）：*Nat. Inst. Educ. Ser.*, 93, 1～8.
51) 椎野季雄（1969）：水産無脊椎動物：pp.55～76，培風館，東京．
52) 下村敏正（1952）：日水研創立30週年記念論文集．pp.153～160，新潟．

53) 下村敏正（1959）：日水研報，(7)，85～107.
54) 白井　洋（1984）：有毒有害海中動物図鑑．pp.1～360．マリン企画，東京.
55) Sloan, N. A. and C. R. Gun（1985）：*Can. Ind. Rep. Fish. Aqua. Sci.*, 157, 1～29.
56) 水産経済新聞（1996）：クラゲが魚倉の水温を上昇．魚鮮度低下の原因に（11月7日）.
57) 水産増殖施設株式会社（2002）：クラゲの活発化要因に関する研究報告書（日本原電委託研究）．pp.1～34（タイプ印）.
58) 谷川英一（1971）：水産加工学．pp.1～57，恒星社厚生閣，東京.
59) 戸田勝也（1990）：クラゲ流入網およびポンプ方式による防除対策．クラゲの生態と防除対策セミナー予稿集．pp.59～78，名古屋.
60) 東電技研（1967）：クラゲ排除対策に関する調査研究（その1．クラゲ来襲と事故状況および気象の関係）．pp.1～25（タイプ印）.
61) 東海大海洋博物館（1976）：海のはくぶつかん，6(6)，1～7.
62) 豊川雅哉（1995）：東京湾におけるクラゲ類の生態学的研究．博士論文，pp.1～110，東京大学.
63) 山口正士（1982）：海洋と生物．4(2)，242～248.
64) 安田　徹（1979）：ミズクラゲの生態と生活史．pp.1～227，産業技術出版社，東京.
65) 安田　徹（1984）：クラゲの毒について．若越水産，(266)，10～12.
66) 安田　徹（1988）：ミズクラゲの研究．水産研究叢書37，pp.1～136，日本水産資源保護協会，東京.
67) 安田　徹（1995）：再びエチゼンクラゲの大発生．うみうし通信，(9)，6～9.
68) 安田　徹（2000）：日本海に出現する主なクラゲ類の生態．日本海水産海洋研究推進レポート1999．pp.72～75（タイプ印）.
69) Yasuda, T. and Y. Suzuki（1992）：*Bull. Pl. Soc. Japan*, 38(2)，147～148.
70) 山本直史ら（2000）：付着生物研究，17(1)，57～60.
71) 吉井楢雄（1934）：動　雑，46(546)，167～172.

III．クラゲ類の飼育と展示

§1．水族館でのクラゲ展示の歴史

　水族館でのクラゲ類の飼育・展示の歴史は，ヨーロッパにおいては1905～6年ごろ，すでにナポリ水族館で展示が行われていた。日本でも，明治時代，堺水族館でクラゲの飼育展示を行っていたという記録がある。しかし，どちらの水族館も，おそらく，水槽内でクラゲが「生きている」程度で，長期間の飼育はできなかったものと思われる[17]。日本の水族館で，クラゲを本格的に展示できるようになったのは，元東北大学理学部付属浅虫臨海実験所長兼，浅虫水族館長の平井越郎博士の功績によるところが大きい。同博士は，専門であるクラゲの生活史の研究を水族館の展示に活用することを試み，またその方法の一つとして，飼育した小さなヒドロクラゲなどを拡大展示する，マイクロアクアリウムを導入した[7,8]。この装置は顕微鏡とテレビカメラとモニターテレビをつないだもので，水族館の展示への応用は初めてだった。

数あるクラゲのなかでも最初に飼育展示の方法が確立されたのはミズクラゲである。平井博士はミズクラゲの全生活史を解明し[6]，当時平井博士の助手で，のちに鹿児島大学教授となった柿沼好子博士が，光や水温変化の刺激によって飼育下でクラゲを遊離させる方法を開発した[10]。こうした業績と指導をもとに，1968年，上野動物園水族館において，本格的なミズクラゲの常設展示が開始された[1, 2]。続いて江ノ島水族館でもミズクラゲの常設展示を開始し，現在12種の常設展示を行っている。

§2. クラゲファンタジーホール

江ノ島水族館のクラゲ展示コーナー「クラゲファンタジーホール」には，直径60〜70cmの太鼓型水槽，直径1mの円柱水槽，容量100 l・1,500 lの角型水槽がそれぞれ数本ずつあり，12種類のクラゲ類を常設展示している。水槽は観覧者を取り囲むように配置されており，このエリアはここだけで一つの独自な空間を作り上げている。

江ノ島水族館におけるクラゲ類の飼育展示の歴史は，1954年の開館とともに始まる。東京大学名誉教授であり，初代館長の故雨宮育作博士は，マミズクラゲの飼育経験もあり，当初より，クラゲ類を展示生物の重要な一動物群として位置づけていた。開館初期のガイドブックの中にも，ミズクラゲをはじめ，アカクラゲやカミクラゲなどのカラー写真と種説明を載せている[13]。当時は長期の飼育はまだ難しく，採集してきたものを水槽に入れるという季節展示ではあったが，積極的に様々な種

図145　クラゲファンタジーホール

類のクラゲを展示しようとしていたことが伺える。そうした背景とともに，たびたび行幸されていた昭和天皇に，ご専門であるヒドロ虫類のクラゲを，何時お成りになってもお目にかけたいということが励みになり，クラゲ類の展示への取り組みは，より本格的なものとなっていった[9]。1968年，東京の百貨店で行われた相模湾生物展における刺胞動物を中心とした展示はその第一歩となった。1973年3月からは小型水槽とマイクロアクアリウムを使った常設展示コーナーを設け，その後，2度にわたり拡張・改装を行い，1988年から現在のスタイルでの展示となっている。最近クラゲを展示する水族館はますます増加しつつあり，新しく計画される施設においても，クラゲ類の展示は外せないものとして考えるところが多い。水族館におけるクラゲそのものの研究も，積極的に進められているが，展示の手法についても様々な工夫がされつつあり，今後進展のめざましい分野でもある（図145）。

§3. 展示しているクラゲの種類
1）鉢クラゲ虫綱
 i）ミズクラゲ *Aurelia aurita*：江ノ島水族館では最も歴史が古く，1968年にポリプ（厳密にいえば，鉢クラゲ虫綱では，この世代を鉢ポリプまたはスキフラと呼び，ヒドロ虫類のポリプとは区別すべきであるが，本書では煩雑になるので区別せず，単にポリプとした）を入手して以来，飼育を続けている。世界中の海に広く生息しており，世界各地の水族館で展示されている種類である。飼育・展示の基本ともいえるクラゲである。日本では夏から秋にかけて最もよく見られる。傘の上から4つの丸い形をした生殖巣が透けて見えることから，"四つ目クラゲ"とも呼ばれている。毒性は弱く，刺されてもほとんど痛みを感じることはないが，大量発生して発電所の冷却水取水口を詰まらせ，停電を引き起こすこともある（図146）。

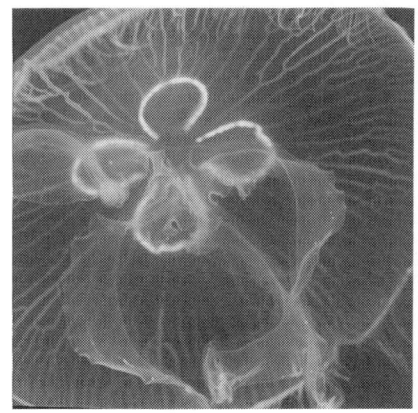

図146　ミズクラゲ 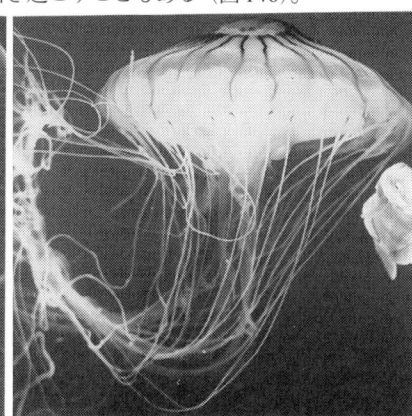　　　　　　　　　　　図147　アカクラゲ

ii) アカクラゲ　*Chrysaora melanaster*：日本では冬から初夏にかけてよく見られる。傘の下などに甲殻類が隠れていたり，魚類を伴っていることもある。傘には褐色の縞模様があり，大きなものでは直径 15 cm，口腕の長さは 1 m 以上に達する。毒性は比較的強く，刺されると痛みを感じる。このクラゲの触手を乾燥させ，粉末にしたものが鼻孔にはいるとくしゃみを起こさせること，またそれを真田幸村方の忍者が使っていたという記録から，別名"ハクションクラゲ"または"サナダクラゲ"とも呼ばれる（図147）。

iii) アマクサクラゲ　*Sanderia malayensis*：本州中部から九州にかけて生息し，特に天草地方に多いのでこの和名がある。毒性は強く，刺されると痛みを感じる。傘の表面や触手に刺胞が集まって顆粒のように見える刺胞群が多数あるのが，肉眼でも確認できる（図148）。

iv) シーネットル　*Chrysaora fuscescens*：アメリカのオレゴン州から北カリフォルニア沿岸で夏によく見られ，成長すると傘の直径80 cm，口腕の長さ4 mに達する世界最大級の大きさのクラゲである。シーネットルとは海のイラクサの意で，その名の通り，毒性が強く，刺されると痛みを感じ，みみず腫れになることがある。しかし，房々とした長い口腕には，小型の甲殻類などが隠れていることもあり，大型のスズメダイの仲間のガリバルディーはこの口腕を好んでついばむ（図149→口絵参照）。

v) タコクラゲ　*Mastigias papua*：相模湾では波の穏かな内湾で7〜10月に見られる。傘の下にタコの足を思わせる8本の棒状の器官があるのでこの和名がある。体色は褐色を帯びているが，これはクラゲそのものの色ではなく，体内に共生する単細胞の藻類の色である。藻類を体内に生息させ，光合成により作り出された糖類などを，栄養分として利用している（図150）。

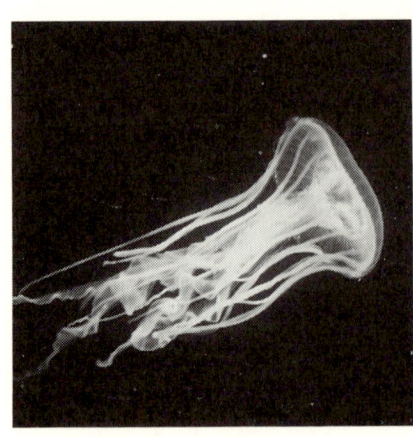

図148　アマクサクラゲ

図150　タコクラゲ

vi) サカサクラゲ *Cassiopea* sp.：亜熱帯・熱帯性のクラゲで，砂地の浅海やマングローブ林などに生息する。ほとんど遊泳せず，傘を逆さにして海底に沈んでいることが多い。(図151)。

vii) スナイロクラゲ *Rhopilema asamushi*：日本では夏から秋にかけて見られる。食用として加工される種類のクラゲで，大きなものでは傘の直径が40 cmに達する。このグループのクラゲの口は"吸い口"といい，胃腔につながる多数の細い管の先端が口腕の部分に開口している。主に小型動物プランクトンを吸い込んで食べる(図152)。

viii) ブルージェリーフィッシュ *Catostylus mosaicus*：フィリピン近海等に生息するクラゲで，最近ペットショップに出回っている。比較的拍動のリズムが速く，遊泳力が強い。(図153)

2) ヒドロ虫綱

i) エボシクラゲ *Leuckartiara octona*：3～4月にかけて太平洋岸の温暖な海域でよく見られる，傘径6 mm，高さ1 cmほどの小さなクラゲである。口唇や口柄，触手の根元にある眼点は紅色に彩られている。傘に烏帽子状の寒天質の突起があることが和名の由来となっている(図154)。

ii) ウラシマクラゲ *Urashimea globosa*：江ノ島付近では春によく見られる，傘径1 cm，高さ1.5 cmほどのクラゲである。4本の触手に短い柄のついたマチ針のような構造が多数あり，この部分には刺胞が詰まっている(図155→口絵参照)。

iii) カミクラゲ *Spirocodon saltatrix*：相模湾では春先に見られる。傘径5～6 cm，高さ8 cm位になるクラゲで，触手が髪の毛のようにたなびく様子から"髪クラゲ"の和名がある。触手の付け根には，赤色の眼点が並んでいる。(図156→口絵参照)

図151 サカサクラゲ 　　　　図152 スナイロクラゲ

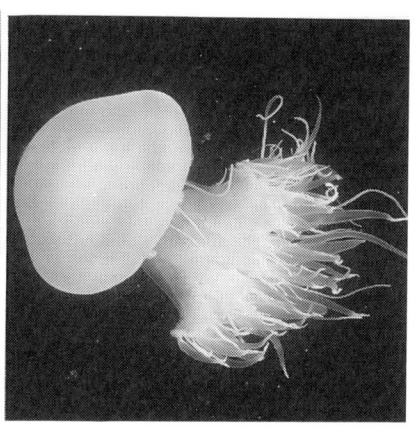

iv) オワンクラゲ　*Aequorea coerulescens*：江ノ島付近では早春に見られる。発光クラゲとして有名で，刺激により，傘の縁や生殖腺が青緑色に発光する。傘は扁平なお椀形で，縁には 100 本程度の触手がある。傘の中央にある口は大きく広げることができ，他のクラゲを丸飲みにしてしまうこともある。傘径 20 cm に達し，ヒドロ虫類の中では最も大きくなる種類である（図157）。

v) ギヤマンクラゲ　*Tima formosa*：江ノ島付近では春から夏にかけてよく見られる。成長すると傘の直径は 7〜8 cm ほどになる。口柄が長く，胃腔が傘の外に突出している（図158 →口絵参照）。

vi) カギノテクラゲ　*Gonionema vertens*：相模湾では春から夏にかけて見られる。触手の先端付近が折れ曲がっていることから，"鉤の手クラゲ"の和名で呼ばれている。またこの部分には付着細胞があり，これで海藻などに付着している（図159 →口絵参照）。

vii) ハナガサクラゲ　*Olindias formosa*：江ノ島付近では，春から夏にかけて水深 60 m ほどの刺網にかかる。大きなものでは傘径 20 cm に達する。鮮やかな緑色や桃色を帯びた触手が，傘の縁だけでなく外傘上にも生じることが特徴の 1 つで，その形態から"花笠クラゲ"の和名がつけられている（図160 →口絵参照）。

viii) コモチカギノテクラゲ　*Scolionema suvaense*：江ノ島付近では 6〜7 月頃によく見られる，傘径 1 cm に満たない小さなクラゲである。触手の先端付近には付着器があり，これで海藻などに付着することができる。受精卵からプラヌラ，そしてポリプを経てクラゲとなる有性生殖のほかに，クラゲの放射管上にクラゲ芽をつくり，これが小さなクラゲとなって親の体から離れて泳ぎだす無性生殖もみられる。このような生態から，"子持ち鉤の手クラゲ"の和名がつけられた（図161）。

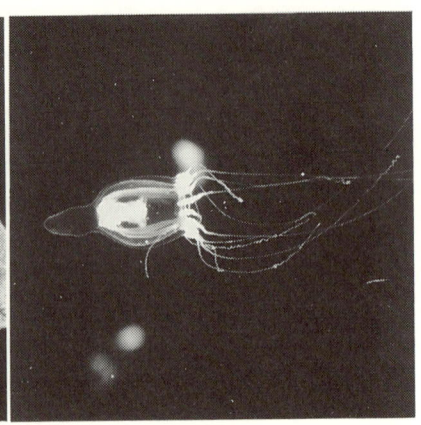

図153　ブルージェリーフィッシュ　　　　図154　エボシクラゲ

3）立方クラゲ（箱虫）綱

i）**アンドンクラゲ** *Carybdea rastoni*：真夏のお盆過ぎに多数現れ，海水浴客が刺されて被害を受けるのは，このクラゲが原因であろう。相模湾では10月頃まで見られる。傘は立方形で，その形から"行灯クラゲ"の和名で呼ばれている。立方形の傘の縁の各頂点から1本ずつ，合計4本の触手を生ずる（図108→口絵も参照）。

4）有櫛動物門のクラゲ

i）**カブトクラゲ** *Bolinopsis mikado*：有櫛動物門というグループに属するクラゲで，ゼリー質の大型プランクトンという点では刺胞動物門のクラゲとよく似ているが，毒液を注入する刺胞をもっていない。体の作りが脆弱で壊れやすいクラゲだが，時に大量発生して漁業の妨げとなることもある。光の反射で虹色に光って見えるのは櫛板という運動器官で，このグループの大きな特徴の1つである（図162→口絵参照）。

ii）**ウリクラゲ** *Beröe cucumis*：有櫛動物門のクラゲで，日本の沿岸でもよく見られる。貪食で，魚卵や稚仔魚などの動物プランクトンを餌とする他，自分と同じ仲間のウリクラゲやカブトクラゲのような有櫛動物門のクラゲを，大きな口を反転させて丸飲みにすることもある（図163）。

§4. ポリプ・クラゲの入手

江ノ島水族館におけるポリプおよびクラゲの入手は，自家採集，自家繁殖，漁業者への依頼，業者からの購入，他の水族館や研究機関などからの寄贈・交換などによって行われている。その他，特にポリプの場合，搬入した海水中に混入していたり，購入した魚類や石に付着していたりしたものが水槽内で繁殖するなど，意図せずに得られることもある。入手したクラゲは，直接すぐに展示することもあれば，

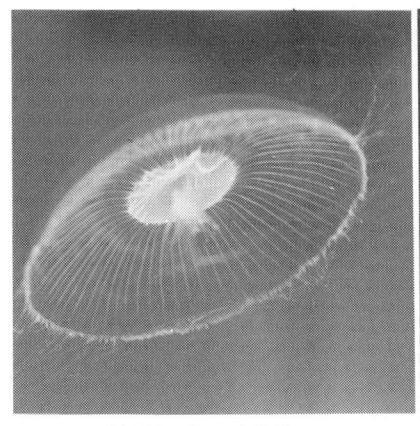

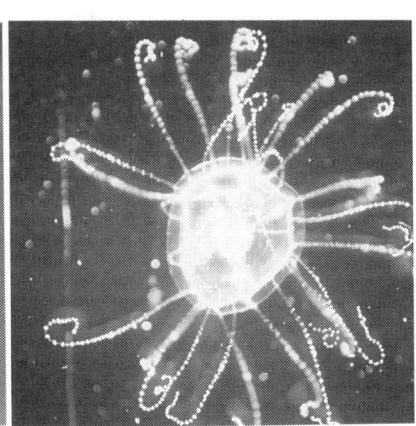

図157 オワンクラゲ　　　　　図161 コモチカギノテクラゲ

それをもとに飼育下で繁殖させたものを展示する場合もある。現在飼育している多くの種類は，代々繁殖させてきたポリプであり，それらから遊離したクラゲである。

採集によりクラゲを入手する場合は，目的とする種類を効率よく獲得するために，過去の経験やデータから，適した場所と時期を考えて行う。またその基礎となる情報を収集するために，出現種の確認を目的として調査採集を行うことも重要である。採集に必要な道具は，長い柄のついた目の細かい網，杓子，バケツ，ビニール袋などである。目的のクラゲが肉眼で確認できる大きさのものであれば，それを狙って網に入れればよい。壊れやすい種類の場合は杓子を用いて水ごとすくう。調査採集の場合は，プランクトンネットを引くように，網を水中で上下に動かしながら水平方向に移動させ，網にかかったものを水を汲んでおいたバケツの中で洗い落とす。飼育室にもち帰ってから観察すると，傘径数 mm のヒドロクラゲ類が見つかる。輸送の際は，クラゲを適当な量の海水とともにビニール袋に入れ，空気が入らないように口を締め，輪ゴムで結わえる。空気が入っていると，水が揺れた時にクラゲの傘に気泡が入り，それが傘を突き破って体を破損させる危険性がある。温度変化による採集物のダメージを防ぐためには，発泡スチロールの箱やクーラーボックスが用いられる。

§5. 飼育水，餌，光

飼育水は新鮮な海水（比重 1.022〜1.025，pH 8.0〜8.4）をろ過して用い，種類ごとの条件を考慮して温度調節を行う。天然の海水が手に入らない場合は，人工海水を使用する。換水時の留意点は他の水生生物における場合と同じである。水温および比重（塩分濃度）を，新旧の差がないように合わせ，クラゲへのダメージを極力小さくするように気をつけている。

餌は主として，ふ化直後のブラインシュリンプ（アルテミア・ノウプリウス幼生）を用いている。適当な量を飼育水中に散布するか，駒込ピペットで各個体に吹き付けるようにしたり，あるいは小型の容器にクラゲを入れ，その中に餌を入れて，集中的に摂餌できるようにするなどの方法をとっている。種類によっては生シラス，アサリ，オキアミなど，魚介類のミンチなどを数日おきに与え，栄養面での工夫もしている。最近は，各メーカーで手軽で有効な人工飼料の研究・開

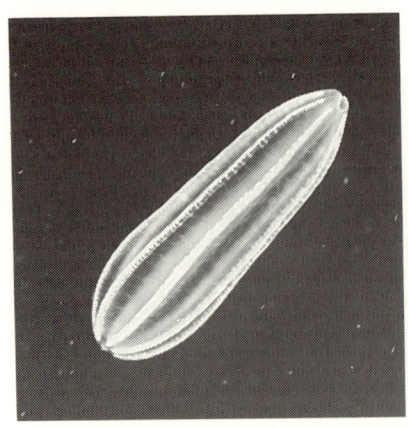

図163 ウリクラゲ

発が進められており，今後よいものがあれば使用していきたい（図164）。

照明は通常は，観察や飼育作業に不都合のないよう点灯している。展示水槽においてはクラゲ自身の体色なども考慮に入れ，昼光色蛍光灯，植物育成用蛍光灯，レフランプなどを使い分けている。共生藻をもつ種類については，植物育成用蛍光灯やハロゲンランプを使用し，照度や照明時間も考慮に入れ，必要に応じて調整している。

§6. 飼育装置

　遊泳力の弱いクラゲの飼育では，クラゲがゆっくりと浮遊できる水流と，ろ過槽に戻る排水口に吸い込まれないようにする工夫が必要となる。江ノ島水族館では，排水口あるいはオーバーフロー口の前に小孔を多数開けたスクリーンを立てることで解決した。最近では，モントレー湾水族館で開発された，注水口と排水口の位置に工夫を加えた太鼓型の水槽や，これに似た方式の鳥羽水族館考案の水槽など，様々なクラゲ飼育用水

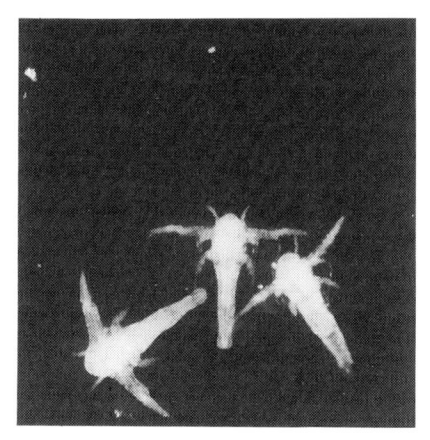

図164　アルテミアのノウプリウス幼生

槽が開発されつつある。江ノ島水族館でも太鼓型水槽を展示水槽として2本，導入し，飼育・展示のレベルアップを目指している。しかし，試行錯誤を繰り返した飼育装置でも，時としてクラゲが奇形になったり，物理的な障害で破損したりすることもあり，微調整を重ねながら，まだ経験に頼るところが大きく，完璧な飼育装置の完成はもう少し先のように思われる。さらに種類ごとの微妙な違いや，同一種でも，成長の各段階において飼育条件が異なってくることもあり，様々な方式を使い分けているのが現状である。現在，江ノ島水族館では，概ね以下の4つの方法を使い分けて飼育している。

　　　・小型容器による止水飼育
　　　・スポンジフィルターを用いた水槽飼育
　　　・ビーカーあるいは小型水槽における通気撹拌飼育
　　　・外部式循環ろ過水槽

　1）ポリプ：複数種のポリプを同一容器内で飼育していると，刺胞毒の強弱，環境への適性などにより，強い種が弱い種を駆逐してしまうので，1種類ごとに分けて飼

育を行うようにしている。

　ポリプの飼育，繁殖，および保存にはシャーレや樹脂製容器など，小型容器での止水飼育と，スポンジフィルターを設置した 10〜40 l の水槽による 2 通りの方法を主に用いている。

　i）小型容器での止水飼育：給餌は数日おきに行い，給餌を行った時には，摂餌を確認後（およそ 3〜4 時間後）に換水する。この時，ピペットを用いて残餌などのかすを水とともに吹き飛ばして洗い流す。この洗浄が不十分であると，線虫類や原生動物などが繁殖して，ポリプが食害される原因となる。またピペットで除去できない汚れや，繁茂してしまった藻類などは，つまようじや綿棒を用いて容器からはがして洗い流す。藻類などが容器内に繁茂すると，ポリプが新しい群体を作ることができなかったり，逆に，藻類の上に群体を広げてしまい，後からポリプと分離するのが難しくなる。小型容器による止水飼育は，手間のかかる方法ではあるが，観察がしやすいこと，恒温器など，限られたスペースに多くの単一種ポリプを他種のポリプと隔離して飼育できることから，新しい種の群体育成やストックを目的とする場合に有効な方法である。（図165）

　ii）スポンジフィルター水槽での飼育：この方式は，ポリプを大量に飼育することができる。ポリプは最初，スライドグラスや岩などに付着させて水槽内に収容する（ポリプは付着させたい基盤の上に群体を置き，1 週間ほど静置しておけば付着する）。環境や条件がよければ，やがて水槽側面，底面に群体が広がる。給餌は 1 日に 1〜2 回行い，換水は水槽の汚れや水質を見ながら月に 1 回程度行う。この方法は，ポリプの観察がしにくいことと，他種のポリプが混入しや

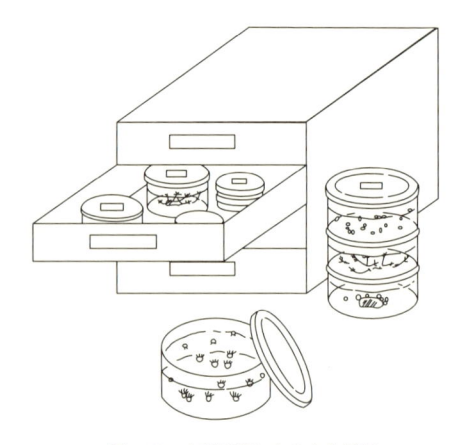

図165　小型容器による止水飼育

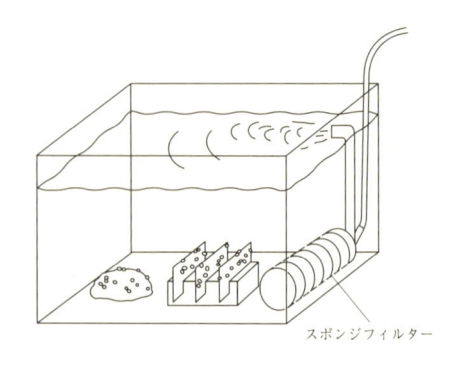

図166　スポンジフィルターを用いた飼育

すいといった欠点があるが，給餌や換水の面で手間がかからず，比較的簡便に大量のポリプを維持できるという点で有効である。(図166)

iii) **ポリプの移植**：クラゲ飼育の成否は，健康なポリプの群体をもっているかどうかにかかっているといっても過言ではない。ポリプの群体を長期飼育していると，繁殖力が衰えたり，萎縮の傾向が見られたり，また容器の許容量以上に繁殖してしまうことがある。その結果，健全なクラゲを得ることが難しくなる。そこで，常に良質なポリプを保有するためには，思い切って群体の一部のみを残して古い群体を除去し，再び無性生殖で新たな群体を形成させたり，群体の一部を別の容器に移植したりすることも必要である。またこうした移植により，同一種のポリプを複数の場所に分散させてストックしておくことは，全滅を防ぐ手段としても重要である。

2) **クラゲ**：

i) **ビーカーあるいは小型水槽における通気撹拌飼育**：エフィラ幼生や若いクラゲ，小型のクラゲなどは，0.5〜5 l のビーカーや10〜40 l の水槽に収容し，ガラス管による通気飼育をしている。この方法は，クラゲが気泡に巻かれて若干のダメージを受ける可能性もあるが，小さなクラゲの飼育には適していると考えられる。ただし，ろ過器を設置していないので，こまめな換水が必要となる。また，この方法では，クラゲの傘中に気泡が入り込み，クラゲを水面に浮き上がらせ，貫通孔を作る危険性があるため，成長状態をよく観察し，クラゲが気泡を取り込むサイズに達したら，速やかに次のステップの飼育方法に切り換える必要がある。水温調節は，ウォーターバスにより行っている。浅めの水槽などに水を張り，冷水機やヒーターで適当な水温に調節したところへ，クラゲを収容した容器を入れる。周りの水が容器内に入らないように，注意が必要である。(図167)

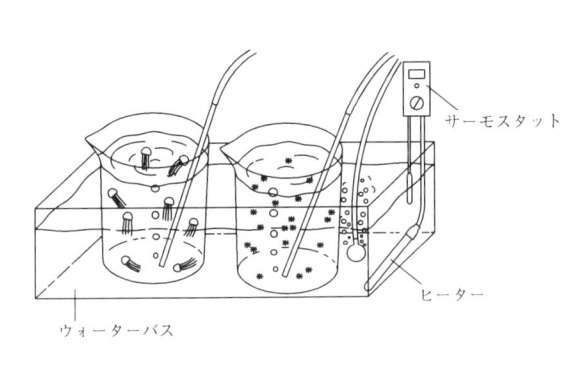

図167 ビーカーによる通気撹拌飼育

ii) **外部式循環ろ過水槽による飼育**：この方法は，基本的には魚類飼育水槽と同様の構造だが，遊泳力の弱いクラゲを水槽内に漂わせるために2つの工夫がなされている。1つはクラゲに適した流れを作り出し，遊泳を補助するために，注水口の向きや循環量の調節を行っていること，もう1つはクラゲがろ過器への排水口に吸い込

まれないように，収容するクラゲのサイズに応じた小孔を多数開けた樹脂板を排水口の手前に設置していることである。多孔板と水槽の間にはすき間を作らないように注意しなければならない。少しでもすき間があると，そこからクラゲが排水口へ吸い込まれてしまう危険がある。さらに排水口のパイプは多孔板と反対に向けてセットし，少しでもクラゲに影響しないよう細心の注意を払う。注水のシャワーパイプは，水面ぎりぎりにセットする。シャワーパイプが完全に水中にセットされていると，遊泳しているクラゲが引っかかる危険性があるためである。基本的にはシャワーパイプの穴は下向きあるいは水平向きにセットするが，クラゲの様子を見ながら微調整を行う。吸水量，注水量もバルブにより調整し，クラゲがゆっくりと漂う水流を作る。水温調節を行う際には，水槽内に直接ヒーターあるいは冷水機をセットするか，ウォーターバス式にして，水温調整をした水の中に水槽を入れる。

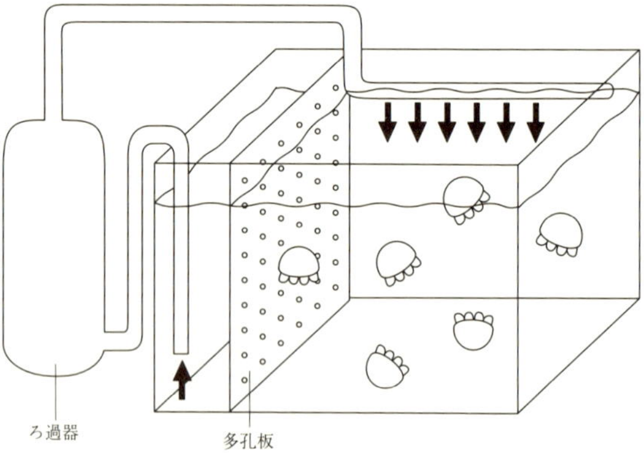

換水の目安となるpHは 8.0 としているが，測定値にこだわらず，生きもの自身の状態を見ながら判断する。

図168 外部式循環ろ過水槽

現在，江ノ島水族館では，100～1,500 l の水槽においてこの方法を用いており，傘径 3 mm のコモチカギノテクラゲから傘径 30 cm のミズクラゲの飼育が可能である。（図168）

iii）ポリプからのクラゲの遊離：ポリプからクラゲを遊離させる場合は，ポリプの飼育環境に何らかの変化の刺激（主として水温差）を与え，クラゲの遊離を促している。水温の設定などは，試行により求めた。ヒドロ虫類については換水することが刺激となる場合もあるので，これも利用している。

iv）クラゲからのポリプの採取：鉢クラゲ類では，水槽（放出されたプラヌラが，ろ過器に吸い込まれるのを防ぐため，一時，循環を止めておく）に成熟雌個体を収容し，水中にプラヌラを放出したところでピペットを用いて採取するか，または口腕基部より直接プラヌラを吸引採取し，得られたプラヌラをシャーレなどに移し，ポリプに変態させている。また通常のろ過循環水槽において，成熟した雌個体がプラヌラを放出し，これが水槽の側面や樹脂板に付着し，ポリプに変態したものを採

— 188 —

取することもある．ヒドロ虫類においても同様で，成熟したクラゲを小型水槽に収容しておくと，飼育水中で放卵，放精，受精がおこり，プラヌラが得られる．これをピペットで吸引採取し，シャーレに移してポリプに変態させる．また通常の飼育水やろ過槽中に付着したポリプの群体も採取している．

§7. 代表種の飼育
1) ミズクラゲ

 i) 入　　手：フィールドでミズクラゲを採集するのに適した時期は1年に2回ある．初夏から秋にかけては，潮目や海岸，河口付近に大群となって現れることがある．大きな水槽があれば，そのクラゲを採集してすぐに水槽に入れ，飼育することができる．冬から春にかけては，波の静かな時に，水面付近に直径3 mmほどのエフィラ幼生を見つけることができる．このエフィラ幼生を採集して大きく育てることも可能である．また十分に成熟した雌の個体は，プラヌラをもっているので，もち帰って水槽に入れておくと，やがてプラヌラを放出し，これが変態してポリプとなり，無性生殖により水槽内で増殖する．クラゲをもち帰らなくても，口腕基部の保育嚢周辺を駒込ピペットで吸引すると，プラヌラを得ることができる．これを海水とともにもち帰り，静置しておくと，ポリプに変態する．

採集に出かけるのが難しい場合，最近はペットショップでミズクラゲを購入することができる．ショップで売っているミズクラゲは，傘径5 cm前後の手ごろなサイズのものが多いので，家庭用の水槽でもすぐに飼育を始めることができる．

 ii) ポリプの飼育：群体の一部を取り出すことや換水など，後の作業効率を考えると，ポリプは何かの基盤に付着させておくとよい．スライドグラスなどに付着させ

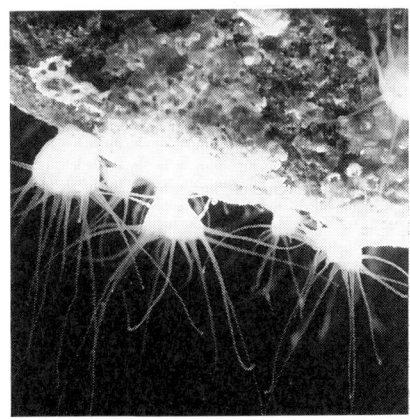

図169　ミズクラゲのポリプ　　　　図170　ミズクラゲのストロビラ

たポリプを水槽に収容し，スポンジフィルターによるろ過を行い，飼育する。餌はブラインシュリンプを1日に1～2回与える。

　飼育水温を10℃ほど下げると，2～4週間後にストロビレーションが始まる。ストロビレーションにおいては，1つのポリプから複数のエフィラを遊離するポリディスクタイプの種と，1つのポリプから1個体のエフィラを遊離するモノディスクタイプの種とがあるが，本種はポリディスクタイプの種で，多くの場合，1つのポリプから10数個体エフィラを遊離する。ストロビレーションでエフィラ幼生を遊離しても，基部は残り，再び触手を伸ばしてポリプとなる。しかし，回復するまでにはある程度時間がかかるので，群体の一部は水温の刺激を与えずに，ポリプのまま維持しておく方がよい。（図166，167，168）

iii) クラゲの飼育

エフィラ幼生～傘径1cm位の若いクラゲ：1～5lくらいのビーカーあるいは小型水槽に収容し，通気攪拌飼育を行う。容器はクラゲの大きさと個体数により，適当な大きさのものを選択する。餌はブラインシュリンプを1日1～2回与え，摂餌を確認後，換水する。（図172）

若いクラゲ～成体クラゲ：外部式循環ろ過水槽を用い，18～23℃位で飼育する。餌はブラインシュリンプを1日1～2回与える。水槽に流し込んでもよいが，摂餌効率と水質の低下を考えると，小型の容器にブラインシュリンプとクラゲを入れ，集中的に給餌するか，1個体ずつピペットで餌を吹きかけてやる方法を採りたい。どの方法をとるかはクラゲの状態を見ながら判断する。（図173，174）

2）アカクラゲ

i) 入　　手：フィールドでの採集を行う。このクラゲは春先から秋にかけて見ら

図171　ミズクラゲポリプのロビラ　　　　　図172　ミズクラゲのエフィラ

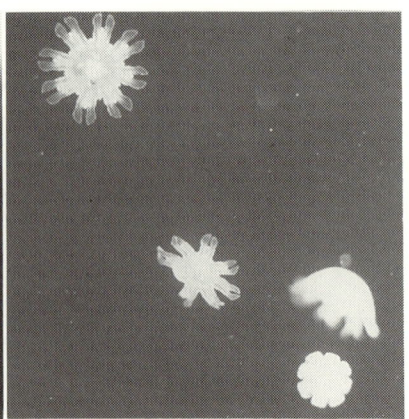

れる。場所によっては大量に発生することもあるので，事前の情報収集も大切である。ペットショップでの取り扱いはほとんどないと思われる。ただこの時期に採集される個体はかなり大きく，傘径 15～20 cm，口腕の長さ 1 m くらいになっていることが多い。クラゲ自体を飼うのではなく，そこからポリプを採集して飼うことをすすめたい。冬期にエフィラ幼生を採集することも可能だが，数は少ない。

ⅱ) **ポリプの飼育**：水温 18～23 ℃位に維持する。水温が高いと消失してしまう。逆に水温が低くなるとストロビレーションを起こすので，クラゲが欲しいときには維持しているポリプの中から一部を別の容器に移し，15 ℃ぐらいに冷やす。1 週間ほどで変態が始まり，エフィラ幼生が遊離する。本種はポリディスクタイプで，1 つのポリプから 20 個体ほどのエフィラを遊離する（図175）。

ⅲ) クラゲの飼育

エフィラ幼生～若いクラゲの飼育：水温 15～18 ℃で，通気撹拌飼育を行う。餌はブラインシュリンプの他に魚肉のミンチや汁を時々与える。

若いクラゲ～成体クラゲ：水温 18～23 ℃位で，外部式循環ろ過水槽で飼育する。餌はブラインシュリンプの他に魚肉をきざんだものなども時々与える。

3) アマクサクラゲ

ⅰ) **入　　手**：江ノ島水族館では，他の水族館からポリプを入手し，それをもとにクラゲを遊離させている。一般的にはペットショップで手に入る種類ではないので，フィールドでの採集に頼るしかないが，あまり数は多くないようだ。

ⅱ) **ポリプの飼育**：水温は 18～23 ℃位に維持する。無性生殖で次々と増殖するので，密度が高くなりすぎないように調節する。良好な状態なら水温を 2～3 ℃下げるなどの微妙な環境の変化に応じて，ストロビレーションを起こし，エフィラ幼生を

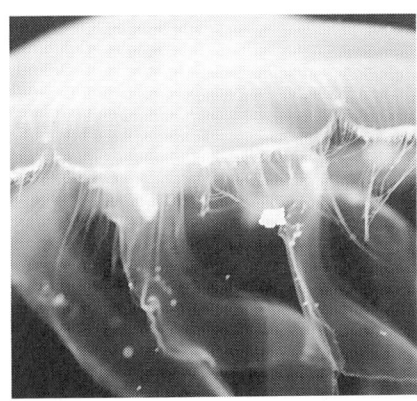

図173　ミズクラゲの摂餌　　　　　　図174　ミズクラゲの摂餌

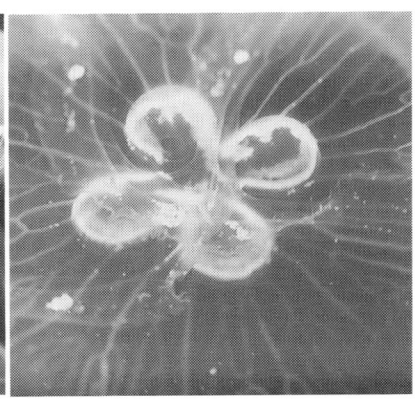

遊離する。本種はモノディスクタイプで，1つのポリプから1個体のエフィラ幼生を遊離する。（図176）

 iii）**クラゲの飼育**

  エフィラ幼生～若いクラゲ：通気攪拌飼育を行う。ブラインシュリンプの他に，時々，魚肉のミンチや汁も与える。

 若いクラゲ～成体クラゲ：外部式循環ろ過水槽による飼育を行う。ブラインシュリンプを与えるとき，クラゲを飼育水とともに小さな容器の中に入れ，その中で給餌するようにすると，非常に効率がよく，十分摂餌する。ブラインシュリンプの他に，時々，魚肉を刻んだものなども与える。ブラインシュリンプと混ぜて与えてもよく取り込むが，シラスなどの小魚やオキアミを丸ごと，触手につけてやってもよい。胃腔の中に餌が取り込まれてゆく様子が観察できて興味深く，水族館では観覧者への給餌パフォーマンスにもなり喜ばれることが多い。

 4）**タコクラゲ**

 i）**入　手**：関東以南の温暖な海で，夏から秋にかけて見られる。波の静かな内湾には，たくさん集まっていることもあり，ポイントを覚えておくと毎年見つけることができる。出現の初期には傘径1～5 cm位のものが見られるが，真夏を過ぎる頃には20 cm位のものも現われる。採集個体を飼育するなら，小さめの個体を選ぶとよい。また，大きなもので，それがメスの個体であれば，プラヌラをもっている確率が高いので，その場で口腕基部からピペットで吸引採取するか，クラゲをもち帰り水槽内に放出されたプラヌラを維持し，ポリプに変態して付着するのを待ってもよい。

 タコクラゲは日本でも採集できるが，外国産のものであれば，ペットショップで

図175　アカクラゲのストロビラ　　　　　図176　アマクサクラゲのストロビラ

ほぼ通年，購入することができる。

　ii）**ポリプの飼育**：水温 25 ℃位にして維持する。本種は共生藻をもっているため，植物育成用蛍光灯やハロゲンランプなどにより，水面で約 2,000 Lux，1 日 8 時間ほどの照明を当ててやることも必要である[12]。28 ℃位に水温を上げるとストロビレーションが始まる。本種はモノディスクタイプで，1 つのポリプから 1 個体のエフィラ幼生を遊離する。設定水温が高く，照明も十分に当てているので，ケイ藻類などの植物の繁殖も早い。ポリプの繁殖の妨げにならないよう，こまめな管理が必要である。

　iii）**クラゲの飼育**：

　　エフィラ幼生～若いクラゲ：小型容器に収容し，水温 25 ℃設定で通気撹拌飼育を行う。植物育成用蛍光灯やハロゲンランプなどにより，水面で 5,000 Lux，1 日 10 時間ほどの照明が必要である[12]。

　若いクラゲ～成体クラゲ：外部式循環ろ過水槽で飼育する。水平方向に回転するような水流を作ってやるとよい。水面で 5,000 Lux，1 日 10 時間の照明が必要である[12]。餌はブラインシュリンプを与える。傘径が 3 cm 位までの時は飼育水とともにクラゲをボウルなどに入れて給餌する方法が有効だが，成長とともに分泌される粘液の量も増え，ブラインシュリンプを絡めるだけで，胃腔に取り込まないことがあるので，そのような場合には，水槽内に直接流し入れる方法がよい。設定水温が高く，照明も十分に当てているので，ケイ藻類などの植物の繁殖も早い。ポリプの繁殖の妨げにならないよう，こまめな管理が必要である。（図 174）

5）**ブルージェリーフィッシュ（カラークラゲ）**

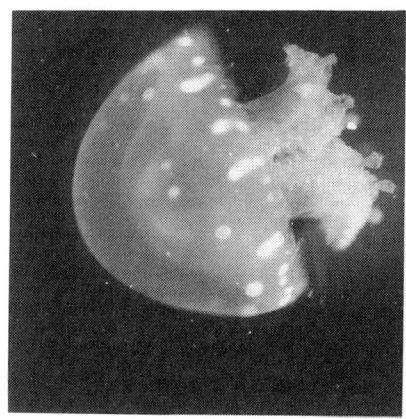

図 177　タコクラゲ（若い個体） 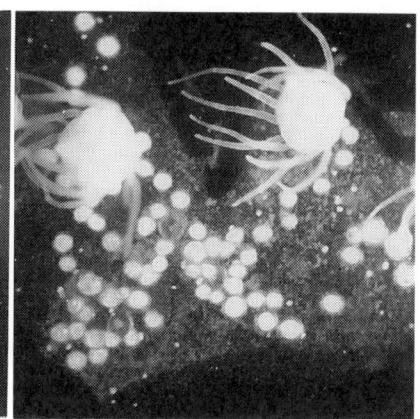　　　　図 178　スナイロクラゲのポリプ

i）入　　手：フィリピン産のものなどがペットショップに出回っており，人気を博している。日本には生息しないので，現地で採集しない限り購入に頼るしかない。
　ii）クラゲの飼育：水温設定 25～26 ℃とし，外部式循環ろ過水槽で飼育する。本種は比較的遊泳力が強く，緩やかな水流のなかでも活発に遊泳する。餌はブラインシュリンプを1日に1～2回，水槽に流し込む。

6）サカサクラゲ
　i）入　　手：鹿児島県以南の海で採集することも可能だが，主に外国産のものをペットショップでも購入することができる。良好な状態で飼育できれば，水槽内にしばしばポリプが繁殖することもある。
　ii）ポリプの飼育：水温 25 ℃位で飼育する。本種は共生藻をもっているため，植物育成用蛍光灯やハロゲンランプなどにより，水面で 2,000 Lux，1日8時間ほどの照明が必要である。照度を 5,000 Lux，水温を 28 ℃位に上げてやると，それが刺激となってストロビレーションを起こす[21]。本種はモノディスクタイプで，1つのポリプから1個体のエフィラ幼生を遊離する。餌はブラインシュリンプを1日に1回から2回与える。共生藻をもっているので，植物育成用蛍光灯などの照明が必要である。設定水温が高く，照明も十分に当てているので，ケイ藻類などの植物の繁殖も早い。ポリプの繁殖の妨げにならないよう，こまめな管理が必要である。
　iii）クラゲの飼育
　　エフィラ幼生～若いクラゲ：小型の容器に収容して，植物育成用蛍光灯などの照明を当てる。通気撹拌飼育を行うが，本種はあまり遊泳しないクラゲなので，無理にクラゲを泳がせようとする必要はない。むしろ浅めの容器に収容するなどして，照明を十分に当てることを第一に考えた方がよいだろう。

図179　ギヤマンクラゲのポリプ　　　　図180　エボシクラゲのポリプ

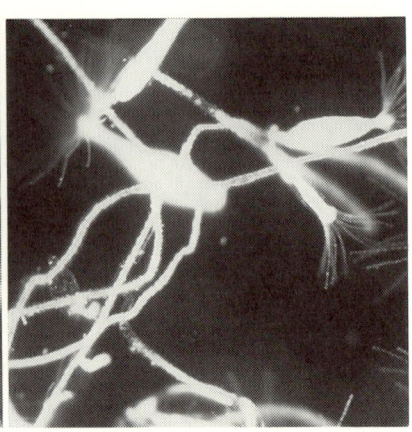

若いクラゲ～成体クラゲ：水温25℃位で，外部式循環ろ過水槽で飼育する。共生藻を持っているので，植物育成用蛍光灯やハロゲンランプなどにより，水面で5,000 Lux，1日10時間程度の照明を当てる。本種はほとんど遊泳しないので，無理に遊泳させるような水流を作る必要はない。メンテナンスには多少手間がかかるが，底面ろ過やスポンジフィルターでも飼育は可能である。光が十分に届くよう，ランチュウ水槽のような浅い水槽で飼育するのも有効である。粘液を多く出す種類で，残餌や排泄物，飼育水中の懸濁物や藻類などを粘液で絡めて沈める性質がある。それらが底面に溜まり，水質の悪化を招くこともあるので，こまめな水質チェックと掃除が必要である。給餌はブラインシュリンプを1日に1回から2回，なるべくクラゲの近くにピペットで吹き付けてやるようにするとよい。設定水温が高く，照明も十分に当てているので，ケイ藻類などの植物の繁殖も早い。ポリプの繁殖の妨げにならないよう，こまめな管理が必要である。

7）スナイロクラゲ

i）入　　手：初夏から秋にかけて採集することが可能である。ただしあまり岸近くでは見られないので，船で沖まで行くか，漁業者に依頼しておけば，よりよい個体が入手できるだろう。成熟したオス，メスの個体が同時に入手できたら，同じ水槽の中で飼育しておくと，放卵，放精が起こり，ポリプが得られる。

ii）ポリプの飼育：水温18～23℃位で飼育する。水温差など，環境の微妙な変化でストロビレーションが起こることがある。本種はポリディスクタイプで，1つのポリプから複数のエフィラ幼生を遊離する（図178）。

iii）クラゲの飼育

エフィラ幼生～若いクラゲ：小型の容器に収容し，水温20℃位で通気撹拌飼育を行う。通気の際，ガラス管の角度や，詰まりで，細かい気泡が出てしまったりすると，クラゲがそれを取り込むことがある。本種は根口クラゲ目で，気泡を取り込むとなかなか出てきにくいので，注意が必要である。

若いクラゲ～成体クラゲ：水温18～23℃で，外部式循環ろ過水槽で飼育する。給餌はクラゲが小さいうちは飼育水とともにボールなどの容器に入れて集中的に行う方法も有効だが，本種は粘液を多く分泌するクラゲで，成長とともその分泌量も増える。狭い容器内での

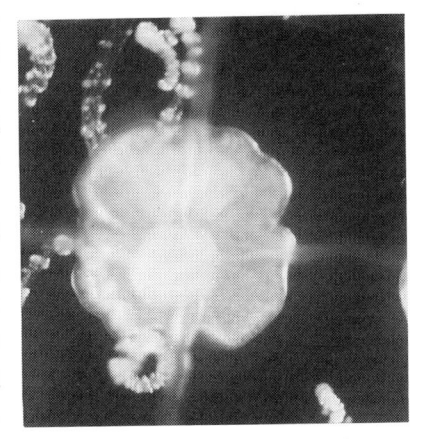

図181　コモチカギノテクラゲ

給餌は粘液で餌を絡めるだけで，クラゲの体内に取り込まれにくくなり，あまり効率がよくない。餌の取り込みが悪くなってきたら，水槽内に直接餌を流し入れる方法に切り替えた方がよい。

8）ギヤマンクラゲ

i）入　　手：フィールドでギヤマンクラゲが見られるのは春から夏にかけてである。肉眼で簡単に見つけられるようになるのは，傘径 2 cm 位のものからであるが，やがて傘径 7〜8 cm ほどで，4 本の生殖腺の発達した個体がたくさん見られるようになってくる。飼育するには比較的小さな個体の方が長持ちはするが，生殖腺の発達した個体を数匹採集し，しばらくの間水槽に入れておくと，中で放卵，放精，受精が起こり，プラヌラとなり，やがて水槽のガラス面などに付着して繁殖した，ポリプの群体を得ることができる（図179）。

ii）ポリプからのクラゲの遊離：水槽内に繁殖したポリプの群体の一部を削り取って容器に収容し，静置しておくと，数日のうちに容器内に付着する。後の処置を考慮に入れると，シャーレやスライドグラスを付着基盤にするとよい。新しく移植されたポリプが飼育環境になじみ，十分に摂餌し，良好な状態であれば，換水などの微妙な環境変化により，クラゲ芽を形成し，やがて傘径 1.5 mm ほどのクラゲを遊離する。

iii）クラゲの飼育

遊離直後のクラゲ〜若いクラゲ：遊離直後の若いクラゲは傘径 1〜2 mm 程度である。小型の容器に収容し，通気撹拌飼育を行う。水温は 18〜23 ℃位で維持する。比較的成長も早く，生残率も高い種類である。約 1 週間で触手も 2〜3 cm ほどに伸びてくる。

若いクラゲ〜成体クラゲ：水温を 18〜23 ℃とし，外部式循環ろ過水槽で飼育する。餌はブラインシュリンプを 1 日に 1〜2 回与える。野生個体と比べて生殖腺が発達していない飼育個体も，水槽内で，放卵，放精してポリプを繁殖させることができる。設備さえ整っていれば家庭の飼育でも，生活史を一周させて，1年中飼育することができる種類である。

9）エボシクラゲ

i）入　　手：江ノ島水族館では，カミクラゲの飼育水槽のろ過槽に発生したポリプをもとに，繁殖をさせている。

ii）ポリプの飼育：水温を 18〜23 ℃位に維持し，小型容器に入れてこまめに換水を行うか，スポンジフィルターをセットした小型水槽で飼育する。（図180）

iii）ポリプからのクラゲの遊離：維持管理しているポリプの群体の一部を別の容器に移植し落ち着いたら，飼育水温を 5〜10 ℃に下げる。10 日前後で傘径 1 mm ほどのクラゲが遊離してくる。

iv）クラゲの飼育

遊離直後のクラゲ～若いクラゲ：小型容器に収容し，通気撹拌飼育を行う。触手が絡み合って容器の底に沈んでいることがあるが，長時間遊泳が妨げられると，やがて体が変形し，消失してしまうこともあるので注意が必要である。

若いクラゲ～成体クラゲ：成体でも傘の直径 8 mm，高さ 1 cm ほどなので，飼育密度があまり高くならないように注意していれば通気撹拌飼育のままで，しばらくの間は維持できる。しかし，成長するにつれて，傘の中に気泡が取り込まれ，水面に浮かんだままになっている状態が続くようになるので，そのような場合は，外部式循環ろ過水槽での飼育に切り替えることを考えた方がよい。しかし本種はクラゲ自体が小さいので，多孔板の孔や，水槽とのすき間からの吸い込まれる危険が非常に大きいので，注意が必要である。

10）コモチカギノテクラゲ

i）**入　　手**：夏になると大量に発生するので，網を用いて採集する。多いときには網を数m引くだけで，網の目が詰るほど，高密度で生息していることもある。

ii）**クラゲの飼育**：成体でも傘径 1 cm ほどにしかならず，また，クラゲから直接，無性生殖で次々と 1～2 mm ほどの小さなクラゲを遊離すること，吸盤のある触手で付着することなどを考慮すると，多少手間はかかっても，小型容器に収容して止水飼育または通気撹拌飼育を行うか，あるいは小型水槽にスポンジフィルターをセットした飼育がよいだろう。多孔板を用いた外部式循環ろ過水槽は，長時間，水質維持はできるが，多孔板から子クラゲが吸い込まれてしまうことは避けられない。また本種は無性生殖ばかりでなく，有性生殖も行うので，飼育していれば，水槽内にポリプが繁殖することもある（図181）。

11）カギノテクラゲ

i）**入　　手**：春先から初夏にかけて，潮間帯にはえているヒジキなどの海藻に付着しているのが見つかる。海藻を下から網で揺するようにしながら，海藻から離れて浮遊してきた個体を採集する。

ii）**クラゲの飼育**：付着していることが多い種なので，クラゲが常に遊泳するような水流を作る必要はない。外部式循環ろ過水槽でも，スポンジフィルターでも飼育は可能である。餌は傘径が 1 cm 以下の小さな個体にはブラインシュリンプでよいが，大きくなったら魚肉を刻んだものやアミ類などを与える。採集個体が十分に成熟していれば，ポリプを得られる可能性がある。

§8. 飼育状態の判別

クラゲは他の飼育動物と比較して，生死の判定が難しい動物である。どのような時点で一線を引くかは，そのクラゲを扱ってきた飼育者の判断に任せるしかないか

もしれない。しかし，わかりにくい動物であればこそ，十分な観察が必要であり，観察の積み重ねにより，様々な事態における対処の仕方もわかってくるだろう。
・ポリプについては，群体の広がる速度，群体単位あたりのポリプの数と大きさ，および，クラゲが遊離するかどうかに着目している。また，飼育容器内に線虫や原生動物が繁殖していないか，またそれらによる食害はないかなどに注意し，状態不良の場合は早めに掃除を行うか，別の容器に移植を行い回復させる。
・クラゲについては傘の寒天質の厚さ・大きさ・形，拍動のリズム，遊泳力，摂餌状態などに着目し，水質測定値と合わせて判断している。
・水質悪化が生じると，摂餌速度・量がともに低下し，傘の拍動が弱まり，さらには体の変形が見られるようになる。このようなときは速やかに飼育水の交換を行うことで対処している。

§9. 結び

江ノ島水族館でのクラゲ類の飼育・展示の概要を述べてきた。江ノ島水族館ではほんの短期間の飼育も含めて，これまでに約90種のクラゲを扱ってきた。採集によって得られた種，他の水族館経由で入手したもの，あるいは業者から購入したものなど，入手ルートも様々である。これまでに，10種については，全生活史を飼育下で観察することに成功し，累代繁殖飼育が可能となったが，世界に3,000種以上，日本だけでも200種以上の種類が存在するクラゲ類の中で，水族館で飼育・展示できるようになった種類はまだほんの一握りである。

観覧者の中にはクラゲのコーナーと聞いただけで，顔をしかめて素通りしていってしまう人々もいるのが現状である。一般的にはまだ，クラゲは気持の悪い生き物，怖い生き物という印象が根強いようだ。しかし，最近は逆に，ほぼ1日中ずっとクラゲを見続けている人，「クラゲって，こんなに綺麗な生き物だったんだ」と，目を輝かせている人，「クラゲのファンになってしまいましたよ」と話してくれる人も確かに増えてきている。そんな声が聞こえてくると，飼育者としては非常に嬉しく，励みにもなる。確かに，人間の生活上，あるいは産業上，クラゲが迷惑な存在になっている現状はある。しかし，問題解決の第一歩は相手をよく知ることではないだろうか。先入観，固定観念にとらわれない，クラゲの本当の姿を見てもらうために，より多くの人に，とにかく水族館に足を運んで欲しいと思う。そのためにも，今後，もっといろいろな種類のクラゲを飼育し，観覧者の興味を惹き付けられるよう，飼育技術・展示技術の両面における向上を目指して努力してゆきたい。

最後になったが，クラゲ類の飼育と展示の「いま」そして「未来」は，過去から現在にわたり，直接，間接にクラゲに携わってきた多くの人々の情熱の上に成り立っていることを改めて申し上げるとともに，感謝の意を表したい。また，私自身がクラゲの飼育に関わるきっかけを与えてくださった江ノ島水族館館長堀田紀子氏にこの場をお借りして深くお礼を申し上げる。（足立）

文　献

1) 安部義孝（1967）：くらげを飼う．どうぶつと動物園，19（8），258-259.
2) Abe, Y. Hisada, M.（1968）: On a new rearing method of common jelly-fish *Aurelia aurita*, *Bull. Mar. Biol. St. Asamushi*, 13（3・4），205-209.
3) 雨宮育作監修（1961）：江ノ島水族館―見学とかんさつ―，谷口書店．
4) 足立 文（1998）：クラゲ類の飼育繁殖，うみうし通信，20，1～5.
5) 日高敏隆監修（1997）：日本動物大百科7, pp.24～49 平凡社．
6) Hirai, E.（1958）: On the developemental cycle of Aurelia aurita and Dactylometra pacifica, *Bull. Mar. Biol. St. Asamushi*, 9（2），81.
7) 平井越郎（1968）：水族館におけるミズクラゲの展示，動物園水族館雑誌，10（3），62～63.
8) Hirai, E. and Ito, T（1966）: On a new model of the exhibition as a study of exhibitory method in the aquarium, *Bull. Mar. Biol. St. Asamushi*, 12（4），227-235.
9) 堀由紀子（1998）：水族館のはなし，岩波書店，pp.99～109.
10) Kakinuma,.Y（1961）: On some factors for the differentiation of Cladnema uchidai and *Aurelia aurita. Bull.Mar.Biol.St. Asamusi*, 11（2），81～85.
11) 並河 洋（2000）：クラゲガイドブック，TBSブリタニカ．
12) 日本動物園水族館協会教育指導部編集（1995）：新・飼育ハンドブック水族館編 第1集，pp.42～46 日本動物園水族館協会，東京．
13) 岡田 要ほか監修（1924）：日本動物図鑑（上）1pp167～306, 北隆館．
14) 崎山直夫ら（2001）：江の島湘南港およびその周辺に出現する水母類，神奈川自然誌資料，(22), 69～72.
15) 志村和子（1988）：江ノ島水族館におけるアカクラゲの繁殖 動物園水族館雑誌，30（3），76～79.
16) 志村和子（1993）：江ノ島水族館におけるクラゲ類の飼育繁殖，動物園水族館雑誌，34（4），57～70.
17) 鈴木克美（1994）：水族館への招待，丸善ライブラリー，pp.166～167.
18) 谷村俊介（1996）：水族館におけるクラゲ類の飼育繁殖．海洋と生物，18（2），97～103.
19) 谷村俊介（1996）：家庭でのクラゲの飼育 海洋と生物，18（2），117～119.
20) 谷村俊介ら（1988）：水族館におけるクラゲ類の飼育展示，採集と飼育，50（8），354～357.
21) 山下 修ら（1999）：江の島湘南港およびその周辺に出現する水母類，神奈川自然誌資料，(20), 97～100.

索　引

＜あ行＞

RMTネット　110
アカウミガメ　101
アカクラゲ　2, 106, 180
アサリ　184
アナフィラキシー　175
アマクサクラゲ　180
アマモ　37
アミメハギ　101
アラキドン酸　174
アルテミア　30
　──・ノウプリウス幼生　184
アレルギー　175
アンドンクラゲ　2, 8, 123
イガイ類　21
胃環状溝（水管）　9, 10
胃腔　3
　──内容物　28
　──流出溝　9, 10
　──流入溝　9, 10
イコサペンタエン酸　174
胃糸　3
イシダイ　122
イソギンポ　114
イタヤガイ　14
一様分布　47
イトクラゲ　160
イボダイ　101, 122
イラ　8
入れ子状態　135
陰影反応　93
上傘　3

渦流　50, 53
ウチワエビ　79
ウバウオ　114
ウミスズメ蜂　124
埋め立て　156, 158
ウラシマクラゲ　181
ウリクラゲ　52, 160, 183
エチゼンクラゲ　2, 6, 7, 114, 116
越冬群　161
エフィラ　3
エボシクラゲ　181, 196
遠隔無人探査機（ROV）　66
鉛直区分採集　68
ORIネット　55
大型ネット　52, 63
大型浮遊動物（メガロプランクトン）　91
大型閉鎖ネット　75
沖合系水　109, 160
オキアミ　184
オキクラゲ　111, 154
オキヒイラギ　122
オビクラゲ　160
オベリアクラゲ　111
オヨギゴカイ類　112
オワンクラゲ　52, 143, 182
温排水　63

＜か行＞

カイアシ類　27
海水浄化　173

外胚葉　2, 8, 9
化学薬剤処理　166
カギノテクラゲ　153, 182, 197
拡散神経系　4
攪拌飼育　187
萼部　2
隔壁膜　3
篭網　101
傘径　30
　──組成　30
傘高　8, 160
傘の運動　87
傘幅　8, 126
カタアシクラゲ　154
肩板　5
カツオ　114
カツオノエボシ　152
活性汚泥法　174
過敏症　161
カブトクラゲ　183
カミクラゲ　52, 93, 181
カワハギ　101, 114, 122
感覚器　4
感覚縁弁　24
感覚放射管　22
環溝法　3
環状管　3
環状筋帯　24
管棲多毛虫類　21
眼点　4
擬縁膜　5
気象台Ｃネット　68
キタカギノテクラゲ　152

キタカミクラゲ 93	<さ行>	シラス 184
ギヤマンクラゲ 182, 196		シロクラゲ 5
吸口 5	サイロキシン 84	深層取水方式 163
漁業被害 139	Cypris form larva 28	吹送風 60
魚群探知機 59	Cypris 幼生 120	水中音響 95
ギンカクラゲ 146	サカサクラゲ 173, 181	水中照度 63
腔腸（刺胞）動物 1	刺網 139	水中スピーカー 95
クシクラゲ類 112	雑食性 112	水中テレビ 68
口柄 22	殺人クラゲ 124	水流発生装置 165
クモガニ科 100	サナダクラゲ 180	スキフィストーマ 3
クラゲ (Medusa) 1	サルパ類 143	スキフラ 3
——（有性世代） 3	COD 97	スナイロクラゲ 116, 181
クラゲエビ 122	シーネットル 180	スポンジフィルター 185
クラゲノミ 36	ジェットポンプ 165	生殖腺 3
クラゲファンタジーホール 178	シオミズツボワムシ 14	——下腔 3
	枝角類 27	生殖洞 9, 10
クロダイ 101	刺傷事故 152	精巣 10
珪酸態珪素 97	糸状付属器 116	成体型クラゲ 3
珪藻類 27	止水飼育 186	生物学的最小形 35
形態の変化 22	シスト状 41	世代交代 4
系統群 39	下傘 3	ゾウクラゲ類 143
現場密度 53	刺胞 2, 3	走根（ストロン） 16
減耗 21	——塊 124	足盤 107
減耗期 27, 51	——毒 8, 151	底曳網 7, 139
口柄 3	シャワーパイプ 188	ソラマメ形幼生 117
恒流 60	縦走筋 3	
口腕 3	集中分布 47	<た行>
口腕触手 24	出芽 16	
小型底曳網 52	種苗生産 172	タコクラゲ 98, 180
コモチカギノテクラゲ 182, 197	寿命 35	タコテレレン 8
	春期増殖期 33	タテジマイソギンチャク科 114
コレクター 44	蒸気加熱 166	
コロニー 40, 47	焼却処理 169	タラ 101
コンブ 79	触手 2, 3	暖水塊 119
	——原基 22	暖流表層水 120
	——胞 4	中型ネット 53, 56, 61

中型プランクトンネット
　　26
中間感覚縁弁　　22
中間感覚放射管　　22
中膠　　3
昼夜移動　　61, 67
潮汐流　　60
地理分布　　41
壷網　　140
定置網　　7, 139
デトライタス　　27
電気刺激　　96
当年発生　　71
ドコサヘキサエン酸　　174
共食い　　81
　　——現象　　81
トラフグ　　146

<な行>

内胚葉　　2, 8, 9
ニシン　　145
ニシン仔魚　　29
日成長輪　　128
熱処理　　166
ネッタイアンドンクラゲ科
　　124
年齢　　35
　　——査定形質　　40
ノウプリウス　　30

<は行>

ハクションクラゲ　　7,
　　114, 180
拍動　　87

拍動数　　35
薄明移動　　73
羽瀬網　　140
ハゼ　　114
鉢クラゲ網　　5
鉢クラゲ（虫）類　　1
鉢ポリプ　　3
パッチ　　57
パッチ状　　49
ハナガサクラゲ　　153, 182
ハブクラゲ　　8, 145
ハロゲンランプ　　193
繁殖期　　11
盤数　　19
ビオマス　　57
被害金額　　142
光感覚　　4
ヒクラゲ　　8
比重調整能力　　90
尾虫類　　27
ヒドロクラゲ（虫）類　　1, 5
ヒバマタ　　60
ヒモ虫類　　112
表層濃密分布型　　76
フィシュポンプ　　165
フィロゾーマ幼生　　100
富栄養化　　156
フジツボ類　　21, 27
附属器　　5
縁弁　　4
付着基盤　　158
ブラインシュリンプ　　184
ブラヌラ幼生　　2
プランクトン食性　　27
ブルージェリーフィッシュ
　　181

プレス脱水　　169
フロント　　55
平衡器　　4
平衡石　　128
平衡感覚　　4
哺育嚢　　11
棒受網　　139
放射管　　3
放精孔　　9, 11
放流技術開発事業　　172
捕食反応　　87
ポリディスクタイプ　　190
ポリプ　　2
　　——の移植　　187
ホンダワラ類　　37

<ま行>

マアジ　　99, 122
マイクロアクアリウム
　　177
旋網　　139
マクロプランクトン沈殿量
　　32
マクロプランクトンネット
　　21
マサバ　　101
マダイ　　146
丸稚ネット　　61
マミズクラゲ　　111
マルアジ　　101
丸特ネット　　31, 48
マンボウ　　100
ミズクラゲ　　2, 5, 179
未成熟個体　　71
ミツデリッポウクラゲ

　　　　124
ミノウミウシ　　98, 99, 114
ミノウミウシ類　　21
無性世代　　2
ムラサキイガイ　　29
メテフィラ　　3
モチクラゲ　　7
モノディスクタイプ　　190

＜や行＞

夜光虫　　27
ヤナギクラゲ　　46, 82
有機スズ化合物　　167
有効利用　　169
有鐘繊毛虫類　　27
有性世代　　3

有櫛動物　　1
ユウレイクラゲ　　4, 98,
　　151
葉状体　　8
幼生プランクトン　　86
溶存酸素　　75
ヨウラクラゲ　　143
ヨコエビ類　　27
横分裂（ストロビレーション）　　3, 16
ヨツメクラゲ　　7

＜ら行＞

卵巣　　8
ランダム分布　　47
ランチュウ水槽　　195

立方クラゲ（箱虫）類　　1
立方クラゲ綱　　5, 183
臨海工業の被害　　148
輪紋　　128
レフランプ　　185
漏斗　　3
ロータリースクリーン
　　148, 162
ろ過水槽による飼育　　187

＜わ行＞

若いクラゲ　　3, 24
ワムシ類　　27
腕溝　　3
電気クラゲ　　123

あ と が き

　私とクラゲの出会いは，約35年前の高度経済成長期に入った1966年の春のことであった。この時期は臨海地域の拡大に伴い，鉄鋼，造船，石油化学工場のほか，火力，原子力発電所等が次々と建設され，重厚長大型の産業が著しく発展した時期でもあった。これらの中で，特に冷却用海水を多量に使用する発電所の操業にあたって，難解な問題の一つに，不意に取水口に来襲して，発電を停止させるミズクラゲの流入事故であった。これらの事故を予測したり，防排除対策をたてる場合に，先ず，フィールドにおけるクラゲ生態に関する基本的な知見が必要となる。しかし，古くから海の厄介者とされているクラゲの調査研究を引き受ける機関や関係会社は，当時何処にもなかった。ところが，私が所属していた福井県水産試験場は，予算が乏しいこともあってNとK電力からの委託研究の一つとしてクラゲ調査を受諾した。幸か不幸か，プランクトンを担当していた私に調査の遂行が命ぜられた。クラゲといえば，学生時代の教科書に，世代交代の事例として発生環の図があったことを思い出した以外に知識もなかったので，この方面の専門家や指導者を懸命に探したが，ついに見つけることはできなかった。そこで，(1) クラゲはどこで生まれ，どのように成長してから一生を終えるのか。(2) 海中のクラゲはどのような活動 (運動) をしながら生活しているのか，というごく素朴な疑問2点に的を絞り，その実態を明らかにしようと試みた。ところが，上司の判断により水産試験場の業務とされたにもかかわらず，産業的な価値のないクラゲを勤務中に調べたり，調査船を出すことについては，"あのような動物を調べて一体何の役に立つのか"という非難や陰口が後を断たなかった。やむを得ず，他の調査（例えば水質調査）の際に乗船し，そのついでにクラゲ採集をするというやり方で試料収集を行うしかなかった。また，理解者もなく，しかも冷ややかな雰囲気の中では，実験することは勿論，文献を調べたりすることもできなかった。そのため，職員の帰宅後や土，日曜の限られた時間帯にのみ，クラゲ研究とその資料整理にあてるというハンデキャップを背負いながらの毎日で，十数年の歳月が過ぎた。人目を忍んで行ったポリプ，エフィラの飼育や文献の翻訳，氷とビーカーにストップウオッチだけの粗末な器材のみで，真夜中に決行した温度と拍動との関係の実験，子供達を寝かせた後の僅かな時間内で，数百枚に及ぶイタヤガイ殻に付着したプラヌラや初期ポリプの確認等苦しかった当時の研究生活が，昨日のように思い出される。このような私の研究生活は，おそらく，第一線で活躍しいている公立や外国の技術者，研究者達には理解し難いものであるに違いない。ともあれ，幾多の苦心，苦労を重ねて得られた私の仕事が，

ある学会誌に掲載された時，国内はもとより国外の研究者からの問い合わせが相次ぎ，思いもよらぬ反響に驚くとともに，世界にはこれほど多くの人たちが関心を寄せてくれていることを知り，大いに勇気づけられた。後で判ったことだが，私の調査対象とした若狭湾のミズクラゲの分布密度は，最大で596個体／m^3（傘径6～7 cm），エフィラ，メテフィラで400個体／m^3以上であり，これらの値は，今まで記録された中では最大値であることも判った。つまり，フィールド調査としては，最も恵まれた水域で研究ができたことになり，これはむしろ幸運であったといえるのかもしれない。

　ところで，最近，クラゲの異常出現は，沿岸海洋の健康度を計るバロメーターとされ，国際的にも深い関心が払われるようになった（例えば，カナダのM.N.Arai博士による"沿岸海域の環境変化とクラゲの異常出現（総説）"，2000年10月講演）。もはや，クラゲは昼間堂々としかも関係者の連携のもとに前向きで，そのメカニズムを解明していかなければならない時代となった。今回，恒星社厚生閣のご好意により，旧著『ミズクラゲの研究』にその後の新しい知見を加え，今まで謎とされてきたアンドンクラゲの発生と生態について上野俊士郎教授に解説をお願いし，更に足立　文研究員によるクラゲの採集方法，飼育法も追加され，特色あるクラゲ読本になったと信じている。今後，クラゲに関心をもったり，調査研究に従事する人達の参考書として，本書が広く活用されることを望んでやまない。

　終りに，この書の完成にあたり，厳しいながらも暖かい心で校閲や指導くださった元京都大学瀬戸実験所長の時岡　隆教授と同大学元人類学部の西村三郎教授に謹んで感謝の意を表す。また，終始クラゲ調査研究の重要性を評価して，激励の言葉を惜しまれなかった日本プランクトン学会初代会長で，元北海道大学の元田　茂と近江彦栄両教授に厚くお礼申しあげる。更に幼少から著者に自然科学の大切さを教え，生物学の神秘性についての知識を与えて，新しい分野へのチャレンジ精神を養ってくれた元北海道帯広市教育委員長で，青少年の理科教育に一生を捧げた実父安田　章に深謝し，いずれも故人となった5名の先生方の霊前に本書を捧げる。

　また，鹿児島大学の柿沼好子名誉教授，写真記録の収集に多大な配慮と協力をしていただいた江ノ島水族館の堀田紀子館長はじめ，谷村俊介，上田育男両氏並びに関係スタッフに対しても，ここに記して，心から厚くお礼申し上げる。

　　　平成15年2月

　　　　　　　　　　　　　　　　　　　　　　　　　　安田　徹

執筆者紹介

安田　徹　1938年生．北海道大学水産学部増殖学科卒，福井県水産試験場技術開発課長，福井県栽培漁業センター所長，福井県立大学生物資源学部非常勤講師を歴任．現在，関西総合環境センター技術顧問．水産学博士，技術士（水産部門，水産水域環境）．
"ミズクラゲの生態学的研究"で日本水産学会奨励賞，"原子力発電所温排水の生物影響と利用に関する研究"で日韓学術交流賞．
主な著書　ミズクラゲの研究（日本水産資源保護協会），福井県魚類図説（福井県農林水産部）等．

上野俊士郎　1949年生．水産大学校増殖学科卒，北海道大学大学院（水・博）課程満期退学．現在，独立行政法人水産大学校生物生産学科教授．水産学博士．

足立　文　1965年生．琉球大学大学院（理・修）課程終了．現在，株式会社江ノ島水族館勤務，同水族館飼育技術係．"クラゲ類の飼育と繁殖"で，動物園水族館協会技術研究表彰．

海のUFOクラゲ―発生・生態・対策

2003年3月30日　初版発行

（定価はカバーに表示）

編　集　安田　徹
発行者　佐竹久男

発行所　株式会社　恒星社厚生閣

〒160-0008　東京都新宿区三栄町8
TEL 03-3359-7371　FAX 03-3359-7375
http://www.kouseisha.com/

印刷：興英印刷・製本：風林社塚越製本
本文組版：恒星社厚生閣　制作部
Printed in Japan, 2003
ISBN4-7699-0976-4　C1045

好評発売中

川と湖の侵略者
ブラックバス
日本魚類学会自然保護委員会 編
A5判/150頁/本体2,500円

その生物学と生態系への影響。本書は社会問題化するオオクチバスに焦点を当て、レジャー優先か？ 自然生態系保全か？ 魚類学会のメンバーが熱い論議をたたかわす。ブラックバスのゆくえ。

黒装束の侵入者
―外来付着性二枚貝の最新学
日本付着生物学会 編
A5判/132頁/上製/本体2,300円

異常な繁殖力を有し、奇妙な色をしたイガイは、30年間で我が国沿岸を占有し、船舶・養殖施設などに甚大な被害を与えている汚損生物である。このイガイの分類と、日本への侵入と定着過程を探る。

基礎水産動物学
―水圏に生きる動物たち
岩井 保・林 勇夫 著
A5判/266頁/並製/本体3,500円

地球表面の70％を占める水圏に生息する生物種は多種多様で、人との関り深い有用種・有害種を含め、その動物群の形態・生活史・生理生態とその動物学的興味の事象を解説。

発光生物
羽根田弥太 著
A5判/320頁/上製函入/本体6,200円

生物界の不思議といわれる発光する動植物の種類は多い。この研究一途50年のキャリアをもつ、羽根田博士の研究集大成で、発光生物の分類・分布・生態・生化学をカラー写真入りで詳述。

低酸素適応の生化学
―酸素なき世界で生きぬく生物の戦略
W.ホチャチカ 著 橋本周久他 訳
A5判/196頁/本体2,500円

本書は比較生理学と生理学の広い視野から、酸素なき世界で生きぬく生物の姿を、器官・組織・細胞の適応メカニズムから解明するもので、欠落するこの分野での研究として、強い刺激を与える。

中国産有毒魚類およ び薬用魚類
伍漢霖ら著 野口玉雄ら訳
B5判/368頁/本体9,200円

有毒魚類（フグ・ウツボ・ドクカマスなど）薬効のある魚類（カワヤツメ・タツノオトシゴなど）の標準和名・学名・検索可能な詳細外部形態図・分布・含有成分・治療法と薬用部位の中国3000年の生薬の驚異。

表示定価は消費税を含みません。

恒星社厚生閣